21 世纪高职高专土建类专业规划教材

建 筑 材 料

主 编 ⊙ 叶箐箐 景 铎

主 审 ⊙ 王云江

中国建材工业出版社

图书在版编目（CIP）数据

建筑材料/叶箐箐，景铎主编．—北京：中国建
材工业出版社，2017.9（2023.8重印）
　21世纪高职高专土建类专业规划教材
　ISBN 978-7-5160-1898-9

Ⅰ．①建…　Ⅱ．①叶…②景…　Ⅲ．①建筑材料—高
等职业教育—教材　Ⅳ．①TU5

中国版本图书馆 CIP 数据核字（2017）第 149164 号

内　容　简　介

　　本书是结合编者多年从事教学、科研和校企合作的实践经验而编写的，共分为
十章。内容包括：绪论、建筑材料的基本性质、气硬性胶凝材料、水泥、混凝土、
建筑砂浆、建筑钢材、墙体材料、防水材料、其他建筑材料、建筑材料试验。

　　本书具有如下特点：第一，针对性强，突出职业能力的培养，符合高职高专的
培养目标。第二，采用国家（行业）最新规范、标准和规程，体现了新材料、新技
术的应用。第三，在书中编写了有关绿色建材和建筑节能等内容，对传统的教材体
系和内容进行优化组合，内容全面，重点突出，实用性和可操作性强。本书可作为
高职院校建筑工程技术、工程造价等专业的教材，也可作为从事建筑行业人员的参
考用书。

建筑材料

主编　叶箐箐　景　铎

出版发行：中国建材工业出版社

地　　址：北京市海淀区三里河路 11 号

邮　　编：100831

经　　销：全国各地新华书店

印　　刷：北京雁林吉兆印刷有限公司

开　　本：787mm×1092mm　　1/16

印　　张：14.5

字　　数：360 千字

版　　次：2017 年 9 月第 1 版

印　　次：2023 年 8 月第 2 次

定　　价：**56.00 元**

本社网址：www.jccbs.com　　微信公众号：zgjcgycbs

本书如出现印装质量问题，由我社市场营销部负责调换。联系电话：（010）57811387

前　　言

建筑材料课程是建筑类专业必修的一门专业基础课。通过本课程的学习，使学生掌握建筑材料的基本知识和基本理论，为学习后续专业课程及毕业设计等实践环节提供材料方面的专业知识，并为今后能够合理选用建筑材料、正确使用建筑材料打下理论基础。

本书紧跟新材料、新技术和新规范的发展，结合建筑类高校学科专业的特点，突出现代建筑新材料、新规范、新标准。例如，混凝土外加剂依据现行（GB 8076—2008）、混凝土配合比设计依据现行（JGJ 55—2011）等内容编写。

本书具有如下特点：第一，针对性强，突出职业能力的培养，符合高职高专的培养目标。第二，采用国家（行业）最新规范、标准和规程，体现了新材料、新技术的应用。第三，在书中编写了有关绿色建材和建筑节能等内容，对传统的教材体系和内容进行优化组合，内容全面，重点突出，实用性和可操作性强。

本书内容不仅注重培养学生掌握相关的专业知识和基本技能，而且注重培养其分析问题和解决问题的能力，培养创新精神，提高综合素质，实现"知识、能力、素质"的有机统一。教材内容充实，语言精练，重点突出，紧密联系实际。

本书是结合编者多年从事教学、科研和校企合作的实践经验而编写的，共分为十章。内容包括：绪论、建筑材料的基本性质、气硬性胶凝材料、水泥、混凝土、建筑砂浆、建筑钢材、墙体材料、防水材料、其他建筑材料、建筑材料试验。

本书由浙江同济科技职业学院叶箐箐、黑龙江职业学院景铎担任主编，并由叶箐箐统稿。其中，叶箐箐编写第一、三、四章，景铎编写绪论、第二、七章，第五章由浙江同济科技职业学院徐玉凤编写，第六章由浙江同济科技职业学院朱希文编写，第八章由浙江建设职业技术学院继续教育学院颜南星编写，第九章由浙江同济科技职业学院刘昊编写，附录由浙江同济科技职业学院叶珊、竹宇波负责编写。本书由浙江同济科技职业学院王云江担任主审。

由于编者水平有限，书中难免存在不足和疏漏之处，敬请广大读者批评指正。

编者

2017 年 9 月

目　　录

绪　　论

第一节　建筑材料的定义和分类

一、建筑材料的定义

从广义上讲，建筑材料是建筑工程中所有材料的总称。建筑材料不仅包括构成建筑物的材料，而且还包括在建筑施工中应用和消耗的材料。构成建筑物的材料如地面、墙体和屋面使用的混凝土、砂浆、水泥、钢筋、砖、砌块和涂料等。在建筑施工中应用和消耗的材料如脚手架、组合钢模板、安全防护网等。

建筑材料通常所指的是构成建筑物的材料，即狭义的建筑材料。

本书所介绍的各种建筑材料仅限于构成工业与民用建筑物、构筑物实体的材料，并非大而全、广而全的土木工程材料。

二、建筑材料的分类

1. 按化学成分和组成特点分类

按化学成分和组成特点，将建筑材料分为无机材料、有机材料和复合材料三大类，具体如表 0-1 所示。

表 0-1　建筑材料按化学成分分类

分类	常用种类		典型材料
无机材料	金属材料	黑色金属	铸铁、钢铁
		有色金属	铝、铜
	非金属材料	天然石材	碎石、花岗石、大理石
		烧土制品	烧结普通砖、陶瓷
		熔融制品	玻璃
		胶凝材料	石灰、石膏、水泥
		混凝土类	普通混凝土
有机材料	植物类材料		木材、竹材和藤类
	沥青材料		石油沥青和煤沥青
	高分子材料		塑料、涂料、胶黏剂
复合材料	非金属材料和非金属材料		混凝土、砂浆
	金属材料和非金属材料		钢筋混凝土
	金属材料和有机材料		铝塑管、塑钢窗
	非金属材料和有机材料		塑料混凝土

2. **按使用功能分类**

按建筑材料的使用功能，将其分为结构材料、围护材料和功能材料三大类。

（1）结构材料主要是指构成建筑物受力构件和结构所用的材料。如梁、板、柱、基础、框架及其他受力构件和结构等所用的材料。

（2）围护材料主要是指建筑物内、外及分隔墙体所用的材料。如砌墙砖、加气混凝土砌块、混凝土墙板、石膏板等。

（3）功能材料主要是指担负某些建筑功能的非承重材料。如防水材料、绝热材料、吸声和隔声材料、采光材料以及装饰材料等。

第二节　建筑材料在建筑工程中的地位和作用

一、建筑材料在建筑工程中的地位

建筑业是我国国民经济的支柱产业，而建筑材料是建筑业的重要物质基础。建筑功能的发挥以及建筑艺术的体现，只有采用品种多样、色彩丰富和质量良好的建筑材料才能实现。因此，建筑材料在建筑工程中占有极其重要的地位。

二、建筑材料在建筑工程中的作用

（1）建筑材料的质量直接影响建筑物的安全性和耐久性。建筑物是建筑材料按照一定的设计意图，采取相应的施工技术建成的。建筑材料是建筑物是重要组成部分，直接影响建筑结构的安全性和耐久性，如钢材的锈蚀和防水材料的老化等。因此，正确、合理地选择和使用建筑材料，是保证工程质量的重要手段之一。

（2）在建筑工程中，建筑材料费用一般要占建筑总造价的 60% 左右，有的高达 75%。建筑材料的费用决定着整个建筑工程项目的造价，故而降低材料成本、提高材料的性价比也显得至关重要。

（3）建筑物的各种使用功能，必须由相应的建筑材料来实现。例如，现代高层建筑和大跨度结构需要轻质高强材料；地下结构、屋面工程以及隧道工程等需要抗渗性好的防水材料；建筑节能需要高效的绝热材料；严寒地区需要抗冻性好的材料；绚丽多彩的建筑外观需要品种多样的装饰材料等。

（4）建筑材料的发展是促进建筑形式创新的重要因素。例如，水泥、钢筋和混凝土的出现，使建筑结构从传统的砖石结构向钢筋混凝土结构转变；无毒建筑材料的研制和使用，可代替镀锌钢管从而用于建筑给水工程；用轻质大板、空砌块取代传统烧结黏土砖，不仅减轻墙体自重，而且改善了墙体的绝热性能。

（5）材料、建筑、结构和施工四者是密切相关的。从根本上说，材料是基础，材料决定了建筑的形式和施工的方法。新材料的出现，可以促使建筑形式的变化、结构设计方法的改进和施工技术的革新。

（6）现代高层建筑和大跨度结构需要轻质高强、持久耐用、隔音以及防火的材料；地下结构、屋面工程等需要抗渗性好的防水材料；建筑节能需要高效的绝热材料；严寒地区需要抗冻性好的材料；绚丽多彩的建筑外观需要品种多样的装饰材料等。因此，正确选择和合理使用建筑材料，对整个建筑工程的安全、使用、外观、耐久及造价有着重大的意义。

第三节 建筑材料的现状和发展方向

建筑材料是随着人类社会生产力和科学技术水平的进步而发展起来的。人类最早穴居巢处，随着社会生产力的发展，人类社会经过了石器时代、青铜时代、铁器时代，才开始挖土、凿石为洞，伐木搭竹为棚，并利用天然材料建造非常简陋的房屋等土木工程。随着人类开始用黏土烧制砖、瓦，用青石烧制石灰、石膏，建筑材料才由天然材料进入人工生产阶段。18世纪至19世纪，建筑材料进入了一个新的发展阶段，钢材、水泥、混凝土及其他材料相继问世，为现代建筑工程材料的发展奠定了基础。进入20世纪后，由于社会生产力突飞猛进以及材料科学与工程学的形成和发展，建筑材料不仅性能和质量不断提高，而且品种也不断增加，以有机材料为主的合成材料异军突起，一些具有特殊功能的新型土木工程材料，如绝热材料、吸音隔声材料、装饰材料、耐热防火材料、防水抗渗材料、耐磨耐腐蚀材料、防爆和防辐射材料等应运而生。

虽然近年来我国建筑工程材料有了较大的进步和发展，但还存在生产和使用能耗大及严重污染环境等问题。因此，如何应用和发展建筑材料已成为现代化建设亟需解决的关键问题。随着现代建筑向高层、大跨度、节能、美观和舒适的方向发展和人民生活水平、国民经济实力的提高，特别是基于新型建筑材料的自重轻、抗震性能好、耗能低以及大量利用工业废渣等优点，研究开发和应用新型建筑工程材料已成必然。

第四节 建筑材料的标准化

一、建筑材料标准的主要内容和标准化

1. 建筑材料标准的主要内容和作用

建筑材料标准的主要内容包括了产品的规格、分类、技术要求、检验方法、检验规则、包装的标志和运输与贮存等。

2. 建筑材料标准的作用

（1）建材工业企业必须严格按技术标准进行设计和生产，以确保产品的质量，生产出合格的产品。

（2）建筑材料的使用者必须按技术标准选择、使用质量合格的材料，使设计和施工标准化，以确保工程质量，加快施工进度，降低工程造价。

（3）供需双方，必须按技术标准规定进行材料的验收，以确保双方的合方利益。

二、标准的种类与级别

1. 标准种类

标准按约束性分为强制性标准、推荐性标准；按对象分为技术标准、管理标准、工作标准；按外在形态分为文字图表标准和实物标准。

2. 标准级别

标准分为国家标准、行业标准、地方标准和企业标准四个级别，分别由相应的标准化管理部门批准并颁发。中国国家质量技术监督局是国家标准化管理的最高机关。国家标准和行

业标准属于全国通用标准，是国家指令性技术文件，各级生产、设计、施工等部门必须严格遵守执行。

各级标准均有相应的编号，其表示方法由标准名称、标准代号、发布顺序号和发布年号组成。

第五节　本课程的内容、特点和学习方法

一、本课程的内容与特点

1. 本课程的内容

本课程所涉及的内容主要有建筑钢材和混凝土，并围绕混凝土来介绍它的原材料，即水泥、砂和石子等；人工合成的有机材料沥青和塑料；砖、砌块、陶瓷、木材等普遍应用的材料等。以上课程内容主要讲述材料的品种、规格、材料性能及应用、质量标准、检测方法、选用及保管等基本内容。重点掌握材料的技术性能、应用与合理选用。

2. 本课程的特点

范围广、品种繁；综合性强，逻辑性差；实践性强，系统性差；入门易，学好难。

二、本课程的学习方法

（1）抓住重点。即常用建筑材料的技术性能与选用、检测标准与方法等。

（2）重视实践。建筑材料是一门实践性很强的课程，材料的基本性质、技术要求和质量指标，必须通过试验、实验加以检测和评定。因此培养自己的动手能力对学好本课程至关重要。另外通过参观实习，密切联系工程施工中材料的应用情况。

（3）对比学习。同一类材料不同品种既有共性，又有各自的特性。要抓住每类材料中有代表性的一般性质，运用对比的方法掌握材料的特性。例如，六种通用水泥既有共性，又有特性。工程中是根据各自的特性将其应用到适宜的环境中，掌握了抓重点内容、抓内容关系、抓对比手法即可事半功倍。

（4）融会贯通。混凝土和沥青，前者是无机非金属材料，后者是有机高分子材料；前者用于建筑物的承重结构，后者作为防水围护制品；前者属于脆性材料，后者属于韧性材料；前者是亲水性材料，后者是憎水性材料，这两种材料似乎没有任何联系，殊不知在上述二者差异列举时已体现了两者的相关性。

（5）博闻广识。学生对建筑材料的学习不能仅仅限于本书所介绍的有限内容，应该拓宽眼界，通过各种媒介多多认识各种建筑材料，特别是新型建筑材料，也可利用互联网了解建筑材料的发展动态。达到熟悉材料性能和应用，更好地掌握和使用材料。

第一章　建筑材料的基本性质

本章提要

【知识点】建筑材料的密度、表观密度、堆积密度、孔隙率与空隙率；亲水性与憎水性、吸水性与吸湿性、耐水性；导热性与吸声性；力学性质、耐久性与装饰性等。

【重点】材料的物理力学性质及相互关系。

【难点】材料的组成、结构与材料性质之间的关系。

建筑材料的基本性质包括物理性质、力学性质以及耐久性。建筑材料要承担不同的作用，就需具备不同的性质。承受外力的结构材料要求具备必要的力学性质；房屋建筑围护材料须满足保温、隔热、防水及必要的环境要求等物理性质；道路桥梁材料长期暴露在大气环境或与侵蚀性介质相接触的环境中，经受风吹、雨淋、日晒、冰冻而引起的温度变化、湿度变化及反复冻融等的破坏作用，要求材料具备一定的耐久性。建筑对材料性质的严格要求是多方面的，为了在建筑施工中正确选择和合理使用材料，须熟悉和掌握各种材料的基本性质。

第一节　材料的物理性质

一、材料的密度、表观密度和堆积密度

1. 材料的密度

材料的密度是指材料在绝对密实状态下单位体积的质量。材料内部没有孔隙时的体积，或不包括内部孔隙的材料体积称为材料的绝对密实体积。玻璃、钢铁、沥青等少数材料在自然状态下绝对密实，能直接测定其绝对密实体积。大多数材料在自然状态下或多或少含有孔隙，一般先将材料粉碎磨细成粉状，消除材料内部孔隙，用排水法求得的粉末体积即为材料绝对密实状态下的体积。

计算式如下：

$$\rho = \frac{M}{V}$$

式中　ρ——材料的密度，g/cm^3；

　　　M——材料的质量，g；这时的质量是指材料所含物质的多少；

　　　V——材料的绝对密实体积，cm^3。

2. 材料的表观密度

材料的表观密度是指材料在自然状态下单位体积的质量，计算式如下：

$$\rho_0 = \frac{M}{V_0}$$

式中　ρ_0——材料的表观密度，kg/m^3；

M——材料的质量，kg；

V_0——材料的表观体积，m^3。

材料的表观体积：规则外形材料的表观体积，可通过测量体积尺度后计算得到，不规则外形材料的表观体积，用排水法测得。用排水法测材料的表观体积，实际上扣除了材料内部的开口孔隙的体积，故称用排水法测得材料的体积为近视表观体积，也称为视体积。材料颗粒表面裹覆石蜡，采用蜡封法能避免排水法测定体积时开口孔进水对测定表观体积带来的影响。

粉状材料，如水泥、粉煤灰以及磨细生石灰粉等，其颗粒很小，与一般石料测定密度时所研碎制作的试样粒径相近似，因而它们的表观密度，特别是干表观密度值与密度值可视为相等。砂石类散粒材料自然状态下的表观密度测定是将其饱水后在水中称量质量，按排水法计算其体积，体积包括固体实体积和闭口孔隙体积，而不包括其开口孔隙和颗粒间隙，测得结果为视密度。块状材料体积采用几何外形计算，体积包括材料全部体积即实体积与所含全部孔隙体积之和，测得结果为体积密度。

3. 材料的堆积密度

材料的堆积密度是指粉状或颗粒材料在自然堆积状态下单位体积的质量，计算式如下：

$$\rho_0' = \frac{M}{V_0'}$$

式中　ρ_0'——材料的堆积密度，kg/m^3；

M——材料的质量，kg；

V_0'——材料的堆积体积，m^3。

散粒状材料除了矿质料颗粒占有体积外，颗粒之间还有间隙或空隙，二者体积之和就是材料的堆积体积，故堆积体积是散粒状材料堆积状态下总体外观体积，如图 1-1 所示。同一种材料堆积状态不同，堆积体积大小也不一样，松散堆积下的体积较大，密实堆积状态下的体积较小。材料的堆积体积，常以材料填充容器的容积大小来测量。

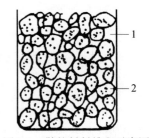

图 1-1　散粒材料堆积示意图
1—空隙；2—颗粒

按自然堆积体积计算的密度为松堆密度，以振实体积计算的则为紧堆密度。对于同一种材料，由于材料内部存在孔隙和空隙，故一般有密度大于表观密度，表观密度大于堆积密度。

常用建筑材料的密度、表观密度和堆积密度值如表 1-1 所示。

表 1-1　常用建筑材料的密度

材料名称	密度（g/cm³）	表观密度（kg/m³）	堆积密度（kg/m³）
钢材	7.85	—	—
铝合金	2.7	—	—
碎石（石灰石）	2.6～2.8	2300～2700	1400～1700
碎石（花岗岩）	2.6～2.9	2500～2800	—
砂	2.5～2.8	—	1450～1650
粉煤灰	1.95～2.40	—	550～800

续表

材料名称	密度（g/cm³）	表观密度（kg/m³）	堆积密度（kg/m³）
水泥	2.8～3.1	—	1600～1800
普通混凝土	—	2400～2500	—
空心砖	2.6～2.7	—	1000～1400
玻璃	2.45～2.55	2450～2500	—
红松木	1.55～1.60	400～600	—
石油沥青	0.96～1.04	—	—
泡沫塑料	—	20～50	—

二、材料的孔隙与空隙

1. 材料孔隙与孔隙特征

材料的孔隙率是指材料内部孔隙的体积与材料总体积的比值。孔隙率 P 的计算公式为：

$$P = \frac{V_0 - V}{V_0} \times 100\% = \left(1 - \frac{\rho_0}{\rho}\right) \times 100\%$$

上式中，$\frac{V}{V_0}$ 为材料的密实度，用符号 D 表示。密实度表示材料内部被固体所填充的程度，它对材料的影响恰好与孔隙率的影响相反，二者关系为：

$$P + D = 100\%$$

材料的孔隙特征包括材料孔隙开口与闭口状态、孔的大小、材料孔隙特征直接影响材料的多种性质。一般情况下，孔隙率大的材料宜选择作为保温隔热材料和吸声材料，同时还要考虑材料开口与闭口状态，开口孔与大气相连，空气、水能进出，闭口孔在材料内部，是封闭的，有的孔在材料内部被分割成独立的，有的孔在材料内部又是相互连通的。材料的开口孔隙除对吸声有利外，对材料的强度、耐水、抗渗、抗冻和耐久性均不利；微小而均匀的闭口孔隙对材料抗渗、抗冻和耐久性无害，可降低材料表观密度和导热系数，使材料具有轻质绝热的性能。可见，对于同种材料，孔隙率相同时，其性质不一定相同。根据孔隙尺寸大小又将孔隙分为大孔、中孔（毛细孔）和小孔，其中毛细孔对材料性质影响最大，毛细水的去与留影响材料的干缩与湿胀。

2. 材料的空隙

材料空隙是散粒状材料颗粒之间的间隙，其多少用空隙率表示。

材料的空隙率是指散粒状堆积体积中，颗粒间空隙体积与材料总体积的比值。空隙率 P' 的计算公式为：

$$P' = \frac{V_0' - V}{V_0'} \times 100\% = \left(1 - \frac{\rho_0'}{\rho}\right) \times 100\%$$

空隙率的大小反映了散粒材料的颗粒互相填充的致密程度，在配制混凝土、砂浆和沥青混合料时，为了节约水泥和沥青，要求粗集料空隙被细集料填充，细集料空隙被粉填充，以达到节约胶凝材料的效果。

【例题 1-1】　烧结普通黏土砖的外形尺寸为 240mm×115mm×53mm，吸水饱和后重为 2940g，烘干至恒重为 2580g。现将该砖磨细并烘干后取 50g，用李氏瓶测得其体积为 18.58cm³。试求该砖的密度、表观密度、孔隙率、开口孔隙率及闭口孔隙率。

$$砖的密度 \rho = \frac{M}{V} = \frac{50}{18.58} = 2690 \text{kg/m}^3$$

解： 表观密度 $\rho_0 = \frac{M}{V_0} = \frac{2580}{24 \times 11.5 \times 5.3} = 1.76 \text{g/cm}^3$

孔隙率：$P = \left(1 - \frac{\rho_0}{\rho}\right) \times 100\% = \left(1 - \frac{1.76}{2.69}\right) \times 100\% = 34.6\%$

开口孔隙率：$P_{开} = \frac{2940 - 2580}{24 \times 11.5 \times 5.3} = 24.6\%$

闭口孔隙率：$P_{闭} = P - P_{开} = 34.6\% - 24.6\% = 10\%$

三、材料与水有关的性质

1. 亲水性与憎水性

当材料在空气中与水接触时，材料分子与水分子之间的亲和作用力大于水分子间的内聚力，材料表面易被水润湿，表现为亲水性；反之，当接触的材料分子与水分子之间的亲和作用力小于水分子间的内聚力时，材料表面不易被水润湿，表现为憎水性。

材料的亲水性和憎水性用润湿边角区分，如图 1-2 所示。当材料与水接触时，在材料、水和空气的三相交点处，沿水滴表面的切线与水和固体接触面所形成的夹角 θ，称为润湿边角，θ 角越小，浸润性越好。如果润湿边角 θ 为零，表示材料完全被水所浸润。工程上，当材料润湿边角 $\theta \leqslant 90°$ 时，为亲水性材料；当材料润湿边角 $\theta > 90°$ 时，为憎水性材料。

(a) 亲水性材料　　　　　　(b) 憎水性材料

图 1-2　材料的润湿边角示意图

建筑工程中的多数材料，如集料、墙体砖与砌块、砂浆和混凝土、木材等属于亲水性材料，表面能被水润湿，水能通过毛细管作用吸入材料的毛细管内部；多数高分子有机材料，如塑料、沥青和石蜡等属于憎水性材料，表面不易被水润湿，水分难以渗入毛细管中，能降低材料的吸水性，适宜作防水材料和防潮材料，还可用于涂覆在亲水性材料表面，以降低其吸水性。

2. 吸水性与吸湿性

材料浸入水中吸入水分的能力为吸水性，材料在潮湿的空气中吸收空气中水分的能力为吸湿性。

吸水性用吸水率表示，吸水率有质量吸水率和体积吸水率；吸湿性用含水率表示。

质量吸水率是材料吸收水的质量与材料干燥质量之比，质量吸水率 W_m 的计算式为：

$$W_m = \frac{m_1 - m}{m} \times 100\%$$

式中　W_m——质量吸水率，%；

m_1——材料吸水饱和状态下的质量，g 或 kg；

m——材料在干燥状态下的质量，g 或 kg。

体积吸水率是材料所吸收的水的体积与材料自然体积之比，体积吸水率的计算式为：

$$W_V = \frac{m_1 - m}{V_0} \times \frac{1}{\rho_w} \times 100\%$$

式中　　W_V——体积吸水率，%；

　　　　m_1——材料吸水饱和状态下的质量，g 或 kg；

　　　　m——材料在干燥状态下的质量，g 或 kg；

　　　　V_0——材料在自然状态下的体积，cm^3；

　　　　ρ_W——水的密度，常温取 $1.0 g/cm^3$。

材料的质量吸水率与体积吸水率的关系为：

$$W_m = \frac{W_V}{\rho_0}$$

一般孔隙率越大则吸水性也越强。材料具有闭口孔隙，水分不易进入；粗大开口孔隙的材料，水分易渗入孔隙，但材料孔隙表面仅被水湿润，不易吸满水分；微小开口且连通孔隙（毛细孔）的材料，具有较强的吸水能力。材料吸水会使材料的强度降低，表观密度和导热性增大，体积膨胀。因此，水在材料中对材料性质产生不利影响。

由于孔隙率和孔隙结构不同，各种材料的吸水率相差很大，如花岗岩等致密岩石的吸水率仅为 $0.5\% \sim 0.7\%$，普通混凝土为 $2\% \sim 3\%$，黏土砖为 $8\% \sim 20\%$，而加气混凝土、软木轻质材料吸水率常大于 100%。

含水率是材料所含水的质量占材料干燥质量的百分数，材料含水率用 W_h 表示。材料含水率大小除与孔隙有关外，还受大气温度和湿度影响。材料与空气湿度达到平衡时的含水率称为材料的平衡含水率。平衡含水率是一种动态平衡，即材料不断从空气中吸收水分，同时又向空气中释放水分，以保持含水率的稳定。可利用石膏、木材等多孔材料的平衡含水特性，微调节室内湿度，当空气干燥时材料释放水，反之，材料吸收水，以保持室内湿度变化较小。

3. 耐水性

材料的耐水性是指材料长期在饱和水作用下不破坏，强度也不显著降低的性质。

耐水性用软化系数表示：

$$K_{软} = \frac{f_{饱}}{f_{干}}$$

式中　　$K_{软}$——材料的软化系数；

　　　　$f_{饱}$——材料在吸水饱和状态下的抗压强度，MPa；

　　　　$f_{干}$——材料在干燥状态下的抗压强度，MPa。

一般材料遇水后，内部质点的结合力被减弱，强度都有不同程度的降低，如花岗岩长期浸泡在水中，强度将下降 3%，黏土砖和木材吸水后强度降低更大。所以，材料软化系数在 $0 \sim 1$ 之间，钢、铁、玻璃和陶瓷接近于 1，石膏、石灰软化系数较低。软化系数的大小，是选择耐水材料的重要依据。通常认为软化系数大于 0.85 的材料为耐水材料。长期受水浸泡或处于潮湿环境的重要建筑物，必须选用软化系数不低于 0.85 的材料建造，受潮较轻或次要建筑物的材料，其软化系数也不宜小于 0.75。

4. 抗渗性

材料的抗渗性是指材料抵抗压力水渗透的性质。材料的抗渗性用渗透系数来表示。

计算式如下：

$$K = \frac{Qd}{AtH}$$

式中　K——材料的渗透系数，cm/h；

　　　Q——透水量，cm³；

　　　d——试件厚度，cm；

　　　A——透水面积，cm²；

　　　t——时间，h；

　　　H——静水压力水头，cm。

渗透系数越小，表示材料渗透的水量越少，材料抗渗性也越好。

材料抗渗性与材料的孔隙率和孔隙特征有密切关系。开口大孔，水易渗入，材料的抗渗性能差；微细连通孔也易渗入水，材料的抗渗性能差；闭口孔水不能渗入，即使孔隙率较大，材料的抗渗性能也良好。

抗渗性是决定材料满足使用性质和耐久性的重要因素。对于地下建筑、压力管道和容器、水工构筑物等，常受到压力水的作用，所以要求选择具有抗渗性的材料；抗渗性也是防水材料产品检验的重要指标。

5. 抗冻性

抗冻性是指材料在水饱和状态下，能抵抗多次冻融循环作用而不破坏，同时也不显著降低强度的性质。通常在$-15℃$的温度冻结后，再在$20℃$的水中融化，这样的过程称为冻融循环。

材料抗冻性以抗冻等级来表示。抗冻等级用材料在吸水饱和状态下（最不利状态），经一定次数的冻融循环作用，强度损失和质量损失均不超过规定值，并无明显损坏和剥落时所能抵抗的最多冻融循环次数来确定，表示符号为 F，如 F25、F50、F100 等，分别表示在经受 25、50、100 次的冻融循环后仍可满足使用要求。烧结普通砖、陶瓷面砖、轻混凝土等轻质墙体材料一般要求抗冻等级为 F15 或 F25。

材料在冻融循环作用下产生破坏主要是材料内部孔隙中的水结冰时体积膨胀（约 9%）所致。冰膨胀对材料孔壁产生巨大的压力，由此产生的拉应力超过材料的抗拉强度极限时，材料内部产生微裂纹，强度下降。所以材料的抗冻性与材料的强度、孔隙构造、吸水饱和程度及软化系数等有关，软化系数小于 0.8，孔隙水饱和程度大于 0.8 时，材料的抗冻性较差；材料本身的强度越低，抵抗冻害的能力越弱。抗冻性是评定材料耐久性的重要指标之一。

四、材料的热工性质

土木工程材料除了须满足必要的强度及其他性能要求外，为了降低建筑物的使用能耗以及为生产和生活创造适宜的环境，需要考虑材料具有一定的热工性质。土木工程材料常考虑的热工性质有导热性、热容性。

1. 导热性

导热性是指当材料两侧存在温度差时，热量从温度高的一侧传递到温度低的一侧的性能。材料导热性用导热系数表示，即厚度为 1m 的材料，当温度改变 1K 时，在 1s 时间内通过 1m² 面积的热量，用下式表示：

$$\lambda = \frac{Q\delta/At}{T_2 - T_1}$$

式中　λ——导热系数，W/（m·K）；

Q——传导的热量，J；

δ——材料的厚度，m；

A——材料的传热面积，m^2；

t——传热时间，h；

T_2-T_1——材料两侧的温度差，K。

导热系数小的材料，导热性差，绝热性好。各种土木工程材料的导热系数差别很大，大致在 $0.029\sim3.5W/$（m·K）。如泡沫塑料 $\lambda=0.035W/$（m·K），而大理石 $\lambda=3.5W/$（m·K）。工程中通常将 $\lambda<0.23W/$（m·K）的材料称为绝热材料。

影响材料导热系数大小的因素有孔隙率与孔隙特征、温度、湿度与热流方向等。一般而言金属材料的导热系数最大，无机非金属材料次之，有机材料最小；相同组成时晶态比非晶态材料的导热系数大些；密实性大的材料，导热系数也大；在空隙相同时，具有细微孔或封闭孔的材料，其导热系数小。此外，材料含水或结冰，导热系数会明显增大，因为水的导热系数大，干燥空气的导热系数小，所以，材料吸湿受潮后导热系数增大；一般情况下，表观密度小、孔隙率大，尤其是闭口孔隙率大的材料，导热系数小。

2. 热容性

热容性是指材料受热时吸收热量和冷却时放出热量的性质，其计算公式为：

$$Q=m\cdot C（T_2-T_1）$$

式中 Q——材料的热容量，kJ；

m——材料的质量，kg；

C——材料的比热容，kJ/（kg·K）；

T_2-T_1——材料受热或冷却前后的温度差，K。

其中比热容的物理意义是指 1kg 重的材料，在温度改变 1K 时所吸收或放出的热量。比热容值大小能真实反映不同材料热容量的大小。

材料的导热系数和热容量是建筑物围护结构热工计算时的重要参数，设计时应选择导热系数较小而热容量较大的材料。热容量值对保持室内温度的稳定有很大作用，热容量值大的材料（如木材、木纤维材料等），能在热流变动、采暖或空调不均衡时，缓和室内温度的波动。建筑工程常用材料的导热系数和比热容如表 1-2 所示。

表 1-2 常用建筑工程材料的导热系数和比热容

材料名称	导热系数［W/（m·K）］	比热容［kJ/（kg·K）］
钢	55	0.46
混凝土	1.8	0.88
加气混凝土	0.16	—
松木（横纹）	0.15	1.63
花岗石	2.9	0.8
大理石	3.4	0.88
泡沫塑料	0.03	1.3
静止空气	0.025	1.00
水	0.6	4.19

五、材料的声学性质

1. 吸声

声波传播时，遇到材料表面，一部分将被材料吸收，并转变为其他形式的能。被吸收的能量（E_a）与传递给材料表面的总声能（E_0）之比称为吸声系数。用 α 表示。

$$\alpha = \frac{E_a}{E_0}$$

吸声系数评定了材料的吸声性能。任何材料都有一定的吸声能力，只是吸收的程度有所不同，材料对不同频率的声波的吸收能力也有所不同。因此通常将频率为 125、250、1000、2000、4000（Hz）的平均吸声系数 α 大于 0.2 的材料称为吸声材料。吸声系数越大，表明材料吸声能力越强。材料的吸声机理是复杂的，通常认为声波进入材料内部，使空气与孔壁（或材料内细小纤维）发生振动与摩擦，将声能转变为机械能，最终转变为热能而被吸收。可见吸声材料大多是具有开口孔的多孔材料或是疏松的纤维状材料。一般讲，孔隙越多，越细小，吸声效果越好；增加材料厚度对低频吸声效果提高，对高频影响不大。

2. 隔声

隔声与吸声是两个不同的概念。隔声是指材料阻止声波的传播，是控制环境中噪声的重要措施。声波在空气中传播遇到密实的围护结构（如墙体）时，将激发墙体产生振动，并使声音透过墙体传至另一空间中。空气对墙体的激发服从"质量定律"，即墙体的单位面积质量越大，隔声效果越好。因此，砖及混凝土等材料的结构，隔声效果都很好。

结构的隔声性能用隔声量表示，隔声量是指入射与透过材料声能相差的分贝（dB）数。隔声量越大，隔声性能越好。

六、材料的光学性质

1. 光泽度

材料表面反射光线能力的强弱程度称为光泽度。光泽度与材料的颜色及表面光滑程度有关，一般说，颜色越浅，表面越光滑，其光泽度越大。光泽度越大，表示材料表面反射光线能力越强。光泽度用光电光泽计测得。

2. 透光率

光透过透明材料时，透过材料的光能与入射光能之比称为透光率（也称之为透光系数）。玻璃的透光率与组成及厚度有关。厚度越厚，透光率越小。普通窗用玻璃的透光率为 0.75～0.90。

第二节　材料的力学性质

建筑物要达到稳定、安全、适用以及耐久，材料的力学性质是首先要考虑的基本性质。材料的力学性质是指材料在外力作用下的变形性质和抵抗外力破坏的能力。

一、材料的强度与比强度

1. 强度

材料在外力（荷载）作用下抵抗破坏的能力称为强度。当材料在外力作用下，其内部就产生了应力，随着外力增加，应力相应加大，直至质点间结合力不足以抵抗所作用的外力时，材料即被破坏。这个强度极限就代表材料的强度，也称极限强度。

根据外力作用方式不同，材料的强度可分为抗压强度、抗拉强度、抗剪强度和抗弯强度等，各种强度的分类和计算公式见表 1-3。

表 1-3　强度的分类和计算公式

强度类别	受力作用示意图	强度计算式	
抗压强度 f_c（MPa）		$f_c = \dfrac{F}{A}$	
抗拉强度 f_t（MPa）		$f_t = \dfrac{F}{A}$	F——破坏荷载，N； A——受荷面积，mm^2； l——跨度，mm； b——断面宽度，mm； h——断面高度，mm。
抗剪强度 f_v（MPa）		$f_v = \dfrac{F}{A}$	
抗弯（折）强度 f_{tm}（MPa）		$f_{tm} = \dfrac{3Fl}{2bh^2}$	

材料的强度与其组成和构造有密切的关系，不同种类的材料具有不同的抵抗外力能力。相同种类的材料，其孔隙率及孔隙特征不同，材料的强度也有较大差异，材料的孔隙率越低，强度越高。石材、砖、混凝土和铸铁等脆性材料都具有较高的抗压强度，而其抗拉及抗弯强度很低；木材的强度具有方向性，顺纹方向强度与横纹方向强度不同，顺纹抗拉强度大于横纹抗拉强度；钢材的抗拉以及抗压强度都很高。

2. 强度等级

由于土木工程材料的强度差异较大，大部分土木工程材料是根据其强度的大小，将材料划分为若干不同的等级。例如钢材按拉伸试验测得屈服强度确定钢材牌号或等级；水泥按抗压强度和抗折强度确定强度等级；混凝土按抗压强度确定强度等级。将土木工程材料划分为若干强度等级，便于掌握材料性质，合理选用材料，正确进行设计和控制工程质量，对于生产厂家控制生产工艺、保证产品质量也是非常有益的。

3. 比强度

比强度是按单位体积质量计算的材料强度指标，其值等于材料的强度与其表观密度的比值。比强度值大小用于衡量材料是否轻质高强，比强度值越大，材料轻质高强的性能越好。这对于建筑物保证强度、减小自重、增加建筑高度、节约材料以及降低工程造价有重要的实际意义。

二、材料的弹性与塑性

1. 弹性

材料在外力作用下，产生变形，当去掉外力作用时，它可以完全恢复原始的形状，此性质称为弹性，由此产生的变形称为弹性变形，弹性变形属于可逆变形。

2. 塑性

在外力作用下也产生变形，但当去掉外力后，仍然保持其变形后的形状和尺寸，并不产生裂缝的性质称塑性，这种不可恢复的永久变形称为塑性变形，塑性变形为不可逆变形。

材料在弹性范围内，弹性变形大小与其外力的大小成正比，这个比值称为弹性模量，其计算式如下：

$$E = \frac{\sigma}{\varepsilon}$$

式中　E——材料的弹性模量，MPa；

　　　σ——材料的应力，MPa；

　　　ε——材料的应变。

弹性模量是反映材料抵抗变形能力大小的指标，弹性模量值越大，外力作用下材料的变形越小，材料的刚度也越大。

实际上，完全的弹性材料是没有的，通常一些材料在受力不大时，产生弹性变形，当受力达某一值时，则又主要为塑性变形，如低碳钢；另外有的材料从受力开始，同时产生弹性变形和塑性变形，除去外力后弹性变形可以恢复，塑性变形不会恢复，这类材料称为弹塑性材料，如混凝土。

三、材料的韧性与脆性

1. 脆性

外力作用于材料，并达到一定值时，材料并不产生明显变形即发生突然破坏，材料的这种性质称为脆性，具有此性质的材料称为脆性材料。脆性材料具有较高的抗压强度，但抗拉强度和抗弯强度较低，抗冲击能力和抗振能力较差。如花岗岩、大理石、砖、陶瓷、混凝土、生铁和玻璃等都属于脆性材料，常用作承压构件。混凝土的抗压强度是其抗拉强度的 8～12 倍。

2. 韧性

材料在冲击和动荷载作用下能吸收大量能量并能承受较大的变形而不突然破坏的性质称为韧性。韧性材料破坏时能吸收较大的能量，其主要表现为在荷载作用下能产生较大变形，抗拉强度接近或高于抗压强度，木材、钢材、橡胶等属于韧性材料。材料韧性性质用冲击试验来检验，用材料破坏时单位面积吸收的能量作为冲击韧性指标。作为受冲击或振动荷载的路面、吊车梁、桥梁等结构物的材料都应具有较高的韧性。

四、材料的硬度与耐磨性

1. 材料的硬度

硬度是指材料表面抵抗硬物压入或刻画的能力。土木工程中的楼面和道路材料、预应力钢筋混凝土锚具等为保持使用性能或外观，常须具有一定的硬度。

工程中有多种表示材料硬度的方法。天然矿物材料的硬度常用摩氏硬度表示，它是以两种矿物相互对刻的方法确定矿物的相对硬度，并非材料绝对硬度的等级，其硬度的对比标准分为十级，由软到硬依次分别为：滑石、石膏、方解石、萤石、磷灰石、正长石、石英、黄玉、刚玉以及金刚石。混凝土、砂浆和烧结黏土砖等材料的硬度常以重锤下落回弹高度计算求得，回弹值与材料强度有相关关系，能用于估算材料强度值。金属、木材等材料常以压入法检测其硬度，如洛氏硬度和布氏硬度。

2. 材料的耐磨性

材料的耐磨性是指材料表面抵抗磨损的能力。材料硬度高，材料的耐磨性也好。材料耐磨性可用磨损率表示，其计算公式为：

$$G = \frac{M_1 - M_2}{A}$$

式中　G——材料的磨损率，g/cm^2；

$M_1 - M_2$——材料磨损前后的质量损失，g；

A——材料的磨损面积，cm^2。

材料的耐磨性与材料的组成成分、结构、强度以及硬度等因素有关。在土木工程中，用作踏步、台阶以及路面等部位的材料要求具有较高的耐磨性。

五、材料的耐久性

耐久性是指材料长期抵抗各种内外破坏因素的作用，保持其原有性质的能力。材料的耐久性是一项综合性能，一般包括有抗渗性、抗冻性、耐腐蚀性、抗老化性、抗碳化、耐热性、耐磨性以及耐旋光性等。材料的性质和用途不同，对耐久性的要求也不同。如结构材料主要要求强度不能显著降低，而装饰材料则主要要求颜色、光泽等不发生显著的变化等。

1. 耐久性的影响因素

（1）内部因素

内部因素是造成材料耐久性下降的根本原因。内部因素主要包括材料的组成、结构与性质。当材料的组成成分易溶于水或其他液体，或易与其他物质发生化学反应时，则材料的耐水性、耐化学腐蚀性等较差；无机非金属脆性材料在温度剧变时易产生开裂，即耐急冷急热性差，当材料的孔隙率（特别是开口孔隙率）较大时，则材料的耐久性较差，有机材料，抗老化性较差，当材料强度较高时，则材料的耐久性较好。

（2）外部因素

外部因素是影响耐久性的主要因素。外部因素主要有：

a. 化学作用。包括各种酸、碱、盐及其水溶液，各种腐蚀性气体，对材料具有化学腐蚀作用和氧化作用；

b. 物理作用。包括光、热、电、温度差、干湿循环、冻融循环以及溶解等，可使材料的结构发生变化，如内部产生微裂纹或孔隙率增加；

c. 机械作用。包括冲击和疲劳荷载，各种气体、液体及固体引起的磨损等。

d. 生物作用。包括菌类和昆虫等，可使材料产生腐朽、虫蛀等。

实际工程中，材料受到的外界破坏因素往往是两种以上因素同时作用。金属材料常由化学和电化学作用引起腐蚀和破坏；无机非金属材料常由化学作用、溶解、冻融、风蚀、温差、湿差以及摩擦等其中某些因素或综合作用而引起破坏；有机材料常由生物作用、溶解、化学腐蚀、光、热以及电等作用而破坏。

2. 耐久性的测定

对材料耐久性最可靠的判断是在使用条件下进行长期观测，但这需要很长的时间。通常是根据使用条件与要求，在实验室进行快速试验，根据试验结果，对材料的耐久性做出判定，其项目主要有干湿循环、冻融循环、碳化、化学介质浸渍、加湿与紫外线干燥循环等。

3. 耐久性的提高

耐久性的提高首先应提高材料本身对外界作用的抵抗能力（提高密实度、改变孔结构以及选择恰当的组成原材料等）；其次可用其他材料对主体材料加以保护（覆面和刷涂料等）；此外还应设法减轻环境对材料的破坏作用（对材料处理或必要的构造措施）。

第三节　材料的耐热性与耐燃性

一、耐热性

材料长期在高温作用下，不失去使用功能的性质称为耐热性，也称之为耐高温性或耐火性。材料在高温作用下会生性质的变化而影响材料的正常使用。

1. 高温下质变

一些材料长期在高温作用下会发生材度的空化，如二水石膏在 65～140℃脱水成为半水石膏；石英在 573℃由 a-石英转变为 β-石英，同时体积增大 2%；石灰石、大理石等碳酸盐矿物在 900℃以上分解；可燃物常因在高温下急剧氧化而燃烧，如木材长期受热发生碳化，甚至燃烧。

2. 高温下变形

材料受热作用要是发生热膨胀导致结构破坏。材料受热膨胀大小常用膨胀系数表示。普通混凝土的膨胀系数为 10×10^{-6}，钢材为（10～12）$\times 10^{-6}$，因此它们能组成钢筋混凝土共同工作。普通混凝土在 300℃以上，由于水泥石脱水收缩，骨科受热膨胀，因而混凝土长期这 300℃以上工作会导致结构破坏。钢材在 350℃以上时，其抗拉强度显著降低，会使钢结构产生过大的变形而失去稳定。

二、耐燃性

当发生火灾时，材料抵抗和延缓燃烧的性质称为耐燃性（或称防火性）。国家标准《建筑材料及制品燃烧性能分级》GB 8624—2012，将建筑材料的燃烧性能分为不燃烧材料（A级）、难燃烧材料（B1级）、可燃烧材料（B2级）和易燃烧材料（B3级）四级。

不燃烧材料是指在空气中无法点燃的材料。无机材料均为不燃烧材料如石材、水泥制品、石膏制品、烧土制品、玻璃陶瓷。钢材以及铝材等受火焰作用发生明显地变形而失去使用功能，所以它们虽然不是不燃烧材料，但却是不耐火的。

难燃烧材料是指在空气中受高温作用，难起火、难微燃、难碳化，当火源移走后能立即停止燃烧的材料。这类材料多以不燃烧材料为基体的复合材料如沥青混凝土、纸面石膏板、水泥刨花板、阻燃人造板材等。它们可以延迟发火时间或缩小火灾的蔓延。

可燃烧材料是指在空气中点燃时会起火或微燃，当火源移走后仍能继续燃烧或微燃的材料，如木材及大部分有机材料。

易燃烧材料随点即燃，火焰不熄灭。

国家标准《建筑材料及制品燃烧性能分级》GB 8624—2012 中规定，经检验符合本标准的建筑材料及制品，应在产品上及说明书中冠以相应的燃烧性能等级标识："GB 8623A级"、"GB 8624B1级"、"GB 8624B2级" 和 "GB 8624B3级"。

为了使燃烧材料有较好的防火性，多采用表面涂刷防火涂料的措施。组成防火涂料的成膜物质可为非燃烧材料（如水玻璃）或是有机含氯树脂。这受热时能分解而放出的气体中含有较多的卤素（F、Cl、Br 等）和氮（N）的有机材料具有自消火性。

常用材料的极限耐火温度如表 1-4 所示。

表 1-4　常用材料的热性能

材料	温度（℃）	注解	材料	温度（℃）	注解
普通黏土砖砌体	500	最高使用温度	预应力混凝土	400	火灾时最高允许温度
普通钢筋混凝土	200	最高使用温度	钢材	350	火灾时最高允许温度
普通混凝土	200	最高使用温度	木材	260	火灾危险温度
页岩陶粒混凝土	400	最高使用温度	花岗石（含石英）	575	相变发生急剧膨胀温度
普通钢筋混凝土	100	火灾时最高允许温度	石灰岩、大理石	750	开始分解温度

第四节　材料的装饰性

建筑材料对建筑物的装饰作用主要取决于建筑材料的色彩和材料本身的质感。

一、色彩

色彩是构成一个建筑物外观及影响周围环境的重要因素。

建筑物的色彩首先应利用建筑材料的本色，这是一种最合理、最经济、最方便和最可靠的来源。烧结普通砖、青砖具有良好的装饰色彩和耐久性使我国无数古建筑经历数百年仍保持着色彩效果；天然石材除具有良好的耐久性外，还具有宽阔的色彩范围，如花岗石可有灰、黄、红及蔷薇色，是一种高级的室内外装饰材料，为许多大型建筑所采用，大理石可有红、黄、综、黑色各种色彩，纯净的大理石为白色，我国常称汉白玉、雪花白等，是高级的室内装饰材料；石灰、石膏洁白的颜色时期成为良好的室内抹面材料；建筑铝材、不锈钢、玻璃以及木材等，它们都可以自身本色，为建筑物提供色彩效果，而且具有良好的耐久性。

获得色彩的第二个来源就是采用天然的矿物颜料、植物染料及人工合成染料改变建筑材料的色彩。然而将整个建筑构件改变颜色，显然不经济、不合理。因此人们又找到了一种最经济的做法，即采用饰面材料本身来装饰建筑物。这种做法可以使人们按自己的主观意愿尽可能地进行理想的调配。当墙体材料需要通过饰面保护，改善耐久性或者立面装饰需要同时改变质感和色彩时，通常需外加装饰面层，如砂浆类、石渣类面层或贴面墙等做法。当饰面的目的只是为了改变表面颜色时，对一般等级的建筑物来说，采用表面刷涂料的办法是比较经济合理的。

二、质感

质感是指人们对建筑物材料外观质地的一种感觉。质感包括很多内容，如材料表面粗糙或细腻的程度；材料本身的纹理与花样；材料的坚实与松软；材料的光滑、透明性、光亮与昏暗；花纹的清晰与模糊；色彩的深浅等。材料的质地不同，给人们以不同的感觉，如坚硬而又光滑的材料（镜面花岗石）有严肃、有力、整洁之感；保持自然本色的材料（木材）则给人以清新、情切、淳朴之感等。

质感取决于所用材料外，更重要的是取决于材料的加工方法和加工程度。采用不同的加工方法及加工程度，可取得不同的质感效果。如粗糙的花岗石可给人一种粗犷、伟岸、神圣不可侵犯、坚如磐石的感觉。装饰砂浆、装饰混凝土、石渣类饰面等主要是通过装饰做法来达到装饰的目的。

一定的分格缝、凹凸线条也是构成饰面装饰效果的因素。抹面、刷石、水磨石、天然石材、混凝土板材、石膏板以及玻璃等分块、分格等除了防止开裂及施工接槎的需要外，也是装饰面在比例、尺度感上的需要。因此，饰面线型的设置在某种程度上也可以看作是整体质感的一个组成部分，应这工艺合理的条件下充分利用。

此外，质感的丰富与贫乏、粗犷与细腻是在比较中表现的，因此这建筑设计中对建筑物的不同部位，选择不同的装饰做法以求得总体质感上的对比与衬托，来体现建筑风格与设计意图。

本章小结

本章介绍了建筑材料的密度、表观密度、堆积密度、孔隙率与空隙率、亲水性与憎水性、吸水性与吸湿性、耐水性、导热性、吸声性、力学性质、耐久性、装饰性等的定义、表示方法以及影响因素等。通过本章学习，应能掌握表示建筑材料的物理性质、力学性质及耐久性的术语，并能熟练运用，以便为后面章节的学习，专业课的学习奠定基础。

思考与练习

1. 材料的堆积密度、表观密度和密度有何区别？如何测定三者的值？材料含水后对三者有何影响？

2. 某岩石的密度为 $2.66g/cm^3$，表观密度为 $2.59g/cm^3$，堆积密度为 $1720kg/m^3$，试计算该岩石的孔隙率和空隙率。

3. 某墙体材料密度为 $2.7g/cm$，表观密度为 $1400kg/m^3$，质量吸水率为 17%，求其孔隙率和体积吸水率。

4. 含水率为 2.1% 的湿砂 1000g，有干砂和水各多少？

5. 普通黏土砖进行抗压试验，受压面积为 115mm×120mm，气干、绝干、水饱和情况下测得破坏荷载分别为 196kN、209kN 和 182kN，问此砖是否宜于用在建筑物常与水接触的部位？

6. 亲水性材料与憎水性材料是如何区分的？举例说明怎样改变材料的亲水性和憎水性。

7. 影响材料强度测试结果的试验条件有哪些？它们是怎样影响的？

8. 脆性材料和韧性材料各有何特点？它们分别适合承受哪种外力？

9. 当某材料的孔隙率增大时，该材料的密度、表观密度、强度、吸水率、抗冻性以及导热性如何变化？

第二章 气硬性胶凝材料

本章提要

【知识点】胶凝材料的分类；石灰、石膏和水玻璃的生产、水化及凝结硬化的过程；特性、技术标准以及在建筑工程中的应用。

【重点】石灰、石膏的熟化、凝结硬化、主要技术性能及应用。

【难点】石灰、石膏和水玻璃的凝结硬化。

胶凝材料是指经过一系列物理化学变化后，能够产生凝结硬化，将块状材料或颗粒状材料胶结为一个整体的材料。胶凝材料的分类如下：

$$\text{胶凝材料}\begin{cases}\text{无机胶凝材料}\begin{cases}\text{气硬性胶凝材料，如石灰、石膏、水玻璃等}\\\text{水硬性胶凝材料，如硅酸盐水泥、铝酸盐水泥等}\end{cases}\\\text{有机胶凝材料，如沥青、树脂等}\end{cases}$$

第一节 石 灰

石灰是建筑工程中使用最早的胶凝材料之一，由于具有原材料分布广、生产工艺简单、成本低廉以及使用方便等特点，因此石灰在建筑中应用很广。

一、石灰的生产

生产石灰的主要原料是以碳酸钙（$CaCO_3$）为主要成分的天然岩石，常见的有石灰石、白云石、白垩和贝壳等。石灰石原料在适当的温度（900～1100℃）下燃烧，碳酸钙（$CaCO_3$）分解，释放出二氧化碳（CO_2），得到以氧化钙（CaO）为主要成分的生石灰，其煅烧反应式如下：

$$CaCO_3 \xrightarrow{900\sim1000℃} CaO+CO_2\uparrow$$

生石灰质量轻，表观密度为 800～1000kg/m³，密度约为 3.2g/cm³，色质洁白或略带灰色。石灰在生产过程中，应严格控制燃烧温度的高低及分布和石灰石原料的尺寸大小，否则容易产生"欠火石灰"和"过火石灰"。欠火石灰外部为正常煅烧的石灰，内部尚有未分解的石灰石内核，不仅降低石灰的利用率，而且有效氧化钙（CaO）和氧化镁（MgO）含量低，黏结能力差。过火石灰是由于煅烧温度过高，煅烧时间过长所致，其颜色较深，密度较大，颗粒表面部分被玻璃状物质或釉状物所包覆，使过火石灰与水的作用减慢，如在工程中使用会影响工程质量。

二、石灰的熟化

生石灰加水形成熟石灰的过程，称为熟化或消化。生石灰除磨细生石灰粉可以直接在工程中使用外，一般均需熟化后使用。化学反应如下：

$$CaO + nH_2O = Ca(OH)_2 \cdot nH_2O + 64.9kJ/mol$$

$$MgO + nH_2O = Mg(OH)_2$$

1. 熟化方式

熟化方式包括淋灰和化灰两种。淋灰一般在石灰厂进行，是将块状生石灰堆成垛，先加入石灰熟化总用水量的70%的水，熟化1~2d后将剩余30%的水加入继续熟化而成。由于加水量少，熟化后为粉状，也称消石灰粉。化灰一般在施工现场进行，是将块状生石灰放入化灰池中，用大量水冲淋，使水面超过石灰表面熟化而成。

2. 熟化的特点

生石灰中氧化钙（CaO）与水反应是一个放热反应，放出的热量为64.9kJ/mol。由于生石灰疏松多孔，与水反应后形成的氢氧化钙$Ca(OH)_2$体积较生石灰增大1.5~3.5倍。

三、石灰的硬化

石灰浆体使用后在空气中逐渐硬化，主要有以下两个过程。

1. 结晶作用

随着游离水的蒸发，氢氧化钙晶体逐渐从饱和溶液中析出。

2. 碳化硬化

氢氧化钙在潮湿条件下，与空气中的二氧化碳发生化学反应，生成碳酸钙晶体

$$Ca(OH)_2 + CO_2 + nH_2O = CaCO_3 + (n+1)H_2O$$

碳化作用是从熟石灰表面开始缓慢进行的，生成的碳酸钙晶体与氢氧化钙晶体交叉连生，形成网络状结构，使石灰具有一定强度。表面形成的碳酸钙（$CaCO_3$）结构致密，会阻碍二氧化碳进一步进入，且空气中二氧化碳（CO_2）的浓度很低，在相当长的时间内，仍然是表层为碳酸钙（$CaCO_3$），内部为氢氧化钙[$Ca(OH)_2$]，因此石灰的硬化是一个相当缓慢的过程。

四、石灰的特性和技术标准

1. 石灰的特性

（1）保水性好。熟石灰粉或石灰膏与水拌和后，石灰浆中氢氧化钙[$Ca(OH)_2$]颗粒极细（直径约为$1\mu m$），表面吸附一层较厚水膜呈胶体分散状态，保持水分不泌出的能力较强，即保水性好，同时水膜使颗粒间的摩擦力减小，故可塑性好。混合水泥砂浆中加入石灰浆，使其可塑性显著提高，能显著提高砂浆的和易性和饱满度。

（2）硬化慢、强度低。由于空气中二氧化碳（CO_2）的体积分数低，而且表面碳化后，形成紧密的碳酸钙（$CaCO_3$）硬壳，不但不利于二氧化碳（CO_2）向内部扩散，同时也阻止水分向外蒸发，致使碳酸钙（$CaCO_3$）和氢氧化钙[$Ca(OH)_2$]结晶体生成量减少，所以石灰浆硬化慢，强度低。如1:3配比的石灰砂浆，其28d的抗压强度只有0.2~0.5MPa。

（3）吸湿性强。生石灰在存放过程中，会吸收空气中的水分而熟化。

（4）耐水性差。在石灰硬化中，大部分仍然是尚未碳化的氢氧化钙[$Ca(OH)_2$]，由于氢氧化钙[$Ca(OH)_2$]结晶易溶于水，因而耐水性差，在潮湿环境中强度会更低，遇水还会溶解溃散，所以石灰不宜用于潮湿环境，也不宜用于重要建筑物的基础。

（5）硬化时体积收缩大。石灰在硬化过程中，蒸发出大量水分，引起体积显著收缩，易出现干缩裂缝。所以，石灰不宜单独使用，一般要掺入砂、纸筋和麻刀等加强材料，这样既可以限制收缩，又能节约石灰。

（6）放热量大，腐蚀性强。生石灰的熟化是放热反应，熟化时会放出大量的热。熟石灰中的氢氧化钙 [$Ca(OH)_2$] 是一种强碱，具有较强的腐蚀性。

2.石灰的技术标准

石灰的质量要求有氧化钙和氧化镁（CaO 和 MgO）含量、细度、二氧化碳（CO_2）含量、生石灰产浆量、未消化残渣量和体积安定性等，由此将建筑石灰分为优等品、一等品和合格品三个等级，如表 2-1～表 2-3 所示。

表 2-1　建筑生石灰的分类（JC/T 479—2013）

类别	名称	代号
钙质石灰	钙质石灰 90	CL90
	钙质石灰 85	CL85
	钙质石灰 75	CL75
镁质石灰	镁质石灰 85	ML85
	镁质石灰 80	ML80

表 2-2　建筑生石灰的化学成分（JC/T 479—2013） （%）

名称	氧化钙＋氧化镁	氧化镁	二氧化碳	三氧化硫
CL90-Q CL90-QP	≥90	≤5	≤4	≤2
CL85-Q CL85-QP	≥85	≤5	≤7	≤2
CL75-Q CL75-QP	≥75	≤5	≤12	≤2
ML85-Q ML85-QP	≥85	≤5	≤7	≤2
ML80-Q ML80-QP	≥80	≤5	≤7	≤2

表 2-3　建筑生石灰的物理性质（JC/T 479—2013）

名称	产浆量 dm³/10kg	细度	
		0.2mm 筛余量%	90μm 筛余量%
CL90-Q CL90-QP	≥26 —	— ≤2	— ≤7
CL85-Q CL85-QP	≥26 —	— ≤2	— ≤7
CL75-Q CL75-QP	≥26 —	— ≤2	— ≤7
ML85-Q ML85-QP	— —	— ≤2	— ≤7
ML80-Q ML80-QP	— —	— ≤7	— ≤2

五、石灰的应用

建筑工程中使用的石灰品种主要有块状生石灰、磨细生石灰、消石灰粉和熟石灰膏。除块状生石灰外，其他品种均可在工程中直接使用。

（1）配制建筑砂浆：

石灰可配制石灰砂浆、混合砂浆等，用于砌筑、抹灰等工程。

（2）配制三合土和灰土：

三合土是采用生石灰粉、黏土、砂为原材料，按体积比为 1：2：3 的比例，加水拌和均匀夯实而成。

（3）生产硅酸盐制品：

以石灰为原料，可生产硅酸盐制品，如各种粉煤灰砖及砌块、蒸压灰砂砖、碳化砖、加气混凝土等。

（4）磨制生石灰粉：

采用块状生石灰磨细制成的磨细生石灰粉，可不经熟化直接应用于工程中，具有熟化速度快、体积膨胀均匀、生产效率高、硬化速度快、消除了欠火石灰和过火石灰的危害等优点。

六、石灰的运输和贮存

生石灰在运输时不准与易燃、易爆和液体物品混装，同时要采取防水措施。生石灰、消石灰粉应分类、分等级存贮于干燥的仓库内，且不宜长期贮存。块状生石灰通常进场后立即熟化，将保管期变为陈伏期。

第二节　建筑石膏

石膏胶凝材料是三大胶凝材料之一。石膏胶凝材料生产只是除去部分或全部二水硫酸钙（$CaSO_4 \cdot 2H_2O$）中的结晶水，耗能低、排出的废气是水蒸气，用烧成的建筑石膏为主要原料制成的各种石膏建筑材料，凝结硬化快，生产周期短，因此石膏建筑材料被公认为是一种理想的生态、高效节能、健康建材，它也成为当前重点发展的新型建筑材料。

一、建筑石膏生产

石膏的生产原料主要是天然二水石膏（$CaSO_4 \cdot 2H_2O$），也可采用化工石膏。天然二水石膏（$CaSO_4 \cdot 2H_2O$）又称为生石膏。化工石膏是指含有 $CaSO_4 \cdot 2H_2O$ 的化学工业副产品废渣或废液，经提炼处理后制得的建筑石膏。

石膏的生产工艺为煅烧工艺。将生石膏在不同的压力和温度下加热，可得到晶体结构和性质各异的石膏胶凝材料。

1. 低温煅烧石膏

（1）建筑石膏

温度为 107～170℃时，部分结晶水脱出，二水石膏转化 β-半水石膏，又称熟石膏或建筑石膏。反应如下：

$$CaSO_4 \cdot 2H_2O \xrightarrow{107\sim170℃} CaSO_4 \cdot \frac{1}{2}H_2O + 1\frac{1}{2}H_2O$$

温度在 170～200℃时，半水石膏继续脱水，成为可溶性的硬石膏，凝结快，但强度低。当温度升高到 200～250℃时，石膏中残留很少的水，凝结硬化非常缓慢。

（2）模型石膏

与建筑石膏化学成分相同，也是 β-半水石膏，但含杂质较少，细度小。可以制成各种模型。

（3）高强石膏

当在压力为 0.13MPa、温度为 124℃的压蒸条件下蒸炼脱水，则生成 α-半水石膏，即高强石膏。与建筑石膏相比，其晶体比较粗大，比表面积小，达到一定稠度时需水量较小，因此硬化后具有较高的强度。

2. 高温煅烧石膏

当加热温度高于 400℃时，石膏完全失去水分，成为不溶性硬石膏，失去凝结硬化能力；当煅烧温度高于 800℃时，部分石膏分解出氧化钙（CaO），磨细后的产品称为高温煅烧石膏。氧化钙在硬化过程中起碱性激发剂的作用，硬化后具有较高的强度、抗水性和耐磨性，称为地板石膏。

二、建筑石膏水化与硬化

建筑石膏粉与水调和成均匀浆体，起初具有可塑性，但很快就失去塑性并产生强度，发展成为有强度的固体，这个过程称为石膏的水化和硬化。

半水石膏与水反应，又还原成二水石膏，水化反应式如下：

$$CaSO_4 \cdot \frac{1}{2}H_2O + 1\frac{1}{2}H_2O \longrightarrow CaSO_4 \cdot 2H_2O$$

由于二水石膏在水中的溶解度小于半水石膏的，故二水石膏很快在溶液中达到饱和，形成胶体微粒并且不断转变为晶体析出。二水石膏的析出破坏了原来半水石膏溶解的平衡状态，这时半水石膏会进一步溶解，以补偿二水石膏析晶在液相中减少的硫酸钙（CaSO_4）含量。如此不断地进行半水石膏的溶解和二水石膏的析出，直到半水石膏完全水化为止。同时浆体中的自由水分由于水化和蒸发而不断减少，浆体的稠度不断增加，晶体微粒间的搭接、连生和交错，致使黏结逐步增强，浆体逐步失去可塑性，这个过程称为凝结过程。这一过程不断进行，直至完全失去塑性，形成强度并且干燥，这个过程称为硬化过程。

三、建筑石膏技术特性和质量要求

1. 建筑石膏技术特性

建筑石膏具有下列技术特性：

（1）凝结硬化快。建筑石膏与水拌和后，在常温下一般 15min 即可初凝，30min 内即可达终凝，一星期左右完全硬化。通过改变半水石膏的溶解度和溶解速度可调整凝结时间，若要延缓凝结时间，可掺入缓凝剂，如柠檬酸、硼酸以及它们的盐，或用亚硫酸盐酒精废液、淀粉渣、明胶、醋酸钙等。若要加速建筑石膏的凝结，则可参入促凝剂，如氯化钠、氯化镁和硅氟酸钠等。

（2）水化硬化体孔隙率大、强度较低。其硬化后的抗压强度为 3～6MPa，建筑石膏的水化，理论需水量只占半水石膏的 18.6%，但实际上为使石膏浆体具有一定的可塑性，往往需加水到 60%～80%，多余的水分在硬化工程中逐渐蒸发，在硬化后的石膏浆体中产生大量的孔隙，一般孔隙率为 50%～60%，因此建筑石膏硬化后，表观密度较小，强度较低。

（3）保温隔热、吸声隔声性能好，但耐水性差。石膏硬化体孔隙均为微小的毛细孔，导热系数一般较小（0.121～0.205W/m·K），是好的绝热材料，表面微孔使声音传导或反射的能力也显著下降，从而具有较强的吸声能力；软化系数仅为 0.3～0.45，故应用于相对湿度不大于 70%环境中，若要在潮湿环境中使用，建筑石膏制品中需参入防水剂和耐水性好的集料，避免二水石膏在水中溃散。

（4）防火性能良好。建筑石膏制品的主要成分为二水石膏，火灾时石膏结晶水吸收热量并蒸发，在制品表面形成蒸汽幕，能有效阻止火势蔓延或赢得宝贵的疏散和灭火时间，这是建筑石膏制品的独特性质，其他室内装修材料无法与之相比。

（5）硬化时体积略有膨胀，装饰性好。建筑石膏硬化时体积略有膨胀，膨胀值为 0.5%～1.0%，可以不掺加填料单独使用，这种微膨胀性使制品表面光滑饱满，不干裂、细腻平整、颜色洁白，制品尺寸准确、轮廓清晰，具有很好的装饰性。

（6）一定的调温调湿性。建筑石膏制品中有大量微小的毛细孔，具有吸湿性能，其含水率随环境温度和湿度的变化而变化，水分蒸发和吸收速度维持动态平衡，形成一个合适的室内气候，可起到调节室内湿度的作用。同时由于其导热系数小、热容量大，可形成舒适的表面温度，改善室内温度。

（7）施工性好。建筑石膏制品可钉、刨、钻、雕，施工与安装灵活方便。另外，建筑石膏粉在储运时必须注意防潮，储存时间不得过长，一般不得超过三个月。

2. 建筑石膏质量要求

建筑石膏按 2h 抗折强度分为 3.0、2.0、1.6 三个等级。其物理力学性能应符合表 2-4 所示的要求。

表 2-4　建筑石膏的物理力学性能 GB/T 9776—2008

等级	细度（0.2mm 方孔筛筛余）%	凝结时间		2h 强度/MPa	
		初凝	终凝	抗折	抗压
3.0				≥3.0	≥6.0
2.0	≤10	≥3	≤30	≥2.0	≥4.0
1.6				≥1.6	≥3.0

四、建筑石膏的应用

建筑石膏具有许多优良的性能，适宜用作室内装饰、保温绝热、吸声及阻燃等方面的材料，主要有下列用途。

1. 纸面石膏板

纸面石膏板是以建筑石膏为主要原料，加入少量添加剂与水搅拌后，连续浇筑在两层护纸之间，再经封边、压平、凝固、切断、干燥而成的一种轻质建筑板材，分为普通纸面石膏板（代号为 P）、耐水纸面石膏板（代号为 S）和耐火纸面石膏板（代号为 H）。普通纸面石膏板主要用于内墙、隔墙、天花板等处。耐水纸面石膏板以建筑石膏为主要原料，掺入适量纤维增强材料和耐水外加剂等构成耐水芯材，并与耐水护面纸牢固地粘接在一起的耐水建筑板材，主要用于湿度较大的场所，如厨房、卫生间、室内停车库等需要抵抗间歇性潮湿和水汽的场合，也可用于满足临时外部暴露的需要。它可以阻止水汽的渗透，而不使内层龙骨锈蚀、破坏，板面适于粘贴各种装饰材料，包括瓷砖或适当质量的石材。耐火纸面石膏板以建筑石膏为主要材料，掺入适量轻集料、无机耐火纤维增强材料和外加剂构成耐火芯材，并与护面纸牢固地粘接在一起，主要用于有特殊要求的场所，如电梯并道、楼梯、钢梁柱的防火背覆以及防火墙和吊顶等。

2. 纤维石膏板

纤维石膏板是指以各种无机纤维或有机纤维与石膏制成的增强石膏板材。无机纤维有玻璃纤维、云母和石棉等；有机纤维包括木质纤维（指木材纤维、木材刨花、纸浆及革类纤维）和化学纤维等。木质纤维石膏板的表面可涂刷涂料，为了提高纤维石膏板装饰效果，也可在木质纤维石膏板的表面进行深加工，目前可采用的方法是在板材表面贴装饰材料，如刨切薄木、三聚氰胺浸渍纸和 PVC 薄膜等。在饰面之前，木质纤维石膏板的表面必须先进行砂光，使板的厚度偏差在 ±0.2mm 以内。

3. 石膏空心条板

石膏空心条板以建筑石膏为原料，形状似混凝土空心楼板，规格尺寸为（2400～3000）mm×（60～120）mm、7孔或9孔的条形板材。用这种板材作建筑物内隔墙，代替传统的实心黏土砖或空心黏土砖。由于条板的单位面积质量更轻、砌筑量更少，使建筑物的自重更轻，其基础承载也就更小，可一步降低建筑造价；由于条板的长度按建筑物的层高定制，因此施工效率更高。由于石膏材质较脆，在运输及安装中易断裂，特别是用石膏空心条板作门口板，更容易产生裂缝。另外石膏空心条板的耐水防潮性能也很差，因此，许多生产厂家对石膏空心条板做了改性措施，如掺加一定比例的珍珠岩粉来改善板材的脆性和降低密度；掺加硅酸盐水泥改善条板的耐水、防潮性能；又在石膏空心条板两侧板面预埋涂塑玻璃纤维网格布，以改善板材的抗冲击性能和耐变形能力。采用不同改性措施生产的板材有不同的名称，如石膏珍珠岩空心条板、增强石膏珍珠岩空心条板、加气石膏纤维空心条板等。

4. 石膏砌块

石膏砌块是以建筑石膏为主要原料，经加水搅拌、浇筑成型和干燥而制成的块状轻质建筑石膏制品。在生产中根据性能要求可加入轻集料、纤维增强材料、发泡剂等辅助材料，有时也可用部分高强石膏（α-半水石膏）代替建筑石膏。石膏砌块可分为实心及空心砌块两大类，外形为长方体，一般在纵横四边分别设有榫与槽。

5. 装饰石膏板

装饰石膏板有很多品种，通常包括（普通）装饰石膏板、嵌装式装饰石膏板、新型装饰石膏板及大型板块等。嵌装式装饰石膏板四周具有不同形式的企口，按其功能又有装饰板、吸声板和通风板之分；各种装饰板按材性又有普通、防火、防潮之分；按质量大小又可分为普通、轻质等。装饰石膏板通常用于各种建筑物吊顶的装饰装修之用，如小型浴室、厨房、卧室、客厅、室内游泳池、酒吧、舞厅、会议室、报告厅、体育馆、大会堂等均可使用。由于装饰石膏板所具有的多种优点及强烈的装饰效果，因而风靡于世界各地。

6. 石膏装饰制品

石膏装饰制品是室内装饰用石膏制品的概称，其花色品种多样，规格不一，包括：柱子、角花、角线、平底线、圆弧线、花盘、花纹板、门头花、壁托、壁炉、壁画、阁龛以及各式石膏立体浮雕、艺术品等。产品艺术感强,广泛应用于各类不同的建筑风格、不同档次的建筑室内艺术装饰,它的装饰造型可使楼堂馆所富丽堂皇、气势雄伟;居室雍容华贵、温馨典雅。

7. 水泥生产中,作水泥的胶凝剂

为了延缓水泥的凝结,在生产水泥时,需要加入天然二水石膏或无水石膏作为水泥的缓凝剂。

8. 作为油漆打底用腻子的原料

五、建筑石膏的运输和贮存

建筑石膏以具有防潮及不易破损的纸袋或其他符合袋包装。包装上应标明产品的标记、生产厂名、生产批号、出厂日期、质量等级、商标和防潮标记等。

建筑石膏在运输和贮存时不得受潮和混入杂物。自生产之日起,贮存期为三个月。贮存期超过三个月的建筑石膏,应重新进行检验,以确定其等级。

第三节 水玻璃

水玻璃是碱金属氧化物和二氧化硅结合而成的一种溶解于水的透明的玻璃状混合物。

一、水玻璃的生产

常用的有钠水玻璃和钾水玻璃,分子式分别为 $Na_2O \cdot nSiO_2$ 和 $K_2O \cdot SiO_2$。

水玻璃生产有干法和湿法两种。湿法是石英砂和苛性钠溶液在压蒸釜内用蒸汽加热、搅拌生成液体水玻璃;干法是将磨细的石英砂和碳酸钠在温度 $1300\sim1400℃$ 的熔炉中得到的固体水玻璃,在压蒸釜内将水蒸气引入到固体水玻璃中得到液体水玻璃。水玻璃是无色透明的液体,杂质及其杂质含量的多少会使水玻璃呈青灰色、绿色或微黄色。其反应式为:

$$NaCO_3 + nSiO_2 \xrightarrow{1300\sim1400℃} Na_2O \cdot nSiO_2 + CO_2 \uparrow$$

水玻璃分子式中,n 为水玻璃的模数,是氧化硅和氧化钠的分子比,其大小决定水玻璃的品质及其应用性能。模数低的固体水玻璃较易溶于水,但晶体组分较多,黏结能力较差。水玻璃的模数增高,胶体组分也相应增加,黏度越大,越难溶于水。在液体水玻璃中加入尿素,在不改变其黏度的条件下能提高黏结力。

二、水玻璃的硬化

水玻璃与空气中二氧化碳反应,析出硅酸凝胶,并逐渐干燥而硬化,但其硬化过程极慢,可通过加热或掺入促硬剂加速硬化,常用促硬剂为氟硅酸钠(Na_2FSi_6),硬化反应式如下:

$$2SiO_2 \cdot H_2O + Na_2FSi_6 + mH_2O = 6NaF + (2n+1)SiO_2 \cdot mH_2O$$

氟硅酸钠适宜掺量为水玻璃质量的 $12\%\sim15\%$。氟硅酸钠用量不仅影响硬化速度,而且能提高强度和耐水性,但因氟硅酸钠有毒,施工操作时要注意安全防护。

三、水玻璃的特性和应用

水玻璃胶凝材料在土木工程中具有下列特性和用途。

1. 较强的耐酸腐蚀性

能抵抗除氢氟酸外多数无机酸和有机酸的腐蚀，在防腐工程中采用耐酸集料配制耐酸砂浆和混凝土。

2. 良好的耐热性能

在高温下不分解，在1200℃高温下强度不降低，能配制耐热砂浆和耐热混凝土。

3. 良好的抗风化性质

涂刷在天然石材、硅酸盐制品及混凝土表面，水玻璃硬化时析出的硅酸凝胶还能堵塞材料的毛细孔隙，提高材料的密实度，起到阻止水分渗透的作用，有助于耐水和抗风化。但水玻璃不能涂刷或浸渍石膏制品，因为水玻璃与石膏反应生成硫酸钠（Na_2SO_4），体积膨胀引起材料破坏。

4. 加固土壤和地基

水玻璃和氯化钙溶液交替注入土壤中，反应析出的硅酸胶体，胶结土壤，填充孔隙，可阻止水分的渗透，提高土壤密度和强度。

5. 配制水泥促凝剂

本章小结

本章分别介绍了石灰、石膏和水玻璃这三种气硬性胶凝材料的定义、组成、生产、熟化、凝结硬化、主要技术性质以及在建筑中的应用。通过本章学习，应掌握石灰的生产、熟化、主要特性及其应用。掌握建筑石膏的凝结硬化过程、主要特性及用途。了解水玻璃的概念、主要性质和应用。

思考与练习

1. 什么是气硬性胶凝材料？试从凝结硬化过程及水化产物分析石灰浆和石膏有哪些特性？

2. 如何理解建筑石膏是能循环利用的材料？建筑石膏能制成哪些制品？

3. 某内墙采用石灰砂浆抹面，数月后出现许多不规则网状裂纹，同时在个别部位有凸出的放射状裂纹，试分析上述现象产生的原因及如何预防。

4. 石灰是气硬性胶凝材料，但灰土能用作基础垫层用于潮湿环境，这是为什么？

5. 什么是欠火石灰和过火石灰？它们对石灰的使用有何影响？

6. 什么是水玻璃？什么是水玻璃的模数？水玻璃的模数和密度（浓度）对其性质有何影响？

7. 水玻璃有哪些性质？水玻璃在工程上有哪些用途？

第三章　水　泥

> **本章提要**
>
> 　【知识点】水泥的分类、硅酸盐水泥的生产工艺、矿物组成与特性、凝结硬化、腐蚀与防止；通用水泥、专用水泥、特性水泥；水泥的应用、验收与保管。
>
> 　【重点】硅酸盐水泥的矿物组成与特性、水泥的技术要求、水泥选用原则、水泥验收与保管。
>
> 　【难点】硅酸盐水泥的凝结硬化、水泥腐蚀与防治。

第一节　水泥的分类

水泥属于无机水硬性胶凝材料，不仅可用于干燥环境中的工程，而且也可以用于潮湿环境及水中的工程，在建筑、交通、水利电力、能源矿山、国防、航空航天以及农业等基础设施建设工程中得到广泛应用。

水泥的分类方法主要有以下两种。

1. 按水泥的性能和用途分类

按水泥的性能和用途分为通用水泥、专用水泥和特性水泥三大类，如表 3-1 所示。

表 3-1　水泥按性能和用途的分类

水泥种类	性能及用途	主要品种
通用水泥	指一般土木建筑工程通常采用的水泥。这类水泥的产量大，适用范围广	包括硅酸盐水泥、普通硅酸盐水泥、矿渣硅酸盐水泥、火山灰质硅酸盐水泥、粉煤灰硅酸盐水泥、复合硅酸盐水泥共六大品种
专用水泥	具有专门用途的水泥	如砌筑水泥、道路水泥、大坝水泥、油井水泥、型砂水泥等
特性水泥	某种性能比较突出的水泥	如快硬硅酸盐水泥、抗硫酸盐硅酸盐水泥、低热微膨胀水泥、自应力硅酸盐水泥、白色硅酸盐水泥等

注：专用水泥和特性水泥，在工程中习惯统称为特种水泥。

2. 按水泥中主要水硬性物质分

水泥按主要水硬性物质的分类如表 3-2 所示。

由于硅酸盐系列水泥在工程中应用最广泛，因此本章主要以硅酸盐水泥为主线，讲述硅酸盐系水泥中的通用水泥、专用水泥和特性水泥。重点是通用水泥，对专用水泥和特性水泥仅做一般介绍。

表 3-2　水泥按主要水硬性物质的分类

水泥种类	主要水硬性物质	主要品种
硅酸盐系水泥	硅酸钙	通用水泥、绝大多数专用水泥和特性水泥
铝酸盐系水泥	铝酸钙	高铝水泥、自应力铝酸盐水泥、快硬高强铝酸盐水泥等
硫铝酸盐系水泥	无水硫铝酸钙、硅酸二钙	自应力硫铝酸盐水泥、低碱度硫铝酸盐水泥、快硬硫铝酸盐水泥等
铁铝酸盐系水泥	铁相、无水硫铝酸钙、硅酸二钙	自应力铁铝酸盐水泥、膨胀铁铝酸盐水泥、快硬铁铝酸盐水泥等
氟铝酸盐水泥	氟铝酸钙、硅酸二钙	氟铝酸盐水泥等
以火山灰或潜在水硬性材料以及其他活性材料为主要组分的水泥	活性二氧化硅、活性氧化铝	石灰火山灰水泥、石膏矿渣水泥、低热钢渣矿渣水泥等

第二节　硅酸盐水泥

硅盐系列水泥的主要水硬性物质为硅酸钙，在水泥名称中均含有"硅酸盐"三个字。工程中绝大部分水泥属于硅酸盐系列水泥。

一、硅酸盐水泥的原材料

硅酸盐系列水泥原材料分为生产硅酸盐水泥熟料的原材料、石膏和混合材料三类。

1. 硅酸盐系列水泥熟料的原材料

（1）石灰质原料：采用天然石灰石、凝灰岩和贝壳等，主要提供水泥中的氧化钙（CaO）。

（2）黏土质原料：主要为黏土（或页岩、泥岩、粉砂岩、河泥等），其主要成分为二氧化硅（SiO_2），其次为氧化铝（Al_2O_3）和少量氧化铁（Fe_2O_3）。

（3）铁矿石：采用赤铁矿，化学成分为氧化铁（Fe_2O_3），主要弥补黏土中铁质含量的不足。

生料中各种成分的含量必须达到一定的要求，如表 3-3 所示。

表 3-3　水泥生料中各种成分的含量范围

化学成分	CaO	SiO_2	Al_2O_3	Fe_2O_3
含量范围	62%～67%	20%～24%	4%～7%	2.5%～6.0%

2. 石膏

在生产水泥时，必须掺入适量石膏，以延缓水泥的凝结。在硅酸盐水泥、普通硅酸盐水泥中石膏主要起缓凝作用；而在掺入较多混合材料的水泥中，石膏还有着激发混合材料的作用。掺入的石膏主要为天然石膏矿以及无水硫酸钙等。

3. 混合材料

为了改善水泥的性能，调节水泥强度等级，提高水泥的产量，扩大水泥品种，降低成本，在生产水泥时加入的矿物质材料，称为混合材料。混合材料分为活性混合材料和非活性混合材料两种，其种类、性能及常用品种如表 3-4 所示。

（1）粒化高炉矿渣，是高炉冶炼铁的副产品。以硅酸钙和硅酸铝为主要成分的熔融物，经水淬成粒后的产品。粒化高炉矿渣的化学成分主要为 CaO、Al_2O_3 和 Fe_2O_3，约占总质量的 90％以上，另外还含有少量的 MgO、Fe_2O_3 和一些硫化物。矿渣在淬冷成粒时形成不稳定的玻璃体而具有潜在水硬性。慢冷矿渣不具备水硬性。

（2）火山灰质混合材料，具有火山灰特性的天然或人工的矿物质材料，有含水硅酸质材料（硅藻土、硅藻石等）、烧黏土质（烧黏土、煤渣、粉煤灰等）和火山灰（火山灰、凝灰岩等）三类。

（3）粉煤灰，是热电厂的工业废料，由燃煤锅炉排出的细颗粒废渣，以 SiO_2 和 Al_2O_3 为主要成分，含有少量 CaO，具有火山灰特性。

非活性混合材料掺入水泥中，主要起填充作用，可以提高水泥的产量，降低水化热，降低强度等级，对水泥其他性能影响不大。主要品种有慢冷矿渣、磨细石灰石粉等。

表 3-4　混合材料种类、性能及常用品种

混合材料种类	性能	常用品种
活性混合材料	具有潜在水硬性或火山灰性，或兼具有火山灰性和水硬性的矿物质材料	粒化高炉矿渣、粉煤灰、火山灰质混合材料（含水硅酸质、烧黏土质、火山灰等）
非活性混合材料	不具有潜在水硬性或质量活性指标不能达到规定要求的混合材料	慢冷矿渣、磨细石英砂、石灰石粉等

二、硅酸盐系列水泥的生产工艺

硅酸盐系列水泥的生产工艺，可概括为"两磨一烧"，即原材料按比例混合后磨细制成生料；生料经过煅烧为熟料；熟料、混合材料、石膏混合后磨细得成品。其生产工艺流程如图 3-1 所示。

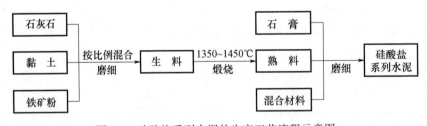

图 3-1　硅酸盐系列水泥的生产工艺流程示意图

三、硅酸盐水泥熟料的矿物质组成及其特性

硅酸盐系列水泥熟料是在高温下形成的，其矿物主要由硅酸三钙（$3CaO \cdot SiO_2$）、硅酸二钙（$3CaO \cdot SiO_2$）、铝酸三钙（$3CaO \cdot Al_2O_3$）和铁铝四钙（$4CaO \cdot Al_2O_3 \cdot Fe_2O_3$）组成。另外还含有少量的游离氧化钙（CaO）、游离氧化镁（MgO）及杂质。游离氧化钙和游离氧化镁是水泥中的有害成分，含量高时会引起水泥安定性不良。

熟料矿物经过磨细之后均能与水发生化学反应——水化反应，表现较强的水硬性。水泥熟料主要矿物组成及其特性如表 3-5 所示。

表 3-5　水泥熟料主要矿物组成及其特性

矿物名称 项目	硅酸三钙	硅酸二钙	铝酸三钙	铁铝酸四钙
化学式	$3CaO \cdot SiO_2$	$2CaO \cdot SiO_2$	$3CaO \cdot Al_2O_3$	$4CaO \cdot Al_2O_3 \cdot Fe_2O_3$
简写	C_3S	C_2S	C_3A	C_4AF
质量分数/%	37～67	15～30	7～15	10～18
水化反应速度	快	慢	最快	快
强度	高	早期低，后期高	低	低（含量多时对抗折强度有利）
水化热	较高	低	最高	中

由于硅酸三钙和硅酸二钙占熟料总质量的 75％～82％，是决定水泥强度的主要矿物，因此这类熟料也称为"硅酸盐水泥熟料"。

四、硅酸盐水泥的凝结与硬化

水泥加水拌合而成的浆体，经过一系列物理化学变化，浆体逐渐变稠失去可塑性而成为水泥石的过程称为凝结，水泥石强度逐渐发展的过程称为硬化。水泥的凝结过程和硬化过程是连续进行的。凝结过程较短暂，一般几个小时即可完成，硬化过程是一个长期的过程，在一定温度和湿度下可持续几十年。

1. 硅酸盐水泥熟料的水化

水泥与水拌和均匀后，颗粒表面的熟料矿物开始溶解并与水发生化学反应，形成新的水化产物，放出一定的热量，固相体积逐渐增加。

熟料矿物的水化反应为：

$$2(3CaO \cdot SiO_2)+6H_2O \longrightarrow 3CaO \cdot 2SiO_2 \cdot 3H_2O+3Ca(OH)_2$$

$$2(2CaO \cdot SiO_2)+4H_2O \longrightarrow 3CaO \cdot 2SiO_2 \cdot 3H_2O+Ca(OH)_2$$

$$3CaO \cdot Al_2O_3+6H_2O \longrightarrow 3CaO \cdot Al_2O_3 \cdot 6H_2O$$

$$4CaO \cdot Al_2O_3 \cdot Fe_2O_3+7H_2O \longrightarrow 3CaO \cdot Al_2O_3 \cdot 6H_2O+CaO \cdot Fe_2O_3 \cdot H_2O$$

熟料矿物中的铝酸三钙（$3CaO \cdot Al_2O_3$）首先与水发生化学反应，水化反应迅速，有明显的放热现象，形成的水化铝酸钙（$3CaO \cdot Al_2O_3 \cdot 6H_2O$）很快析出，会使水泥产出瞬凝。为了调节凝结时间，在生产水泥时加入适量石膏（约占水泥质量 5％～7％的天然二水石膏）后，发生二次反应 $3CaO \cdot Al_2O_3 \cdot 6H_2O+CaSO_4 \longrightarrow 3CaO \cdot Al_2O_3 \cdot 3CaSO_4 \cdot 31H_2O$ 形成的高硫型水化硫铝酸钙（$3CaO \cdot Al_2O_3 \cdot 3CaSO_4 \cdot 31H_2O$，代号 AFt，称为钙矾石）为难溶于水的物质。当石膏消耗完后，部分高硫型的水化硫铝酸钙会逐渐转变为低硫型水化硫铝酸钙（$3CaO \cdot Al_2O_3 \cdot CaSO_4 \cdot 12H_2O$，代号 AFm），延长了水化产物的析出，从而延缓了水泥的凝结。

硅酸盐系列水泥水化后，形成的主要水化产物有：水化硅酸钙凝胶、氢氧化钙晶体、水化铝酸钙晶体、水化硫铝酸钙晶体（高硫型、低硫型）以及水化铁酸钙凝胶。

2. 硅酸盐水泥的凝结硬化过程

水泥加水拌和均匀后，水泥颗粒分散在水中成为水泥浆。水泥颗粒的水化是从颗粒表面开始的。

在水化初期，颗粒与水接触的表面积较大，熟料矿物与水反应的速度较快，形成的水化产物的溶解度较小，水化产物的生成速度大于水化产物向溶液中扩散的速度，因此液相很快成为水化产物的饱和或过饱和溶液，使水化产物不断地从液相中析出并聚集在水泥颗粒表面，形成以水化硅酸钙凝胶为主体的凝胶薄膜，大约在 1h 左右即在凝胶薄膜外侧及液相中形成粗短的针状钙矾石晶体。

在水化初期，约有 30% 的水泥已经水化，以水化硅酸钙（C-S-H）和氢氧化钙的快速形成特征。此时水泥颗粒被水化硅酸钙凝胶形成的薄膜全部包裹，并不断向外增厚和扩展，然后逐渐在包裹膜内侧凝聚。薄膜的外侧生长的钙矾石针状晶体，内侧则生成低硫型硫铝酸钙。氢氧化钙晶体在原充水空间形成。薄膜层逐渐增厚且互相连接，自由水的减少，使水泥浆逐渐变稠，部分颗粒黏结在一起形成空间网架结构，开始失去流动性和可塑性，使水泥开始凝结——初凝。

在水化后期，由于新生成的水化产物的压力，水泥颗粒的凝胶薄膜破裂，使水进入未水化水泥颗粒的表面，水化反应继续进行，生成更多的水化产物：水化硅酸钙凝胶，氢氧化钙、水化铝酸钙和水化硫铝酸钙晶体等。这些水化产物之间相互交叉连生，不断密实，固体之间的空隙不断减小，网状结构不断加强，结构逐渐紧密，使水泥浆完全失去可塑性——终凝。此时水泥浆即成为水泥石，开始具有强度。由于继续水化，水化产物不断形成，水泥石的强度逐渐提高。

水泥的凝结硬化速度，主要与熟料矿物的组成有关，另外还与水泥细度、加水量、硬化时的温度、湿度、养护龄期等因素有关。水泥细度越大，比表面积越大，水化速度越快，凝结就越快。一定质量的水泥，加水量越大，水泥浆越稀，凝结硬化越慢。当温度越高时，水泥的水化反应加速，凝结硬化越快；当温度低于 0℃时，水泥的水反应基本停止。水泥的水反应基本停止。水泥石表面长期保持潮湿，可减少水分蒸发，有利于水泥的水化，表面不易产生收缩裂纹，有利于水泥石的强度发展。

水泥强度随临期增长而不断增长。硅酸盐系列水泥，在 3～7d 龄期范围内，强度增长速度快；在 7～28d 龄期范围内强度增长速度较快；28d 以后，强度增长速度逐渐下降。但强度增长会持续很长时间。

五、水泥石的结构

水泥石主要由凝胶体、晶体、孔隙、水、空气和未水化的水泥颗粒等组成，存在固相、液相和气相。因此硬化后的水泥石是一种多相多孔体系，如图 3-2 所示。

水泥石的结构（水化产物的种类及相对含量、孔的结构）对其性能影响最大。对于同种水泥，水泥石的性能主要取决于孔的结构，包括孔的尺寸、形状、数量和分布状态等。一定质量的水泥，水化需水量一定，其加水量越大（水灰比越大），则水化后剩余的水分越多，水泥石中毛细孔所占的比例就越大，水泥石的强度和耐久性则越低。

六、水泥石的腐蚀及防治

水泥石在使用过程中，受到各种腐蚀性介质的作用，其结构遭到破坏，强度降低、耐久性下降，甚至发生破坏的现象称为水泥石的腐蚀。

引起水泥石腐蚀的原因主要有内因和外因两个方面。内因在于水泥石内部存在容易引起腐蚀的水化产物（如 $Ca(OH)_2$ 和 $3CaO \cdot Al_2O_3 \cdot 6H_2O$）以及水泥石内存在的孔隙。外因是水泥石外部存在腐蚀性介质。水泥石腐蚀的形式主要有 4 种。

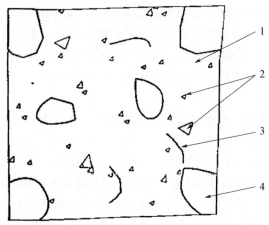

图 3-2　水泥石的结构

1—凝胶体（C-S-H 凝胶，水化铁酸钙凝胶）；2—晶体（氢氧化钙、水化铝酸钙、
水化硫铝酸钙）；3—孔隙（毛细孔、凝胶孔、气孔等）；4—未水化的水泥颗粒

1. 软水腐蚀

软水腐蚀又称溶出性侵蚀。当水泥石长期处于软水中，水泥石中的 $Ca(OH)_2$ 逐渐溶于水中。由于 $Ca(OH)_2$ 的溶解度较小，仅微溶于水，因此在静止和无水压的情况下，$Ca(OH)_2$ 很容易在周围溶液中达到饱和，使溶解反应停止，不会对水泥石产生较大的破坏作用。但是在流动水中，溶解的 $Ca(OH)_2$ 被流动水带走，水泥石中的 $Ca(OH)_2$ 继续不断地溶解于水。随着侵蚀不断增加，水泥石中 $Ca(OH)_2$ 含量降低，还会使水化硅酸钙、水化铝酸钙等水化产物分解，引起水泥石结构破坏和强度降低。

2. 酸腐蚀

酸腐蚀又成为溶解性化学腐蚀，是指水泥石中的氢氧化钙 $[Ca(OH)_2]$ 与碳酸以及一般酸发生中和反应，形成可溶性盐类的腐蚀。

（1）碳酸腐蚀。在某些工业废水、地下水和沼泽水中，常溶解有 CO_2 及其盐类，会与水泥石中的 $Ca(OH)_2$ 发生化学反应。

$$Ca(OH)_2 + CO_2 + H_2O \longrightarrow CaCO_3 + 2H_2O$$

当水中 CO_2 含量较低时，由于 $CaCO_3$ 沉淀到水泥石表面的孔隙中而使腐蚀停止；当水中的 CO_2 含量较高时，上述反应还会继续进行。

$$CaCO_3 + CO_2 + H_2O \longrightarrow Ca(HCO_3)_2$$

生成的碳酸氢钙易溶于水，造成水泥石密实度下降，强度降低，甚至结构破坏。

（2）一般酸腐蚀。水泥石处于工业废水、地下水或者沼泽水等含有无机酸和有机酸的水中，水泥石中 $Ca(HCO_3)_2$ 与 H^+ 发生中和反应，形成可溶性盐类，是水泥石强度降低。

3. 盐类腐蚀

盐类主要包括镁盐、硫酸盐、氯盐等，对水泥石均会不同程度地产生腐蚀。硫酸盐和镁盐对水泥石的腐蚀作用最强，与水泥石接触后会发生以下一些化学反应。

$$Ca(OH)_2 + Na_2SO_4 + 2H_2O \longrightarrow CaSO_4 \cdot 2H_2O + 2NaOH$$

$$MgSO_4 + Ca(OH)_2 + 2H_2O \longrightarrow CaSO_4 \cdot 2H_2O + Mg(OH)_2$$

反应生成的 $CaSO_4 \cdot 2H_2O$，一方面可直接造成水泥石结构破坏；另一方面会与水泥石中的水化铝酸钙反应生成水化硫铝酸钙，使水泥石体积发生更大的膨胀。由于是在已经硬化的水泥石中发生的，因此对水泥石有极大的破坏作用。形成的高硫型水化硫铝酸钙为针状晶体，常把这种水泥石硬化后形成的高硫型水化硫铝酸钙称为"水泥杆菌"。

由于生成的 $Mg(OH)_2$ 溶解度很小，极易从溶液中析出，且 $Mg(OH)_2$ 易吸水膨胀，可导致水泥石结构破坏。硫酸镁具有双重腐蚀作用，破坏性极大。

4. 强碱腐蚀

当介质中碱含量较低时，对水泥石不会产生腐蚀；当介质中碱含量高且水泥石中水化铝酸钙含量较高时，会发生以下反应。

$$3CaO \cdot Al_2O_3 \cdot 6H_2O + 2NaOH \longrightarrow Na_2O \cdot Al_2O_3 + 3Ca(OH)_2 + 4H_2O$$

由于生产的 $Na_2O \cdot Al_2O_3$ 极易溶于水，造成水泥石密实度下降，强度和耐久性降低。当水泥石受到干湿交替作用时，进入水泥石内部的 NaOH 与空气中的 CO_2 作用生成 Na_2CO_3，并在毛细孔内结晶析出，是水泥发生膨胀而开裂。

为了减少水泥石腐蚀，可采取以下措施：

(1) 根据侵蚀环境的特点，合理选择水泥品种。选择含硅酸三钙少的水泥，或者选用水泥熟料中铝酸三钙含量小于 5% 的水泥，或者选用掺混合材料的硅酸盐水泥等，均可不同程度地提高水泥石的抗腐蚀性能。

(2) 提高水泥石的密度。水泥石的密实度越大，空隙率越小，气孔和毛细孔等孔隙越少，则腐蚀性介质难以进入水泥石内部，可提高水泥石的抗腐蚀性能。

(3) 在水泥石表面保护层。用耐腐蚀的石料、陶瓷、塑料和沥青等覆盖水泥石表面，可以阻止腐蚀性介质与水泥石直接接触和侵入水泥石内部，达到防止腐蚀的目的。

第三节　通用水泥

一、硅酸盐水泥和普通硅酸盐水泥

1. 定义与代号

硅酸盐水泥和普通硅酸盐水泥的定义与代号如表 3-6 所示。

表 3-6　硅酸盐水泥和普通硅酸盐水泥的定义与代号

水泥名称	代号	定义
硅酸盐水泥	P·I P·II	凡由硅酸盐水泥熟料、0~5%石灰石或粒化高炉矿渣、适量石膏磨细制成的水硬性胶凝材料，称为硅酸盐水泥（国外称波特兰水泥）。硅酸盐水泥分两种类型；不掺混合材料的称 I 型硅酸盐水泥，代号 P·I；在硅酸盐水泥粉磨时掺加不超过水泥质量5%的石灰石或粒化高炉矿渣混合材料的称 II 型硅酸盐水泥，代号 P·II
普通硅酸盐水泥	P·O	凡由硅酸盐水泥熟料、6%~15%的混合材料、适量石膏，磨细制成的水硬性胶凝材料，称为普通硅酸盐水泥（简称普通水泥）。掺活性混合材料时，最大掺量不超过水泥质量的15%，其中允许用不超过水泥质量5%的窑灰或不超过水泥质量10%的非活性混合材料来代替。掺非活性混合材料时，最大掺量不超过水泥质量的10%

2. 主要技术要求

根据标准《硅酸盐水泥、普通硅酸盐水泥》（GB 175—2007）规定，对硅酸盐水泥、普通硅酸盐水泥的主要技术性能要求如下。

(1) 密度和堆积密度：硅酸盐水泥和普通硅酸盐水泥的密度、堆积密度范围如表 3-7 所示。在进行混凝土配合比设计和贮运水泥时，需知道水泥的密度和堆积密度。

（2）水泥中各成分的含量：硅酸盐水泥和普通硅酸盐水泥的不溶物含量、氧化镁含量、三氧化硫含量、烧失量、碱含量等成分含量规定如表 3-7 所示。

表 3-7　硅酸盐水泥、普通硅酸盐水泥的密度、堆积密度和成分含量规定

品种	代号	不容物 （质量分数）	烧失量 （质量分数）	三氧化硫 （质量分数）	氧化镁 （质量分数）	氯离子 （质量分数）
硅酸盐水泥	P·I	≤0.75	≤3.0	≤3.5	≤5.0	≤0.06
	P·Ⅱ	≤1.5	≤3.5			
普通硅酸盐水泥	P·O	—	≤5.0			

（3）细度：指水泥颗粒的粗细程度。水泥颗粒的粗细，直接影响水化反应速度、活性和强度，颗粒越细，其比表面积越大，与水接触反应的表面积越大，水化反应快且较完全，水泥的早期强度越高，在空气中硬化收缩较大，成本也越高；颗粒过粗，不利于水泥活性的发挥，硅酸盐水泥的细度为比表面积大于 $30m^2/kg$；普通硅酸盐水泥细度通过 $80\mu m$ 方孔筛筛余不得超过 10.0%。

（4）凝结时间：分为初凝时间和终凝时间。初凝时间是从加水至水泥浆开始失去塑性的时间；终凝时间是从加水至水泥浆完全失去塑性的时间。国家标准规定：硅酸盐水泥初凝不得早于 45min，终凝不得迟于 6.5h；普通硅酸水泥初凝不得早于 45min，终凝时间不得迟于 10h。

水泥的凝结时间在施工中有着重要意义。初凝时间不宜过早，是为了有足够时间进行施工操作，如搅拌、运输、浇筑和成型等。终凝时间不宜过迟，主要是为了使水泥尽快疑结减少水分蒸发，有利于水泥性能的提高，同时也有利于下一道工序及早进行。

（5）体积安定性：指水泥浆体硬化后体积变化的稳定性。水泥在硬化过程中体积变化不稳定，即为体积安定性不良。安定性不良的水泥，在水泥硬化过程中或硬化后产生不均匀的体积膨胀，导致水泥制品、混凝土构件产生膨胀开裂，甚至崩溃，引起严重的工程事故。

水泥安定性不良的原因是熟料中含有过量的游离氧化钙（f-CaO）或游离氧化镁（f-MgO），或生产水泥时掺入的石膏过量所致。上述成分均在水泥硬化后开始或继续进行水性反应，其水化产物均会产生体积膨胀而使水泥石开裂。

国家相关标准规定，硅酸盐水泥和普通硅酸盐水泥的安定性用沸煮法检验必须合格。水泥中游离氧化镁的含量不得超过 5.0%，三氧化硫含量不得超过 3.5%。体积安定性不良的水泥严禁用于工程中。

（6）强度及强度等级：水泥的强度是评定其质量的重要指标。国家标准《水泥胶砂强度检验方法（ISO）》（GB/T 17671—1999）规定，水泥和标准砂按 1∶3.0，水灰比为 0.50，用标准制作方法制成 40mm×40mm×160mm 的标准试件，在标准养护条件［1d 温度为（20±1）℃，相对湿度90%以上的空气中带模养护；1d 以后拆模，放入（20±1）℃的水中速护下，测定其达到规定龄期（3d、28d）的抗折强度和抗压强度，即为水泥的胶砂强度。用规定龄期的抗折强度和抗压强度划分水泥的强度等级。硅酸盐水泥的强度等级划分为 42.5，42.5R，52.5，52.5R，62.5，62.5R；普通硅酸盐水泥的强度等级划分为 32.5，32.5R，42.5，42.5R，52.5，52.5R。其中 R 型水泥为早强型，主要是 3d 强度较同强度等级水泥高。硅酸盐水泥和普通硅酸盐水泥各龄期的强度不得低于表 3-8 所示数值。

表 3-8　硅酸盐水泥和普通硅酸盐水泥各龄期的强度值

品　种	强度等级	抗压强度		抗折强度	
		3d	28d	3d	28d
硅酸盐水泥	42.5	17.0	42.5	3.5	6.5
	42.5R	22.0	42.5	4.0	6.5
	52.5	23.0	52.5	4.0	7.0
	52.5R	27.0	52.5	5.0	7.0
	62.5	28.0	62.5	5.0	8.0
	62.5R	32.0	62.5	5.5	8.0
普通硅酸盐水泥	32.5	11.0	32.5	2.5	5.5
	32.5R	16.0	32.5	3.5	5.5
	42.5	16.0	42.5	3.5	6.5
	42.5R	21.0	42.5	4.0	6.5
	52.5	22.0	52.5	4.0	7.0
	52.5R	26.0	52.5	5.0	7.0

3. 硅酸盐水泥和普通硅酸盐水泥的特性

硅酸盐水泥是最早生产的水泥品种，具有凝结硬化较快，耐磨性好，强度高，尤其是早期强度高；水化热大，放热集中；抗冻性较好；抗碳化性能好；干缩小，不易产生干缩裂纹；抗腐蚀性差；耐热性差等特点。

普通硅酸盐水泥与硅酸盐水泥相比，因其混合材料掺加数量少，故性能大致相同。但在水化热、抗冻性、耐磨性方面有所降低，抗腐蚀性、耐热性有所提高。普通硅酸盐水泥用最广泛的水泥品种。

二、掺混合材料的硅酸盐水泥

掺混合材料的硅酸盐水泥一般指混合材料掺量在 15% 以上的硅酸盐系列水泥。主要品种包括矿渣硅酸盐水泥、火山灰质硅酸盐水泥、粉煤灰硅酸盐水泥和复合硅酸盐水泥，其定义与代号如表 3-9 所示。

表 3-9　掺混合材料硅酸盐水泥的定义与代号

水泥品种	代号	定义
矿渣硅酸盐水泥	P·S	凡由硅酸盐水泥熟料和粒化高炉矿渣、适量石膏磨细制成的水硬性胶凝材料称为矿渣硅酸盐水泥（简称矿渣水泥），水泥中粒化高炉矿渣掺量按质量分数计为 20%～70%，允许用石灰石、窑灰、粉煤灰和火山灰质混合材料中的一种代替矿渣，代替数量不得超过水泥质量的 8%，替代后水泥中粒化高炉矿渣不得少于 20%
火山灰质硅酸盐水泥	P·P	凡由硅酸盐水泥熟料和火山灰质混合材料、适量石膏磨细制成的水硬性胶凝材料称为火山灰质硅酸盐水泥（简称火山灰水泥），水泥中火山灰质混合材料掺量按质量分数计为 20%～50%
粉煤灰硅酸盐水泥	P·F	凡由硅酸盐水泥熟料和粉煤灰、适量石膏磨细制成的水硬性胶凝材料称为粉煤灰硅酸盐水泥（简称粉煤灰水泥），水泥中粉煤灰掺量按质量分数计为 20%～40%
复合硅酸盐水泥	P·C	凡由硅酸盐水泥熟料、两种或两种以上规定的混合材料、适量石膏磨细制成的水硬性胶凝材料称为复合硅酸盐水泥（简称复合水泥），水泥中混合材料掺加总量按质量分数计应大于 15%，但不超过 50%，水泥中允许用不超过 8% 的窑灰代替部分混合材料；掺矿渣时混合材料掺量不得与矿渣硅酸盐水泥重复

1. 主要技术要求

根据国家标准《通用硅酸盐水泥》（GB 175—2007）规定，矿渣水泥、火山灰水泥、粉煤灰水泥和复合水泥与普通硅酸盐水泥相比，其技术要求如下。

（1）相同点：矿渣水泥、火山灰水泥、粉煤灰水泥的氧化镁含量、细度、初凝时间、终凝时间及安定性等技术要求与普通硅酸盐水泥相同。

（2）不同点：矿渣水泥中的三氧化硫含量不超过 4.0%；火山灰水泥、粉煤灰水泥和复合水泥的三氧化硫含量不超过 3.5%；四种水泥强度等级均划分为 32.5，32.5R，42.5，42.5R，52.5，52.5R。四种水泥各龄期的强度要求不低于表 3-10 所示数值；四种水泥的密度约为 $2.80\sim3.1\mathrm{g/cm^3}$，松散堆积密度为 $1000\sim1300\mathrm{kg/m^3}$。

表 3-10　四种水泥各龄期的强度

品　种	强度等级	抗压强度		抗折强度	
		3d	28d	3d	28d
矿渣水泥 火山灰水泥 粉煤灰水泥	32.5	10.0	32.5	2.5	5.5
	32.5R	15.0	32.5	3.5	5.5
	42.5	15.0	42.5	3.5	6.5
	42.5R	19.0	42.5	4.0	6.5
	52.5	21.0	52.5	4.0	7.0
	52.5R	23.0	52.5	4.5	7.0
复合水泥	32.5	11.0	32.5	2.5	5.5
	32.5R	16.0	32.5	3.5	5.5
	42.5	16.0	42.5	3.5	6.5
	42.5R	21.0	42.5	4.0	6.5
	52.5	22.0	52.5	4.0	7.0
	52.5R	26.0	52.5	5.0	7.0

2. 特性

（1）矿渣水泥、火山灰水泥和粉煤灰水泥。三种水泥与硅酸盐水泥相比，共同特点为：凝结硬化比较慢，早期强度较低，后期强度增长较快；水化热较低，放热速度慢；抗硫酸盐腐蚀和抗水性较好；蒸汽养护适应性好；抗冻性、耐磨性及抗碳化性能较差。矿渣水泥的抗渗性较差，但耐热性好，可用于温度不高于 200℃ 的混凝土工程。火山灰水泥的抗渗性好，但干缩较差，不适应于长期处于干燥环境中的混凝土工程。粉煤灰水泥干缩较小，抗裂性好。

（2）复合水泥。由于掺入了两种或两种以上的混合材料，复合水泥的水化热较低，早期强度较高，其他特性同矿渣水泥。

第四节　专用水泥

一、道路水泥

1. 定义

由道路硅酸盐水泥熟料，0～10% 活性混合材料和适量石膏磨细成的水硬性胶凝材料，称为道路硅酸盐水泥（简称道路水泥）。道路硅酸盐水泥熟料是以适当成分的生料烧至部分熔融，所得以硅酸钙为主要成分和较多铁铝酸钙含量的熟料。

2. 技术要求

根据国家标准《道路硅酸盐水泥》（GB 13693—2005）规定，道路硅酸盐水泥的技术要求如表 3-11 所示，强度要求不低于表 3-12 所示的数值。

表 3-11　道路水泥的技术要求

项目	技术要求	项目	技术要求
游离氧化钙 铝酸三钙 铁铝酸四钙 碱含量 氧化镁 三氧化硫 烧失量	旋窑生产不得大于 1.0%；立窑生产≤1.8% 铝酸三钙的含量≤5.0% ≥16.0% 如用户提出要求时由供需双方商定 ≤5.0% ≤3.5% ≤3.0%	细度 凝结时间 安定性 干缩率 耐磨性 标号	80μm 筛筛余≤10.0% 初凝不得早于 1h，终凝不得迟于 10h 用沸煮法检验必须合格 28d 干缩率≤0.10% 磨损率≤3.6kg/m^2 425，525，625

表 3-12　道路水泥各龄期的强度

标　号	抗压强度		抗折强度	
	3d	28d	3d	28d
425	22.0	42.5	4.0	7.0
525	27.0	52.5	5.0	7.5
625	32.0	62.5	5.5	8.5

3. 应用

道路硅酸盐水泥具有早期强度、抗折强度高，耐磨性好、抗冲击性好、抗冻性好，干缩率小，抗碳酸盐腐蚀较强的特点，适用于道路路面和对耐磨、抗干缩等性能要求较高的工程。

二、砌筑水泥

1. 定义与代号

凡由一种或一种以上的水泥混合材料，加入适量硅酸盐水泥熟料和石膏，磨细制成的和易性较好的水硬性胶凝材料，称为砌筑水泥，代号为 M。水泥中混合材料掺加量按质量分数计应大于 50%。

2. 主要技术要求

根据标准《砌筑水泥》（GB/T 3183—2003）规定，其主要即使要求为：

（1）三氧化硫含量不大于 4.0%。

（2）细度，通过 80μm 方孔筛筛余不大于 10.0%。

（3）初凝时间不得早于 60min，终凝时间不得迟于 12h。

（4）安定性，用沸煮法检验必须合格。

（5）流动性，灰砂比为 1∶2.5，水灰比为 0.46 的流动度大于 125mm，泌水率小于 12%。

（6）强度，有 12.5MPa 和 22.5MPa 两个等级，其强度要求不低于表 3-13 所示数值。

表 3-13　砌筑水泥各龄期的强度

强度等级	抗压强度（MPa）		抗折强度（MPa）	
	7d	28d	7d	28d
12.5	7.0	12.5	1.5	3.0
22.5	10.0	22.5	2.0	4.0

3. 应用

砌筑水泥具有强度较低，但和易性好的特点，主要用于工业与民用建筑配制砌筑砂浆和抹面砂浆，不得用于混凝土结构。做其他用途时，必须通过实验。

第五节 特性水泥

一、抗硫酸盐硅酸盐水泥

1. 定义与代号

抗硫酸盐硅酸盐水泥以适当成分的硅酸盐水泥熟料，加入适量石膏，磨细制成的具有抵抗中等或较高浓度硫酸根离子侵蚀的水硬性胶凝材料。按其抗硫酸盐侵蚀程度分为中抗硫酸盐硅酸盐水泥（代号 P·MSR）和高抗硫酸盐硅酸盐水泥（代号 P·HSR）两类。

2. 主要技术要求

根据国家标准《抗硫酸盐硅酸盐水泥》（GB748—2005）规定，抗硫酸盐硅酸盐水泥的主要技术要求如下。

硅酸三钙和铝酸三钙含量规定见表 3-14。标号有 425、525 两个，各龄期的强度不低于表 3-15 中数值。氧化镁含量、碱含量、凝结时间和安定性的技术要求与普通水泥相同。烧失量不得超过 3.0%；三氧化硫含量不得超过 2.5%；不溶物含量不得超过 1.50%；细度的比表面积不得小于 $280m^2/kg$。

表 3-14 水泥中硅酸三钙和铝酸三钙含量规定

水泥名称	C_3S	C_3A
中抗硫酸盐硅酸盐水泥	<55.0%	<5.0%
高抗硫酸盐硅酸盐水泥	<50.0%	<3.0%

表 3-15 水泥各龄期的强度

水泥标号	中抗硫、高抗硫水泥			
	抗压强度		抗折强度	
	3d	28d	3d	28d
425	16.0	42.5	3.5	6.5
525	22.0	52.5	4.0	7.0

3. 应用

抗硫酸盐水泥具有较高的抗硫酸盐腐蚀的能力，主要用于有硫酸盐侵蚀的工程，如海港、水利、地下隧涵、道路桥梁基础等。

二、膨胀水泥及自应力水泥

硅酸盐水泥在空气中硬化时，通常都会产生一定的收缩。收缩会使混凝土制品内部产生微裂缝，对混凝土的强度和整体性不利。若用其灌装配式构件的接头、填塞空洞、修补裂缝，均不能达到预期的效果。而膨胀水泥在硬化过程中能产生一定体积的膨胀，从而能克服或改善一般水泥的上述缺点。在钢筋混凝土中应用膨胀水泥，由于混凝土的膨胀将使钢筋产生一定的拉应力，混凝土受到相应的压应力，这种压应力能使混凝土免于产生内部微裂缝，当其值较大时，还能抵消一部分因外界因素（例如混凝土输水管）所产生的拉应力，从而有效的改善混凝土抗拉强度低的缺陷。这种预先具有的压应力来自水泥本身的水化称为自应力，并以"自应力值"（MPa）表示混凝土中所产生的压应力大小。

膨胀水泥按自应力大小可分为两类，当自应力值大于或等于 2MPa 时，称为自应力水泥；当自应力值小于 2MPa 时（通常为 0.5MPa 左右），则称为膨胀水泥。

中国常用的膨胀水泥品种有下列 4 种。

1. 明矾石膨胀水泥

明矾石膨胀水泥以硅酸盐熟料为主，外加天然明矾石和石膏、高炉矿渣配制而成。

2. 低热微膨胀水泥

低热微膨胀水泥以粒化高炉矿渣为主要成分，加入适量硅酸盐水泥熟料和石膏，磨细制成的具有低水热和膨胀性能的水硬性胶凝材料，代号为 LHEC。

3. 自应力硫铝酸盐水泥

自应力硫铝酸盐水泥以无水硫铝酸钙和硅酸二钙为主要成分，外加石膏制成，代号为 S·SAC。

4. 自应力铁铝酸盐水泥

自应力铁铝酸盐水泥以无水硫铝酸钙、铁相和硅酸二钙为主要矿物成分的熟料，加适量石膏制成，代号为 S·FAC.

上述四种膨胀水泥的膨胀源均来自于水泥石中形成的钙矾石产生体积膨胀所致。调整各种组成的配合比，控制生成钙矾石的数量，可以制得不同膨胀值、不同类型的膨胀水泥。

膨胀水泥适应于配制收缩补偿混凝土，用于构件的接缝及管道接头、混凝土结构的加固和维修；防渗堵漏工程、机器底座及地脚螺丝的固定。自应力水泥适用于制造自应力钢筋混凝土输水管、喷灌用自应力钢丝网水泥管等。

三、白色硅酸盐水泥

1. 定义

由白色硅酸盐水泥熟料加入适量石膏，磨细制成的水硬性胶凝材料称为白色硅酸盐水泥，简称白水泥。

白色硅酸盐水泥熟料中氧化铁的含量少，生产方法与普通水泥基本相同，但对原材料要求不同。生产白水泥用的石灰石及黏土原料中的氧化铁含量应分别低于 0.1% 和 0.7%。石灰质原料采用白垩，黏土质原料常用高岭土、瓷石、白泥、石英砂等。

在生产过程中，还需采取以下措施：采用无灰分的气体燃料（如天然气）或液体燃料（如柴油、重油）；在粉磨生料和熟料时，要严格避免带入铁质，球磨机内部要镶嵌白色花岗岩或高强陶瓷衬板，并采用烧结刚玉、瓷球、卵石等作研磨体。为提高白度，对水泥熟料还需进行漂白处理，常用的措施为给刚出窑的红热熟料喷水、喷油或浸水，使高价的 Fe_2O_3 还原成低价的 FeO。

2. 技术要求

按照国家标准《白色硅酸盐水泥》（GB/T 2015—2005）的规定，白水泥的三氧化硫含量细度、安定性的技术要求与普通水泥相同，其他技术要求如下。

（1）氧化镁含量不得超过 4.5%。

（2）凝结时间，初凝不得早于 45min，终凝不得迟于 12h。

（3）强度，分为 32.5，42.5，52.5 和 62.5 四个强度等级，各龄期的强度要求不低于表 3-16 规定的数值。

（4）白度及产品等级，白色硅酸盐水泥按白度分为特级、一级、二级、三级共四个白度级别。产品按白度和强度等级分为优等品、一等品和合格品三个等级，具体如表 3-17 所示。

表 3-16　白水泥各龄期的强度

强度等级	抗压强度（MPa）			抗折强度（MPa）		
	3d	7d	28d	3d	7d	28d
32.5	14.0	20.5	32.5	2.5	3.5	5.5
42.5	18.0	26.5	42.5	3.5	4.5	6.5
52.5	23.0	33.5	52.5	4.0	5.5	7.0
62.5	28.0	42.0	62.5	5.0	6.0	8.0

表 3-17　白水泥的等级

白水泥等级	白度级别	白度（%）≥	标号
优等品	特级	86	62.5
一等品	一级	84	52.5，42.5
	二级	80	52.5，42.5
合格品	三级	75	42.5，32.5

3. 应用

（1）生产彩色硅酸盐水泥。目前生产彩色硅酸盐水泥多采用染色法，将硅酸盐水泥熟料（白水泥或普通硅酸盐水泥熟料）、适量石膏和碱性颜料共同磨细而制成。也可将颜料直接与水泥粉混合而配制成彩色硅酸盐水泥，但颜料用量大，色泽不容易均匀。

（2）用于建筑装饰工程。采用白色硅酸盐水泥和彩色硅酸盐水泥可配制彩色水泥浆、彩色砂浆一级配制装饰混凝土，用于装饰抹灰和生产各种彩色水刷石、人造大理石及彩色水磨石等制品，并以其特有的色彩装饰性，应用于雕塑艺术和各种装饰部件中。

四、铝酸盐水泥

1. 定义与代号

以铝酸钙为主的铝酸盐水泥熟料磨细制成的水硬性胶凝材料，称为铝酸盐水泥。代号为 CA。

铝酸盐水泥的主要矿物成分为铝酸一钙（$CaO \cdot Al_2O_3$，简写为 CA）和二铝酸一钙（$CaO \cdot 2Al_2O_3$，简写为 CA_2），以及少量的硅酸二钙（C_2S）和其他铝酸盐。

2. 主要技术要求

国家标准《铝酸盐水泥》（GB/T 201—2000）规定，对铝酸盐水泥的技术要求如下：

（1）细度，比表面积不小于 300m^2/kg 或通过 0.045mm 筛筛余不大于 20%。

（2）分类，铝酸盐水泥按含量的百分数分为四类。

CA-50　50%≤Al_2O_3<60%

CA-60　60%≤Al_2O_3<68%

CA-70　68%≤Al_2O_3<77%

CA-80　77%≤Al_2O_3

（3）凝结时间，CA-50、CA-70、CA-80 初凝不得早于 30min，CA-60 不早于 60min；CA-50、CA-70、CA-80 终凝不得迟于 6h，CA-60 不得迟于 18h；

（4）强度，各类型水泥各龄期强度值应大于表 3-18 所示的数值。

表 3-18　铝酸盐水泥各龄期的强度

水泥类型	抗压强度（MPa）				抗折强度（MPa）			
	6h	1d	3d	28d	6h	1d	3d	28d
CA-50	20①	40	50	—	3.0①	5.5	6.5	
CA-60	—	20	45	85	—	2.5	5.0	10.0
CA-70		30	40			5.0	6.0	
CA-80	—	25	30		—	4.0	5.0	

①当用户需要时，生产厂应提供结果。

3. 特性

铝酸盐水泥具有早强快硬的特点，1d 的强度可达最高强度的 80% 以上，后期强度增长不显著；水化热高且水化放热集中，1d 内即可放出水化热总量的 70%～80%；抗硫酸盐腐蚀性强；耐热性好，能耐 1300～1400℃ 的高温；在自然条件下，后期强度降低较大，一般要降低 40%～50%，工程中应按最低稳定强度使用。

4. 应用

铝酸盐水泥适用于抢建、抢修、抗硫酸侵蚀和冬季施工等特殊工程以及配制耐热混凝、膨胀水泥和自应力水泥等。还可作化学建材的添加剂。在施工时，铝酸盐水泥不得与硅酸盐水泥或石灰混合使用，也不得与未凝结的硅酸盐水泥浆接触，否则会产生瞬凝和强度严重下降。不得用于接触碱性溶液的工程。

第六节　通用水泥的应用、验收和保管

一、通用水泥的应用

通用水泥的特征及适用范围如表 3-19 所示。

表 3-19　通用水泥的特征及适用范围

水泥品种	主要特征		适用范围	
	优点	缺点	适用于	不适用于
硅酸盐水泥	（1）强度等级高 （2）快硬、早强 （3）抗冻性好，耐磨性和不透水性强	（1）水化热高 （2）耐热性较差 （3）耐蚀性较差	（1）配制高强混凝土 （2）生产预制构件 （3）道路、低温下施工的工程	（1）大体积混凝土 （2）地下工程 （3）受化学侵蚀的工程
普通水泥	与硅酸盐水泥性能基本相似，有以下特点： （1）早期强度略低 （2）抗冻性、耐腐蚀性稍有下降 （3）低温凝结时间有所延长 （4）抗硫酸盐侵蚀能力有所增强		适应性较强，如无特殊要求的工程都可以使用，是应用最广泛的水泥品种之一	

续表

水泥品种	主要特征		适用范围	
	优点	缺点	适用于	不适用于
矿渣水泥	（1）水化热较低 （2）抗硫酸盐侵蚀性好 （3）蒸汽养护适应性好 （4）耐热性较好	（1）早期强度较低，后期强度增长较快 （2）保水性差 （3）抗冻性较差	（1）地面、地下、水中的混凝土工程 （2）高温车间建筑 （3）采用蒸汽养护的预制构件	需要早强和受冻融循环，干湿交替的工程
火山灰水泥	（1）保水性较好 （2）水化热低 （3）抗硫酸盐侵蚀能力强	（1）早期强度较低，后期强度增长较快 （2）需水性大，干缩性大 （3）抗冻性差	（1）地下、水下工程，大体积混凝土工程 （2）一般工业与民用建筑工程	需要早强和受冻融循环，干湿交替的工程
粉煤灰水泥	（1）水化热较低 （2）抗硫酸盐侵蚀性能好 （3）保水性好 （4）需水性和干缩率较小	（1）早期强度比矿渣水泥还低 （2）其余同火山灰水泥	（1）大体积混凝土和地下工程 （2）一般工业与民用建筑工程	（1）对早期强度要求较高的工程 （2）低温环境下施工而无保温措施的工程
复合水泥	（1）早期强度较高 （2）和易性较好 （3）易于成型	（1）需水性较大 （2）耐久性不及普通水泥混凝土	（1）一般混凝土工程 （2）配制砌筑、抹面砂浆等	需要早强和受冻融循环、干湿交替的工程

二、通用水泥的质量等级

根据标准《通用水泥质量等级》（JC/T 452—2009）规定，通用水泥按质量水平划分为优等品、一等品和合格品三个等级：

（1）优等品，水泥产品标准必须达到国际先进水平，且水泥实物质量水平与国际同类产品相比达到近五年内的先进水平。

（2）一等品，水泥产品标准必须达到国际一般水平，且水泥实物质量水平达到国外同类产品的一般水平。

（3）合格品，按中国现行水泥产品标准（国家标准、行业标准或企业标准）组织生产，水泥实物质量水平必须达到相应产品标准的要求。

通用水泥实物质量在符合相应标准技术要求的基础上，进行实物质量水平的评等。实物质量水平根据 3d、28d 抗压强度和终凝时间进行分等。

三、通用水泥的验收

水泥是一种有效期短，质量极容易变化的材料，同时又是工程结构最重要的胶凝材料，水泥质量对建筑工程的安全有十分重要的意义。因此，对进入施工现场的水泥必须进行验收，以检测水泥是否合格，确定水泥是否能够用于工程中。水泥的验收包括包装标志和数量的验收、检查出厂合格证和试验报告、复试、仲裁检验等四个方面。

1. 包装标志和数量的验收

（1）包装标志的验收。水泥的包装方法有袋装和散装两种。散装水泥一般采用散装水泥输送车运输至施工现场，采用气动输送至散装水泥贮仓中贮存。散装水泥与袋装水泥相比免去了包装，可减少纸或塑料的使用，符合绿色环保，且能节约包装费用，降低成本。散装水泥直接由水泥厂供货，质量容易保证。

袋装水泥采用多层纸袋或多层塑料编织袋进行包装。在水泥包装袋上应清楚地标明产品名称，代号，净含量，强度等级，生产许可证编号，生产者名称和地址，出厂编号，执行标准号，包装年、月、日等主要包装标志。掺火山灰质混合材料的普通硅酸盐水泥，必须在包装上标上"掺火山灰"字样。包装袋两侧应印有水泥名称和强度等级。硅酸盐水泥和普通酸盐水泥的印刷采用红色；矿渣硅酸盐水泥的印刷采用绿色；火山灰质硅酸盐水泥、粉煤灰硅酸盐盐水泥和复合硅酸盐水泥的印刷采用黑色。

散装水泥在供应时必须提交与袋装水泥标志相同内容的卡片。

（2）数量的验收。袋装水泥每袋净含量为 50kg，且不得少于标志质量的 90％；随机抽取 20 袋总质量不得少于 1000kg。其他包装形式由供需双方协商确定，但有关袋装质量要求，必须符合上述原则规定。

2. 质量的验收

（1）检查出厂合格证和出厂检验报告。水泥出厂应有水泥生产厂家的出厂合格证，内容包括厂别、品种、出厂日期、出厂编号和试验报告。试验报告内容应包括相应水泥标准规定的各项技术要求及试验结果，助磨剂、工业副产品石膏、混合材料的名称和掺加量，属旋窑或立窑生产。水泥厂应在水泥发出之日起 7d 内寄发除 28d 强度以外的各项试验结果。28d 强度数值，应在水泥发出日起 32d 内补报。

水泥交货时的质量验收可抽取实物试样以其检验结果为依据，也可以水泥厂同编号水泥的试验报告为依据。采用何种方法验收由买卖双方商定，并在合同或协议中注明。以水泥厂同编号水泥的试验报告为验收依据时，在发货前或交货时，买方在同编号水泥中抽取试样，双方共同签封后保存三个月或委托卖方在同编号水泥中抽取试样，签封后保存三个月。在三个月内，买方对质量有疑问时，则买卖双方应将签封的试样送交有关监督检验机构进行仲裁检验。

以抽取实物试样的检验结果为验收依据时，买卖双方应在发货前或交货地共同取样和签封。取样方式按照《水泥取样方法》（GB 12537—2008）中的规定进行，取样数量为 20kg，缩分为二等份。一份由卖方保存 40d，一份由买方按相应标准规定的项目和方法进行检验。在 40d 以内，买方检验认为产品质量不符合相应标准要求，而卖方又有异议时，则双方应将卖方保存的另一份试样送交有关监督检验机构进行仲裁检验。

（2）复验。按照《混凝土结构工程施工质量验收规范》（GB 50204—2015）以及工程质量管理的有关规定，用于使用部位有强度等级要求的混凝土用水泥，或水泥出厂超过三个月（快硬硅酸水泥为超过一个月）和进口水泥，在使用之前必须进行复验，并提供试验报告。水泥的抽样复验应符合见证取样送检的有关规定。

水泥复验的项目，在水泥标准中作了规定，包括不溶物、氧化镁、三氧化硫、烧失量、细度、凝结时间、安定性、强度和碱含量等九个项目。水泥生产厂家在水泥出厂时已经提供了标准规定的有关技术要求的试验结果，通常复验项目只检测水泥的安定性、凝结时间和胶砂强度三个项目。

（3）仲裁检验。水泥出厂后三个月内，如购货单位对水泥质量提出疑问或施工过程中出现与水泥质量有关问题需要仲裁检验时，用水泥厂同上编号水泥的封存样进行。

若用户对体积安定性、初凝时间有疑问要求现场取样仲裁时，生产厂应在接到用户要求后，7d 内会同用户共同取样，送水泥质量监督检验机构检验。生产厂在规定时间内不去现场，用户可以单独取样送检，结果同等有效。仲裁检验由国家指定的省级以上水泥质量监督机构进行。

四、废品与不合格品的规定

1. 废品

凡氧化镁、三氧化硫、初凝时间、安定性中的任一项不符合相应标准规定的通用水泥，均为废品。废品水泥，严禁用于工程中。

2. 不合格品

对于通用水泥，凡有下列情况之一，均为不合格品。

（1）硅酸盐水泥、普通水泥凡不溶物、烧失量、细度、终凝时间中任一项不符合标准规定者。矿渣水泥、火山灰水泥、粉煤灰水泥、复合水泥凡细度、终凝时间中任一项不符合标准规定者。

（2）掺混合材料的硅酸盐水泥，混合材料的硅酸盐水泥，混合材料掺量超过最大限值或强度低于商品强度等级规定的指标者。

（3）水泥出厂的包装标志中，水泥品种、强度等级、工厂名称和出厂编号不全者。

五、水泥的保管

水泥进入施工现场后，必须妥善保管，一方面不使水泥变质，使用后能够确保工程质量；另一方面可以减少水泥的浪费，降低工程造价。保管时需注意以下几个方面。

（1）不同品种和不同强度等级的水泥要分别存放，并应用标牌加以明确标示。由于水泥品种不同，其性能差异较大，如果混合存放，容易导致混合使用，水泥性能可能会大幅度降低。

（2）防水防潮，做到"上盖下垫"。水泥临时库房应设置在通风、干燥、屋面不渗漏、地面排水畅通的地方。袋装水泥平放时，离地、离墙 200mm 以上堆放。

（3）堆垛不宜过高，一般不超过 10 袋，场地狭窄时最多不超过 15 袋。袋装水泥一般采用平放并叠放，堆垛过高，则上部水泥重力全部作用在下面的水泥上，容易使包装袋破裂而造成水泥浪费。

（4）贮存期不能过长。通用水泥贮存期不超过三个月，贮存期若超过三个月，水泥会受潮结块，强度大幅度降低，从而会影响水泥的使用。过期水泥应按规定进行取样复验，并按复验结果使用，但不允许用于重要工程和工程的重要部位。

本章小结

本章介绍了水泥的分类；硅酸盐水的生产工艺、矿物组成、凝结硬化、腐蚀与防止；通用水泥的技术要求；专用水泥的技术要求等。

通过本章的学习，应理解水泥的分类与生产工艺；掌握水泥的矿物组成、技术要求、选用原则；理解水泥腐蚀机理与防止措施；掌握通用水泥、专用水泥的技术要求与应用。掌握水泥验收、保管等。

思考与练习

1. 试述硅酸盐水泥的主要矿物组成及其对水泥性能的影响。

2. 硅酸盐水泥的主要水化产物是什么?

3. 引起水泥安定性不良的原因有哪些? 如何检验?

4. 何谓水泥混合材料和非活性混合材料? 掺入水泥中各起什么作用?

5. 仓库内有三种白色胶凝材料,它们是生石灰粉、建筑石膏和白水泥,试问用什么简易方法可以辨别?

第四章　混凝土

本章提要

【知识点】混凝土的定义、分类、特点；混凝土组成材料的技术要求；混凝土外加剂；混凝土拌合物的和易性、混凝土的强度、耐久性、质量控制与强度评定、混凝土的配合比设计、特殊品种混凝土、新型混凝土。

【重点】混凝土组成材料的技术要求；混凝土和易性、强度、耐久性的影响因素；混凝土配合比设计原理与方法；常用外加剂的种类和效能；特殊品种混凝土的应用。

【难点】混凝土配合比设计原理与方法。

第一节　概　　述

一、混凝土的定义

混凝土是现代建筑工程中用途最广、用量最大的建筑材料之一。以水泥为胶凝材料、以砂石为粗细集料，与水（必要时掺入适量外加剂和矿物掺合料）按适当比例配合，拌和制成具有一定可塑性的流体，经硬化而成的具有一定强度的人造石，称为普通混凝土。

二、混凝土的分类

混凝土的种类很多，从不同的角度考虑，有以下几种分类方法：

1. **按表观密度分类**

（1）重混凝土。表观密度大于 $2800kg/m^3$，用作核工程的屏蔽结构材料。

（2）普通混凝土。表观密度 $2000\sim2800kg/m^3$ 范围内的混凝土，是土木工程中应用最为普遍的混凝土，主要用作各种土木工程的承重结构材料。

（3）轻混凝土。表观密度小于 $2000kg/m^3$，多用于保温材料或高层、大跨度建筑的结构材料。

2. **按所用胶凝材料的品种分类**

水泥混凝土、石膏混凝土、水玻璃混凝土、沥青混凝土、聚合物混凝土以及树脂混凝土等。或以特种改性材料命名，如水泥混凝土中掺入钢纤维时，称为钢纤维混凝土；水泥混凝土中掺入大量粉煤灰时则称为粉煤灰混凝土。

3. **按流动性分类**

干硬性混凝土（坍落度小于 10mm 且需用维勃稠度表示）、塑性混凝土（坍落度为 $10\sim90mm$）、流动性混凝土（坍落度为 $100\sim150mm$）及大流动性混凝土（坍落度不小于 160mm）。

4. **按用途分类**

结构混凝土、大体积混凝土、防水混凝土、耐热混凝土、耐酸混凝土、膨胀混凝土、防辐射混凝土、道路混凝土和装饰混凝土等。

5. 按生产和施工方法分类

预拌混凝土和现场搅拌混凝土、泵送混凝土、喷射混凝土、碾压混凝土、挤压混凝土、离心混凝土和压力灌浆混凝土等。

6. 按强度等级分类

（1）低强度混凝土。抗压强度小于 30MPa。

（2）中强度混凝土。抗压强度为 30～60MPa。

（3）高强度混凝土。抗压强度大于或等于 60MPa。

（4）超高强混凝土。抗压强度在 100MPa 以上。

混凝土的品种虽然繁多，但在实际工程中还是以普通的水泥混凝土应用最为广泛，如果没有特殊说明，狭义上我们通常称其为混凝土，本章做重点讲述。

三、混凝土的性能特点与基本要求

1. 混凝土的性能特点

1）混凝土的优点

混凝土作为土木工程材料中使用最为广泛的一种，必然有其独特之处。它的优点主要体现在以下几个方面：

（1）易塑性。现代混凝土可以具备很好的工作性，几乎可以随心所欲地通过设计和模板形成形态各异的建筑物及构件，可塑性强。

（2）经济性。同其他材料相比，混凝土价格较低，原材料中砂石等地方材料占 80％以上，容易就地取材，结构建成后的维护费用也较低。

（3）安全性。硬化混凝土具有较高的力学强度，目前工程构件最高强度可达 130MPa，与钢筋有牢固的粘结力，使结构安全性得到充分保证。

（4）耐火性。混凝土一般可有 1～2h 的防火时效，比起钢铁来说，安全多了，不会像钢结构建筑物那样在高温下很快软化而造成坍塌。

（5）多用性。混凝土在土木工程中适用于多种结构形式，满足多种施工要求。可以根据不同要求配制不同的混凝土加以满足，所以称之为"万用之石"。

（6）耐久性。混凝土是一种耐久性很好的材料，古罗马建筑经过几千年的风雨仍然屹立不倒，这本身就昭示着混凝土"历久弥坚"。

（7）粘结性。与钢材有牢固的粘结力，利用混凝土的碱性保护钢筋不生锈。

（8）环保性。混凝土可以充分利用工业废料，如粉煤灰、磨细矿渣粉及硅粉等，降低环境污染。

（9）强度高。抗压强度高，普通混凝土抗压强度为 20～40MPa，高强混凝土为 60～80MPa，已经较广泛地应用于工程中。

2）混凝土的缺点

（1）抗拉强度低。是混凝土抗压强度的 $\frac{1}{10}$ 左右，是钢筋抗拉强度的 $\frac{1}{100}$ 左右。

（2）延展性不高。属于脆性材料，变形能力差，只能承受少量的张力变形（约0.0003），否则就会因无法承受而开裂；抗冲击能力差，在冲击荷载作用下容易产生脆断。

（3）自重大，比强度低。高层、大跨度建筑物要求材料在保证力学性质的前提下，以轻为宜。

（4）体积不稳定性。尤其是当水泥浆量过大时，这一缺陷表现得更加突出，随着温度、湿度、环境介质的变化，容易引发体积变化，产生裂纹等内部缺陷，直接影响建筑物的使用寿命。

（5）保温性能差。导热系数为 $1.40W/(m \cdot K)$，不利于建筑节能。

（6）硬化速度慢，生产周期长。采用混凝土建造的工程工期较长，必须采取可靠措施对混凝土进行有效养护。

2. 混凝土使用的基本要求

混凝土在建筑工程中使用，必须满足以下五项基本要求或准则：

（1）满足与使用环境相适应的耐久性要求。

（2）满足设计的强度要求。

（3）满足施工规定所需的工作性要求。

（4）满足业主或施工单位期望的经济性要求。

（5）满足可持续发展所必需的生态性要求。

四、现代混凝土的发展方向

（1）降低水泥用量，由水泥、粉煤灰或磨细矿粉等共同组成合理的胶凝材料体系。

（2）依靠减水剂实现混凝土的低水胶比。

（3）使用引气剂减少混凝土内部的应力集中现象。

（4）通过改变加工工艺，改善集料的粒形和级配。

（5）减少单方混凝土用水量和水泥浆量。

由于多年来大规模的建设，优质资源的消耗量惊人，我国许多地区的优质集料趋于枯竭；水泥工业能耗巨大，生产水泥放出的 CO_2 导致的"温室效应"日益明显，国家的资源和环境已经不堪重负，混凝土工业必须走可持续发展之路。大力发展绿色混凝土技术，出路在于：

（1）大量使用工业废弃资源，例如用尾矿资源做集料；大量使用粉煤灰和磨细矿粉替代水泥。

（2）扶植再生混凝土产业，使越来越多的建筑垃圾作为集料循环使用。

（3）不要一味追求高等级混凝土，应重视发展中、低等级耐久性好的混凝土。

第二节　混凝土的组成材料

普通混凝土组成材料有水泥、砂子、石子以及水，此外还常加入适量的外加剂和矿物掺合料。在混凝土中，砂、石起骨架作用。水泥和水组成的水泥浆，包裹在粗、细集料的表面并填充在集料空隙中。在混凝土硬化前，水泥浆起润滑作用，赋予混凝土拌合物一定的流动性，便于施工；在混凝土硬化后起胶结作用，把砂、石集料胶结成整体，使混凝土产生强度，成为坚硬的人造石材。普通混凝土的组织结构示意图如图 4-1 所示。

一、水泥

水泥是普通混凝土的胶凝材料之一，是混凝土最重要的组分，关系到混凝土的和易性、强度、耐久性和经

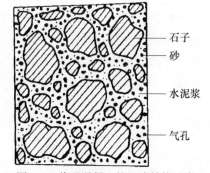

石子
砂
水泥浆
气孔

图 4-1　普通混凝土的组成结构示意

济性。在确定混凝土组成材料时，应合理选用水泥品种和强度等级。

1. 水泥品种的选择

水泥品种应根据混凝土工程特点、所处的环境条件和施工条件等进行选择。一般可采用硅酸盐水泥、普通硅酸盐水泥、矿渣硅酸盐水泥、火山灰质硅酸盐水泥、粉煤灰硅酸盐水泥和复合水泥，必要时也可采用膨胀水泥、自应力水泥或快硬硅酸盐水泥等其他水泥。在满足工程要求的前提下，应选用价格较低的水泥品种，以节约造价。例如在大体积混凝土工程中，为了避免水泥水化热过大，通常选用矿渣硅酸盐水泥、火山灰硅酸盐水泥、粉煤灰硅酸盐水泥，但也可使用硅酸盐水泥、普通硅酸盐水泥，这时应掺入掺合料和必要的外加剂。

2. 水泥强度等级的选择

水泥强度等级应与混凝土的设计强度等级相适应。原则上配制高强度等级的混凝土应选用强度等级高的水泥；配制低强度等级的混凝土，选用强度等级低的水泥。如采用强度等级高的水泥配制低强度等级混凝土时，会使水泥用量偏少，影响和易性和耐久性，必须掺入一定数量的矿物掺合料。如采用强度等级低的水泥配制高强度等级混凝土，会使水泥用量较多，不够经济，而且会影响混凝土的其他技术性质。通常，混凝土强度等级为 C30 以下时，可采用强度等级为 32.5 的水泥，混凝土强度等级大于 C30 时，可采用强度等级为 42.5 以上的水泥。

二、细集料——砂

普通混凝土用细集料是指粒径小于 4.75mm 的岩石颗粒，称为砂。砂按产源分为天然砂和人工砂两类。天然砂是由自然风化、水流搬运和分选、堆积形成的，包括河砂、湖砂、山砂和淡化海砂四种。人工砂是经除土处理的机制砂（由机械破碎、筛分制成）和混合砂（由机制砂和天然砂混合制成）的统称。按技术要求，砂又分Ⅰ类、Ⅱ类、Ⅲ类。其中Ⅰ类宜用于 C60 以上的高强度混凝土，Ⅱ类宜用于 C30～C60 及抗冻、抗渗或其他要求的混凝土，Ⅲ类宜用于 C30 以下的低强度混凝土和建筑砂浆。国家标准《建筑用砂》（GB/T 14684—2011）中混凝土用砂的技术质量要求如下：

1. 表观密度、堆积密度、空隙率

砂的表观密度、堆积密度、空隙率应符合如下规定：表观密度 $\rho' \geqslant 2500\text{kg/m}^3$；松散堆积密度 $\rho'_0 \geqslant 1400\text{kg/m}^3$；空隙率 $P < 44\%$。

2. 含泥量、石粉含量和泥块含量

含泥量是指天然砂中粒径小于 $75\mu m$ 的颗粒含量。

石粉含量是指人工砂中粒径小于 $75\mu m$ 的颗粒含量。

泥块含量是指砂中原粒径大于 1.18mm，经水浸洗、手捏后小于 $600\mu m$ 的颗粒含量。

砂中的泥和石粉颗粒极细，会粘附在砂粒表面，阻碍水泥石和砂子的胶结，降低混凝土的强度及耐久性。而砂中的泥块在混凝土中会形成薄弱部分，对混凝土的质量影响更大。因此，对砂中含泥量、石粉含量和泥块含量必须严格限制。天然砂含泥量、泥块含量如表 4-1 所示，人工砂中石粉含量和泥块含量如表 4-2 所示。

表 4-1 天然砂中含泥量和泥块含量

项目	指标		
	Ⅰ类	Ⅱ类	Ⅲ类
含泥量（按质量计算）（%）	≤1.0	≤3.0	≤5.0
泥块含量（按质量计算）（%）	0	<1.0	≤2.0

表 4-2　人工砂中石粉含量和泥块含量

项目		指标		
		Ⅰ类	Ⅱ类	Ⅲ类
亚甲蓝试验	MB 值＜1.40 或合格	石粉含量（按质量计）（%）		≤10.0
		泥块含量（按质量计）（%）	0	≤1.0	≤2.0
	MB 值≥1.40 或不合格	石粉含量（按质量计）（%）	≤1.0	≤3.0	≤5.0
		泥块含量（按质量计）（%）	0	≤1.0	≤2.0

注：根据使用地区和用途在试验验证的基础上，可由供需双方协商确定。

3. 有害物质含量

砂中不应混有草根、树叶、树枝以及塑料等杂物，其有害物质主要是云母、轻物质、有机物、硫化物及硫酸盐、氯化物等。云母为表面光滑的小薄片，轻物质指体积密度小于 $2000kg/m^3$ 的物质（如煤屑、炉渣等），它们会粘附在砂粒表面，与水泥浆粘结差，影响砂的强度及耐久性。有机物、硫化物及硫酸盐对水泥石有侵蚀作用，而氯化物会导致混凝土中的钢筋锈蚀。有害物质含量见表 4-3。

表 4-3　砂中有害物质含量

项目	指标			项目	指标		
	Ⅰ类	Ⅱ类	Ⅲ类		Ⅰ类	Ⅱ类	Ⅲ类
云母（按质量计）/%	≤1.0	≤2.0		硫化物及硫酸盐（按 SO_3 质量计）（%）	≤0.5		
轻物质（按质量计）/%	≤1.0						
有机物（比色法）	合格			氯化物（以氯离子质量计）（%）	≤0.01	≤0.02	≤0.06

4. 颗粒级配

颗粒级配是指砂中不同粒径颗粒搭配的比例情况。在砂中，砂粒之间的空隙由水泥浆填充，为达到节约水泥和提高混凝土强度的目的，应尽量降低砂粒之间的空隙。从图 4-2 可以看出，采用相同粒径的砂，空隙率最大，如图 4-2（a）所示；两种粒径的砂搭配起来，空隙率减少，如图 4-2（b）所示；三种粒径的砂搭配，空隙率就更小，如图 4-2（c）所示。因此要减少砂的空隙率，就必须采用大小不同的颗粒搭配，即良好的颗粒级配砂。

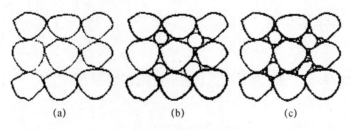

| (a) | (b) | (c) |

图 4-2　集料的颗粒级配

砂的颗粒级配采用筛分析法来测定。用一套孔径为 4.75mm、2.36mm、1.18mm、$600\mu m$、$300\mu m$、$150\mu m$ 的标准筛，将抽样后经缩分所得 500g 干砂由粗到细依次过筛，然后称取各筛上的筛余量，并计算出分计筛百分率 a_1、a_2、a_3、a_4、a_5、a_6（各筛筛余量与试样总量之比）及累计筛余百分率 A_1、A_2、A_3、A_4、A_5、A_6（该号筛的筛余百分率与该号筛以上各筛筛余百分率之和）。分计筛余与累计筛余的关系如表 4-4 所示。

砂的颗粒级配用级配区表示，应符合表 4-5 的规定。

表 4-4　分计筛余与累计筛余的关系

筛孔尺寸	分计筛余（%）	累计筛余（%）	筛孔尺寸（μm）	分计筛余（%）	累计筛余（%）
4.75mm	a_1	$A_1 = a_1$	600	a_4	$A_4 = a_1 + a_2 + a_3 + a_4$
2.36mm	a_2	$A_2 = a_1 + a_2$	300	a_5	$A_5 = a_1 + a_2 + a_3 + a_4 + a_5$
1.18mm	a_3	$A_3 = a_1 + a_2 + a_3$	150	a_6	$A_6 = a_1 + a_2 + a_3 + a_4 + a_5 + a_6$

表 4-5　砂的颗粒级配

方孔筛径 ＼ 级配区累计筛余（%）	1	2	3
9.50mm	0	0	0
4.75mm	10～1	10～1	10～1
2.36mm	35～5	25～0	15～0
1.18mm	65～35	50～10	25～0
600μm	85～71	70～41	40～16
300μm	95～80	92～70	85～55
150μm	100～90	100～90	100～90

注：1. 砂的实际颗粒级配与表中所列数字相比，除 4.75mm 和 600mm 筛档外，可以略有超出，但超出总量应小于 5%。

　　2. 1 区人工砂中 150μm 筛孔累计筛余可以放宽到 100～85，2 区人工砂中 150μm 筛孔累计筛余可以放宽到 100～80，3 区人工砂中 150μm 筛孔累计筛余可以放宽到 100～75。

为方便应用，可将表 4-5 中的数值绘制成砂级配曲线图，即以累计筛余为纵坐标，以筛孔尺寸为横坐标，画出砂的 1、2、3 三个区的级配曲线，如图 4-3 所示。使用时以级配区或级配区曲线图判定砂级配的合格性。普通混凝土用砂的颗粒级配只要处于表 4-5 中的任何一个级配区中均为级配合格，或者将筛分析试验所计算的累计筛余百分率标注到级配区曲线图中，观察此筛分结果曲线，只要落在三个区的任何一个区内，即为级配合格。

配制混凝土宜优先选用 2 区砂。当采用 1 区砂时应适当提高砂率，并保证足够的水泥用量，以满足混凝土和易性要求。当采用 3 区砂时宜适当降低砂率，以保证混凝土强度。

5. 规格

砂按细度模数 M_x 分为粗、中、细三种规格，其细度模数分别为：

粗砂：$M_x = 3.7～3.1$

中砂：$M_x = 3.0～2.3$

细砂：$M_x = 2.2～1.6$

细度模数（M_x）是衡量砂粗细程度的指标，按下式计算。

$$M_x = \frac{(A_2 + A_3 + A_4 + A_5 + A_6) - 5A_1}{100 - A_1}$$

式中　　A_1、A_2、A_3、A_4、A_5、A_6——分别为 4.75mm、2.36mm、1.18mm、$600\mu m$、
　　　　　　　　　　　　　　　　$300\mu m$、$150\mu m$ 筛的累计筛余百分率；

　　　　　　　　M_x——砂的细度模数。

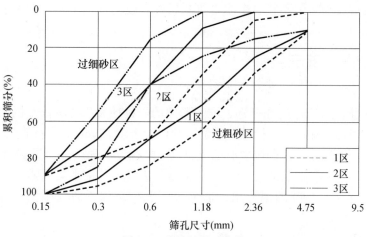

图 4-3　砂的级配区曲线

　　细度模数描述的是砂的粗细，亦即总表面积的大小。在配制混凝土时，在相同用砂量条件下采用细砂则总表面积较大，而粗砂则总表面积较小。砂的总表面积越大，则混凝土中需要包裹砂粒表面的水泥浆越多，当混凝土拌合物的和易性要求一定时，显然较粗的砂所需的水泥浆量就比较细的砂要省。但砂过粗，易使混凝土拌合物产生离析、泌水等现象，影响混凝土和易性。因此，用于混凝土的砂不宜过粗，也不宜过细。应当指出，砂的细度模数不能反映砂的级配优劣，细度模数相同的砂，其级配可以很不相同。因此，在配制混凝土时，必须同时考虑砂的颗粒级配和细度模数。

【例题 4-1】　用 500g 烘干砂进行筛分析试验，各筛上的筛余量如表 4-6 所示。试分析此砂样的粗细程度和级配情况。

表 4-6

筛孔尺寸	分计筛余		累计筛余（%）	筛孔尺寸	分计筛余		累计筛余（%）
	（g）	（%）			（g）	（%）	
4.75mm	27	5.4	5.4	$300\mu m$	102	20.4	82.0
2.36mm	43	8.6	14.0	$150\mu m$	82	16.4	98.4
1.18mm	47	9.4	23.4	$150\mu m$ 以下	8	1.6	100
$600\mu m$	191	38.2	61.6				

解：根据表 4-6 给定的各筛上筛余量的克数，计算出各筛上的分计筛余率及累计筛余率，填如表 4-6 内。

　　计算细度模数：

$$M_x = \frac{(A_2+A_3+A_4+A_5+A_6)-5A_1}{100-5A_1}$$

$$= \frac{(14.0+23.4+61.6+82.0+98.4)-5\times5.5}{100-5.5}$$

$$= 2.67$$

结果评定：由计算所得 $M_x = 2.67$，在 $2.3 \sim 3.0$ 之间，该砂样为中砂。将表 4-6 中累计筛余值与级配范围比较，得出各筛上的累计筛余率均在级配二区范围内，因此，该砂样级配良好。

如果砂子的细度和级配不符合要求，可采用两种或两种以上砂掺配来改善，使其达到要求。

三、粗集料——石子

粒径大于 4.75mm 的集料称为粗集料，混凝土常用的组集料有碎石和卵石。卵石又称砾石是由自然风化、水流搬运和分选、堆积形成的，粒径大于 4.75mm 的岩石颗粒；碎石是天然岩石或卵石经机械破碎、筛分制成的，粒径大于 4.75mm 的岩石颗粒。

为了保证混凝土质量，我国国家标准《建筑用碎石、卵石》（GB/T 14685—2011）按各项技术指标对混凝土用粗集料划分为 Ⅰ、Ⅱ、Ⅲ 类集料。其中 Ⅰ 类适用于 C60 以上的混凝土；Ⅱ 类适用于 C30～C60 的混凝土；Ⅲ 类适用于 C30 以下的混凝土。其具体质量要求如下：

1. 表观密度、堆积密度、空隙率

表观密度、堆积密度、空隙率应符合如下规定：表观密度大于 2500kg/m^3，松散堆积密度大于 1350kg/m^3，空隙率小于 47%。

2. 含泥量及泥块含量

含泥量是指卵石、碎石中粒径小于 $75 \mu m$ 的颗粒含量。泥块含量是指卵石、碎石中原粒径大于 4.75，经水浸洗、手捏后小于 2.36mm 的颗粒含量。

卵石、碎石中的泥含量和泥块含量对混凝土的危害与砂中的相同。按标准要求，卵石、碎石中的泥含量和泥块含量如表 4-7 所示。

表 4-7　卵石、碎石的含泥量和泥块含量

项　　目	指标		
	Ⅰ类	Ⅱ类	Ⅲ类
含泥量（按质量计）（%）	<0.5	<1.0	<1.5
泥块含量（按质量计）（%）	0	<0.5	<0.7

3. 针、片状颗粒含量

针状颗粒是指颗粒长度大于该颗粒所属相应粒级的平均粒径 2.4 倍者，片状颗粒则是指颗粒厚度小于平均粒径 0.4 倍者。针、片状颗粒不仅本身容易折断，而且会增加集料的空隙率，使混凝土拌合物和易性变差，强度降低，其含量限值如表 4-8 所示。

表 4-8　卵石、碎石针、片状颗粒含量

项　　目	指标		
	Ⅰ类	Ⅱ类	Ⅲ类
针、片状颗粒（按质量计）（%）	<5	<15	<25

4. 有害杂质含量

粗集料中的有害杂质主要有：黏土、淤泥及细屑，硫酸盐及硫化物，有机物质，蛋白石及其他含有活性氧化硅的岩石颗粒等。它们的危害作用与在细集料中相同。对各种有害杂质

的含量都不应超出规范的规定，其技术要求及其有害物质含量如表 4-9 所示。

表 4-9　粗集料的有害物质含量及技术要求

项目 \ 类别	Ⅰ类	Ⅱ类	Ⅲ类
有机物（比色法）	合格	合格	合格
硫化物及硫酸盐（按 SO_3 质量计）（%）$\leqslant$	0.5	1.0	1.0
含泥量（按质量计）（%）$\leqslant$	0.5	1.0	1.5
泥块含量（按质量计）（%）	0	$\leqslant 0.2$	$\leqslant 0.5$
针片状颗粒（按质量计）（%）$\leqslant$	5	10	15

5. 最大粒径与颗粒级配

1）最大粒径

粗集料中公称粒级的上限称为该粒级的最大粒径。当集料粒径增大时，其表面积随之减小，包裹集料表面水泥浆或砂浆的数量也相应减少，就可以节约水泥。因此，最大粒径应在条件许可下，尽量选用得大些。选择石子最大粒径主要从以下三个方面考虑。

（1）结构上考虑：石子最大粒径应考虑建筑结构的截面尺寸及配筋疏密。混凝土用的粗集料，其最大粒径不得超过构件截面最小尺寸的 $\frac{1}{4}$，且不得超过钢筋间最小净距的 $\frac{3}{4}$。对混凝土实心板，集料最大粒径不宜超过板厚的 $\frac{1}{3}$，且不超过 40mm。

（2）从施工方面考虑：对泵送混凝土，碎石最大粒径与输送管内径之比，宜小于或等于 1：3，卵石宜小于或等于 1：2.5；高层建筑宜控制在 （1：3）～ （1：4），超高层建筑宜控制在 （1：4）～ （1：5）。粒径过大，对运输和搅拌都不方便，且容易造成混凝土离析、分层等质量问题。

（3）从经济上考虑：试验表明，最大粒径小于 80mm 时，水泥用量随最大粒径减小而增加；最大粒径大于 150mm 后节约水泥效果却不明显。因此，从经济上考虑，最大粒径不宜超过 150mm。此外，对于高强混凝土，从强度观点看，当使用的最大粒径大于 40mm 后，由于减少水泥用量获得的强度提高，被大粒径集料造成的较小黏结面积和不均匀的不利影响所抵消，所以，并无多大好处。综上所述，一般在水利、海港等大型工程中最大粒径通常采用 120mm 或 150mm；在房屋建筑工程中，一般采用 16mm、20mm、31.5mm 或 40mm。

2）颗粒级配粗集料的级配试验也采用筛分法测定，即用 2.36mm、4.75mm、9.50mm、16.0mm、19.0mm、26.5mm、31.5mm、37.5mm、53.0mm、63.0mm、75.0mm 和 90mm 等十二种孔径的方孔筛进行筛分，其原理与砂的基本相同。国家标准《建筑用碎石、卵石》（GB/T 14685—2011）对碎石和卵石的颗粒级配规定如表 4-10 所示。

石子的级配按粒径尺寸分为连续粒级和单粒粒级。连续粒级是石子颗粒由小到大连续分级，每级石子占一定比例。用连续粒级配制的混凝土混合料，和易性较好，不易发生离析现象，易于保证混凝土的质量，便于大型混凝土搅拌站使用，适合泵送混凝土。许多搅拌站选择 5～20mm 连续粒级的石子生产泵送混凝土。单粒粒级是人为地剔除集料中某些粒级颗粒，大集料空隙由小几倍的小粒径颗粒填充，降低石子的空隙率，密实度增加，节约水泥，但是拌合物容易产生分层离析，造成施工困难，一般在工程中较少采用。如混凝土拌合物为低流动性或干硬性，同时采用机械强力振捣时，采用单粒级配是合适的。

表 4-10　碎石和卵石的颗粒级配

公称直径 (mm)		累计筛余（%）											
		方孔筛直径（mm）											
		2.36	4.75	9.50	16.0	19.0	26.5	31.5	37.5	53.0	63.0	75.0	90
连续粒级	5～16	95～100	85～100	30～60	0～10	0							
	5～20	95～100	90～100	40～80	—	0～10	0						
	5～25	95～100	90～100	—	30～70	—	0～5	0					
	5～31.5	95～100	90～100	70～90	—	15～45	—	0～5	0				
	5～40	—	95～100	70～90	—	30～65	—	—	0～5	0			
单粒粒级	5～10	95～100	90～100	0～15	0～15								
	10～16		95～100	80～100									
	10～20		—	85～100	55～70	0～15	0						
	16～25		95～100	95～100	85～100	25～40	0～10						
	16～31.5							0～10	0				
	20～40			95～100		80～100			0～10	0			
	40～80					95～100			70～100		30～60	0～10	0

6. 坚固性和强度

混凝土中粗集料起骨架作用必须具有足够的坚固性和强度。坚固性（Soundness）是指卵石、碎石在自然风化和其他外界物理化学因素作用下抵抗破裂的能力。采用硫酸钠溶液法进行试验，卵石和碎石经 5 次循环后，其质量损失应符合表 4-11 的规定。

表 4-11　坚固性指标和压碎指标

项 目 ＼ 类 别	I 类	II 类	III 类
质量损失（%）≤	5	8	12
碎石压碎指标（%）≤	10	20	30
卵石压碎指标（%）≤	12	14	16

强度可用岩石抗压强度和压碎指标表示。岩石抗压强度是将岩石制成 50mm×50mm×50mm 的立方体（或 50mm×50mm 圆柱体）试件，浸没于水中浸泡 48h 后，从水中取出，擦干表面，放在压力机上进行强度试验。其抗压强度火成岩应不小于 80MPa，变质岩应不小于 60MPa，水成岩应不小于 30MPa。压碎指标是将一定量风干后筛除大于 19.0mm 及小于 9.50mn 的颗粒，并去除针片状颗粒的石子装入一定规格的圆筒内，在压力机上施加压力到 200kN 并稳定 5s，卸荷后称取试样质量（G_1），再用孔径为 2.36mm 的筛筛除被压碎的细粒，称取出留在筛上的试样质量（G_2）通过下式计算：

$$Q_e = \frac{G_1 - G_2}{G_1} \times 100\%$$

式中　Q_e——压碎指标值,%；

　　　G_1——试样的质量，g；

G_2——压碎试验后筛余的试样质量，g。

压碎指标值越小，表明石子的强度越高。

7. 集料验收与堆放

集料出厂时，供需双方在厂内验收产品，生产厂应提供产品质量合格证书，其内容包括：类别、规格、生产厂名；批量编号及供货数量；检验结果、日期及执行标准编号；合格证编号及发放日期；检验部门及检验人员签章。每批集料的检验项目主要是颗粒级配、细度模数、含泥量及泥块含量、针状颗粒含量、片状颗粒含量和强度等。集料应按类别、规格分别运输和堆放，严防人为碾压及污染产品。集料在运输过程中或在仓库保管过程中会有损耗，起损耗率一般为 $0.4\% \sim 4\%$，主要是根据集料种类和运输工具而有所不同。

四、拌和与养护用水

混凝土拌合和养护用水，按水源不同分为饮用水、地下水、地表水、再生水（污水经适当再生工艺处理后具有使用功能的水，又称中水）、混凝土企业设备洗刷水和海水。

地表水、地下水、再生水的放射性应符合现行国家标准《生活饮用水卫生标准》GB 5749 的规定。

非饮用水拌合混凝土时，其水样应与饮用水样进行水泥凝结时间、水泥胶砂强度对比试验。对比试验结果应符合《混凝土用水标准》JGJ 63—2006 的规定。

混凝土拌合用水不应漂浮明显的油脂及泡沫，不应有明显的颜色和异味。

混凝土企业设备洗刷水不宜用于预应力混凝土、装饰混凝土、加气混凝土和暴露于腐蚀环境的混凝土；不得用于使用碱活性或潜在碱活性集料的混凝土。

未经处理的海水严禁用于钢筋混凝土和预应力混凝土。在无法获得水源的情况下，海水可用于素混凝土，但不宜用于装饰混凝土。

混凝土养护用水可不检验不溶物、可溶物、水泥凝结时间和水泥胶砂强度。

五、混凝土外加剂

1. 混凝土外加剂的定义

外加剂是在拌制混凝土过程中掺入，用以改善混凝土性能的物质，掺量一般不大于水泥质量的 5%。它赋予新拌混凝土和硬化湿凝土以优良的性能，如提高抗冻性、调节凝结时间和硬化时间、改善工作性、提高强度等，是生产各种高性能混凝土和特种混凝土必不可少的组分。

混凝土外加剂按其主要使用功能分为四类：

（1）改善混凝土拌合物流变性能的外加剂：包括各种减水剂和泵送剂等。

（2）调节混凝土凝结时间、硬化性能的外加剂：包括缓凝剂、促凝剂和速凝剂等。

（3）改善混凝土耐久性的外加剂：包括引气剂、防水剂、阻锈剂和矿物外加剂等。

（4）改善混凝土其他性能的外加剂：包括膨胀剂、防冻剂、着色剂等。

每种外加剂按其一种或多种功能给出定义，并根据其主要功能命名。复合外加剂具有一种以上的主要功能，按其一种以上主要功能命名。

主要混凝土外加剂的名称及功能如下。

（1）减水剂：在混凝土坍落度基本相同的条件下，能减少拌合物用水量的外加剂。减水率不小于 5% 的减水剂为普通减水剂；减水率不小于 10% 的减水剂为高效减水剂。

（2）早强剂：可加速混凝土早期强度发展的外加剂。

（3）缓凝剂：可延长混凝土凝结时间的外加剂。

（4）引气剂：在搅拌混凝土过程中能引入大量均匀分布、稳定而封闭的微小气泡的外加剂。

（5）早强减水剂：兼具早强和减水功能的外加剂。

（6）缓凝减水剂：兼具缓凝和减水功能的外加剂。

（7）引气减水剂：兼具引气和减水功能的外加剂。

（8）防水剂：能够降低混凝土在静水压力的透水性的外加剂。

（9）阻锈剂：能抑制或减轻混凝土中钢筋或其他预埋金属锈蚀的外加剂。

（10）加气剂：混凝土制备过程中因发生化学反应，产生气体，而使混凝土中形成大量气孔的外加剂。

（11）膨胀剂：能使混凝土产生一定体积膨胀的外加剂。

（12）防冻剂：能使混凝土在负温下硬化，并在规定时间内达到足够防冻强度的外加剂。

（13）泵送剂：能够改善混凝土拌合物泵送性能的外加剂。

（14）速凝剂：能使混凝土迅速凝结硬化的外加剂。

2. 常用的混凝土外加剂

1）减水剂

减水剂是一种在混凝土拌合料坍落度相同条件下能减少拌和水量的外加剂。减水剂按其减水的程度分为普通减水剂和高效减水剂。减水率在 $5\%\sim10\%$ 的减水剂为普通减水剂，减水率大于 10% 的减水剂为高效减水剂。

（1）普通减水剂。普通减水剂是在混凝土坍落度基本相同的条件下，能减少拌合用水量的外加剂减水率 8% 以上（低效型），常用的有木质素磺酸钙（木钙）、木质素磺酸钠（木钠）、木质素磺酸镁（木镁）、多元醇系（糖钙）等，常用减水剂品种如表 4-12 所示。

表 4-12　常用减水剂的品种

种类	萘系	氨基磺酸系	聚羧酸系	木质素磺酸盐系	高级多元醇-糖蜜系
类别	高效减水剂	高效减水剂	高效减水剂	普通减水剂	普通减水剂
主要品种	NNO、NF、FDN、UNF、AF、建1等	ASPF	PC	木质素磺酸钙（木钙粉、M型）、木钠、木镁	3FG、TF、ST 等
适量掺量（给水泥质量）/%	$0.5\sim1.0$	$0.5\sim2.0$	$0.2\sim0.5$	$0.2\sim0.3$	$0.2\sim0.3$
减水率	$10\%\sim25\%$以上	30%	30%	$\leqslant10\%$	$6\%\sim10\%$
早强效果	显著	显著（1d强度提高1倍，7d可达28d强度）	显著	$5\%\sim10\%$	$\leqslant10\%$
缓凝效果	—	—	—	$1\sim3h$	3h以上
引气效果	—	—	引气	$1\%\sim2\%$	—
适用范围	适用于所有混凝土工程，更适用于配制高强混凝土、流态混凝土及高性能混凝土	配制高强混凝土、早强混凝土、流态混凝土、蒸养混凝土等	所有混凝土工程，更适用于高强混凝土、高性能混凝土、绿色环保产品，21世纪主要减水剂品种	一般混凝土工程及大模、滑模、泵送大体积、夏季施工的混凝土工程	大体积混凝土、大坝混凝土及滑模、夏季施工的混凝土工程

（2）高效减水剂。在混凝土坍落度基本相同的条件下，能大幅度减少拌和水量（减水率大于 14％以上）的外加剂称为高效减水剂。高效减水剂是在 20 世纪 60 年代初开发出来的，由于性能较普通减水剂有明显的提高，因而又称超塑化剂。

高效减水剂的掺量比普通减水剂大得多，大致为普通减水剂的 3 倍以上。理论上，如果把普通减水剂的掺量提高到高效减水剂同样的水平，减水率也能达到 10％～15％，但普通减水剂都有缓凝作用，木钙还能引入一定量的气泡，因此限制了普通减水剂的掺量，除非采取特殊措施，如木钙的脱糖和消泡。高效减水剂没有明显的缓凝和引气作用。

常用的高效减水剂有：

① 系高效减水剂。使用量最广，价格适中；

② 肪族系高效减水剂。使用量较少；

③ 基磺酸盐系高效减水剂。减水率高，效果好，价格高；

④ 聚氰胺系高效减水剂。减水率高，低收缩，优良保坍，价格较高；

⑤ 羧酸系减水剂。减水率最高，低收缩，优良保坍，较环保。

聚羧酸高效减水剂大分子链上一般都接枝不同的活性基团，如具有一定长度的聚氧乙烯链、羧基、磺酸基、—COOH 和—SO_3Na 等对水泥颗粒产生分散和流动作用的极性基团。正是由于上述活性基团的作用使得聚羧酸类减水剂具有不同于其他高效减水剂的减水机理。不仅减水效果明显，而且坍落度损失很小（1h 损失小于 1cm）。

（3）减水剂的作用机理。不掺减水剂的新拌混凝土之所以相比之下流动性不好，这主要是因为水泥-水体系中由于界面能高，不稳定，水泥颗粒通过絮凝来降低界面能，达到体系稳定，把许多水包裹在絮凝结构中，不能发挥作用，如图 4-4（a）所示。减水剂是一种表面活性剂。表面活性剂分子由亲水基团和憎水基团两部分组成，可以降低表面能。当水泥浆体中加入减水剂后，减水剂分子中的憎水基团定向吸附于水泥质点表面，亲水基团指向水溶液，在水泥颗粒表面形成单分子或多分子吸附膜，降低了水泥-水的界面能。同时使水泥颗粒表面带上相同的电荷，表现出斥力，如图 4-4（b）所示，将水泥加水后形成的絮凝结构打开并释放出被絮凝结构包裹的水，这是减水剂分子吸附产生的分散作用。减水剂中的憎水基团定向吸附于水泥颗粒表面，亲水基团指向水溶剂，在水泥颗粒表面形成一个稳定的溶剂化水膜，如图 4-4（c）所示，在颗粒间起到润滑作用；此外吸附在水泥颗粒表面的减水剂在水泥颗粒之间起到了空间位阻作用，阻止水泥颗粒之间的直接接触。

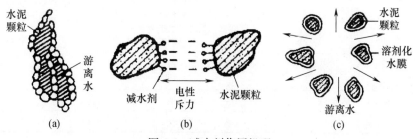

图 4-4　减水剂作用机理

（a）水泥浆的絮凝结构；（b）减水剂吸附水泥颗粒表面；（c）水泥浆絮凝结构释放包裹的水

（4）减水剂的作用。①在不减少单位用水量的情况下，混凝土拌合物坍落度可增大 100～200mm，改善新拌混凝土的工作性，提高流动性，用以配制流动混凝土。②在保持一定工作度下，减少用水量 10%～30%，提高混凝土的强度 15%～30%；③保持混凝土一定强度情况下，减少单位水泥用量，节约水泥 10%～15%；④改善混凝土拌合物的可泵性以及混凝土的其他物理力学性能。⑤混凝土透水性可降低 40%～80%，从而提高混凝土抗渗和抗冻等耐久性；⑥水泥水化放热速度减慢热峰出现推迟；⑦可配制特种混凝土，比采用特种水泥更经济简便。

2）早强剂

早强剂是指能加速混凝土早期强度并对后期强度无明显影响的外加剂。早强剂可用于蒸养混凝土及常温、低温和负温条件下施工的有早强或防冻要求的混凝土工程。目前广泛使用的早强剂有氯盐类、硫酸盐类、三乙醇胺类以及由它们组成的复合早强剂。

早强剂的种类有：无机物类（氯盐类、硫酸盐类、碳酸盐类等）；有机物类（有机胺类、羧酸盐类等）；矿物类（明矾石、氟铝酸钙、无水硫铝酸钙）等。

（1）早强剂的作用机理

① 氯盐类。氯化钙对水泥混凝土的作用机理有两种论点：其一是氯化钙对水泥水化起催化作用，促使氢氧化钙浓度降低，因而加速了 C_3A 的水化；其二是氯化钙的 Ca^{2+} 离子吸附在水化硅酸钙表面，生成复合水化硅酸盐（$C_3S \cdot CaCl_2 \cdot 12H_2O$）。同时，在石膏存在下与水泥石中 C_3A 作用生成水化氯铝酸盐（$C_3A \cdot CaCl_2 \cdot 10H_2O$ 和 $C_3A \cdot 13CaCl_2 \cdot 30H_2O$）。此外氯化钙还增强水化硅酸钙缩聚过程。

② 硫酸盐类。以硫酸钠为例，在水泥硬化时，硫酸钠较快地与氢氧化钙作用生成石膏和碱，新生成的细粒二水石膏比在水泥粉磨时加入的石膏对水泥的反应快得多，水化反应生成硫铝酸钙晶体。

$$Na_2SO_4 + Ca(OH)_2 + 2H_2O \Longrightarrow CaSO_3 \cdot 2H_2O + 2NaOH$$

$$CaSO_4 \cdot 2H_2O + C_3A + 10H_2O \Longrightarrow 3CaO \cdot Al_2O_3 \cdot CaSO_4 \cdot 12H_2O$$

同时上述反应的发生也能加快 C_3S 的水化。

（2）混凝土常用早强剂如表 4-13 所示

表 4-13　混凝土常用早强剂

混凝土种类及使用条件		早强剂品种	掺量（占水泥质量）
预应力混凝土		硫酸钠 三乙醇胺	1 0.05
钢筋混凝土	干燥环境	氯盐 硫酸钠 硫酸钠与缓凝减水剂复合使用 三乙醇胺	1 2 3 0.05
	潮湿环境	硫酸钠 三乙醇胺	1.5 0.05
有饰面要求的混凝土		硫酸钠	1
无筋混凝土		氯盐	3

3）缓凝剂

缓凝剂是一种能延缓水泥水化反应，从而延长混凝土的凝结时间，使新拌混凝土较长时间保持塑性，方便浇筑，提高施工效率，同时对混凝土后期各项性能不会造成不良影响的外加剂。缓凝剂按其缓凝时间可分为普通缓凝剂和超缓凝剂；按化学成分可分为无机缓凝剂和有机缓凝剂。无机缓凝剂包括磷酸盐、锌盐、硫酸铁、硫酸铜、氟硅酸盐等，有机缓凝剂包括羟基羧酸及其盐、多元醇及其衍生物、糖类及其碳水化合物等。

（1）缓凝剂的作用机理：

一般来讲，多数有机缓凝剂有表面活性，它们在固-液界面上产生吸附，改变固体粒子的表面性质，或是通过其分子中亲水基团吸附大量的水分子形成较厚的水膜层，使晶体间的相互接触受到屏蔽，改变了结构形成过程；或是通过其分子中的某些官能团与游离的 Ca^{2+} 生成难溶性的钙吸附于矿物颗粒表面，从而抑制水泥的水化过程，起到缓凝效果。大多数无机缓凝剂与水泥水化产物生成复盐，沉淀于水泥矿物颗粒表面，抑制水泥的水化。缓凝剂的机理较为复杂，通常是以上多种缓凝机理综合作用的结果。

缓凝剂的一般掺量很小，使用时应严格控制，过量掺入会使混凝土强度下降。

（2）常用的缓凝剂：

① 无机缓凝剂：

a. 磷酸盐、偏磷酸盐类缓凝剂是近年来研究较多的无机缓凝剂。三聚磷酸钠为白色粒状粉末，无毒，不燃，易溶于水，一般掺量为水泥质量的 0.1%～0.3%，能使混凝土的凝结时间延长 50%～100%。磷酸钠为无色透明或白色结晶体，水溶液呈碱性，一般掺量为水泥质量的 0.1%～1.0%，能使混凝土的凝结时间延长 50%～100%。

b. 硼砂为白色粉末状结晶物质，吸湿性强，易溶于水和甘油，其水溶液呈弱碱性，常用掺量为水泥质量的 0.1%～0.2%。

c. 氟硅酸钠为白色物质，有腐蚀性，常用掺量为水泥质量的 0.1%～0.2%。

d. 其他无机缓凝剂如氯化锌、碳酸锌以及锌、铁、铜、镉的硫酸盐也具有一定的缓凝作用，但是由于其缓凝作用不稳定，故不常使用。

② 有机缓凝剂：

a. 羟基羧酸、氨基羧酸及其盐：这一类缓凝剂的分子结构含有羟基（—OH），羧基（—COOH）或氨基（—NH₂），常见的有柠檬酸、酒石酸、葡萄糖酸、水杨酸等及其盐。此类缓凝剂的缓凝效果较强，通常将凝结时间延长一倍，掺量一般在 0.05%～0.2%之间。

b. 多元醇及其衍生物：多元醇及其衍生物的缓凝作用较稳定，特别是在使用温度变化时仍有较好的稳定性。此类缓凝剂的掺量一般为水泥质量的 0.05%～0.2%。

c. 糖类：葡萄糖、蔗糖及其衍生物和糖蜜及其改性物，由于原料广泛，价格低廉，同时具有的缓凝功能，因此使用也较为广泛，其掺量一般为水泥质量的 0.1%～0.3%。

（3）缓凝剂适用性：

缓凝剂可用于商品混凝土、泵送混凝土、夏季高温施工混凝土、大体积混凝土，不宜用于气温低于 5℃施工的混凝土、有早强要求的混凝土、蒸养混凝土。缓凝剂一般具有减水的作用。

4）引气剂

引气剂是指在混凝土搅拌过程中引入大量均匀分布、稳定而封闭的微小气泡的外加剂。

（1）引气剂的作用机理：

引气剂属于表面活性剂，其界面活性作用基本上与减水剂相似，区别在于减水剂的界面活性作用主要在液-固界面上，而引气剂的界面活性主要发生在气-液界面上，降低界面能，使新拌混凝土中微小气泡稳定存在并保留。

（2）引气剂，常用品种如表 4-14 所示。

表 4-14　常用引气剂品种、成分及掺量

名称	主要成分	一般掺量（占水泥质量）	名称	主要成分	一般掺量（占水泥质量）
PC-2	松香热聚物	0.005～0.01	ABS	烷基苯磺酸钠	0.008～0.01
CON-A	松香皂	0.005～0.01	AS	烷基磺酸钠	0.008～0.01
801	高级脂肪醇衍生物	0.01～0.03	木质素磺酸钙	木质素磺酸盐	0.3～0.5
OP 乳化剂	烷基酚环氧乙烷缩合物	0.06	聚羧酸类		0.1～0.6

（3）引气剂的适用性：

引气剂可用于抗冻混凝土、抗渗混凝土、抗硫酸盐侵蚀混凝土、泌水严重的混凝土、轻集料混凝土等，但不宜用于蒸养混凝土及预应力混凝土。

（4）引气剂对混凝土质量的影响：

① 混凝土中掺入引气剂可改善混凝土拌合物的和易性，可以显著减少混凝土浆体粘性，使它们的可塑性增强，减少单位用水量。通常每增加含气量 1%，能减少单位用水量 3%；

② 减少集料离析和泌水量，提高抗渗性；

③ 提高抗腐蚀性和耐久性；

④ 含气量每提高 1%，抗压强度下降 4%～5%，抗折强度下降 2%～3%；

⑤ 引入空气会使干缩增大，但若同时减少用水量，对干缩的影响不会太大；

⑥ 使混凝土对钢筋的粘结强度有所降低，一般含气量为 4% 时，对垂直方向的钢筋粘结强度降低 10%～15%，对水平方向的钢筋粘结强度稍有下降。

5）膨胀剂

膨胀剂是一种在水泥硬化过程中使混凝土（包括砂浆、水泥净浆）产生可控制的膨胀以减少收缩裂缝的外加剂，是抑制混凝土早期收缩裂缝产生的最方便、最经济有效的措施。

（1）膨胀剂的作用机理：

上述各种膨胀剂的成分不同，其膨胀机理也各不相同。硫铝酸盐系膨胀剂加入水泥混凝土后，自身组成中的无水硫铝酸钙或参与水泥矿物的水化或与水泥水化产物反应，形成高硫型硫铝酸钙（钙矾石），钙矾石相的生成使固相体积增加，而引起表观体积的膨胀。石灰系膨胀剂的膨胀作用主要由氧化钙晶体水化生成氢氧化钙晶体，体积增加所致。铁粉系膨胀剂则是由于铁粉中的金属铁与氧化剂发生氧化作用，形成氧化铁，并在水泥水化的碱性环境中还会生成胶状的氢氧化铁而产生膨胀效应。

（2）常用膨胀剂：

① 硫铝酸盐系膨胀剂：此类膨胀剂包括硫铝酸钙膨胀剂（代号 CSA）、U 型膨胀剂（代号 UEA）、铝酸钙膨胀剂（代号 AEA）、复合型膨胀剂（代号 CEA）、明矾石膨胀剂（代号 EAL）。其膨胀剂为钙矾石，掺量一般为 6%～12%；

② 石灰系膨胀剂：此类膨胀别是指与水泥、水拌合和后经水化反应生成氢氧化钙的混凝土膨胀剂，其膨胀源为氢氧化钙。该膨胀剂比 CSA 膨胀剂的膨胀速率快，且原料丰富，成本低廉，膨胀稳定早，耐热性和对钢筋保护作用好；

③ 铁粉系膨胀剂：此类膨胀剂是利用机械加工产生的废料——铁屑作为主要原料，外加某些氧化剂、氯盐和减水剂混合制成。其膨胀源为 $Fe(OH)_2$；

④ 复合膨胀剂：复合膨胀剂是指膨胀剂与其他外加剂复合具有除膨胀性能外还兼有其

他性能的复合外加剂。

（3）膨胀剂的适用性

掺硫铝酸钙膨胀剂的膨胀混凝土，不能用于长期处于环境温度为 80℃ 以上的工程中，最适宜用于地下工程，配筋较密时效果好。掺硫铝酸钙类或石灰类膨胀剂的混凝土，不宜使用氯盐类外加剂。掺铁屑膨胀剂的填充用膨胀砂浆，不能用于有杂散电流的工程和与铝镁材料接触的部位。选用膨胀剂时，主要有三项指标：一是碱含量（不大于 0.75%）；二是水中 7 天限制膨胀率（不小于 0.025%）；三是掺量（不大于 12%，但对要求混凝土膨胀率达到 0.035%～0.045% 的后浇带或膨胀加强带，掺量可达 14%～15%）。膨胀剂主要用于配制补偿收缩混凝土、自应力混凝土，广泛应用于屋面、水池、水塔、大型圆形结构物、地下建筑等混凝土工程以及生产自应力混凝土管和用于预制构件节点、墙沟间的接缝、混凝土结构的修补等。在高性能混凝土中掺膨胀剂，对其密实性和体积稳定性以及减免裂缝都有助益。

6）速凝剂

速凝剂是能使混凝土迅速凝结硬化的外加剂。添加速凝剂的混凝土，能使掺在水泥中的石膏丧失缓凝作用，促使混凝土在较短时间内迅速凝结硬化。

（1）速凝剂的作用机理：

① 铝氧熟料加碳酸盐型速凝剂作用机理如下：

$$Na_2CO_3 + CaSO_4 =\!\!= CaCO_3 \downarrow + Na_2SO_4$$
$$NaAlO_2 + 2H_2O =\!\!= Al(OH)_3 + NaOH$$
$$2NaAlO_2 + 3Ca(OH)_2 + 3CaSO_4 + 30H_2O =\!\!= 3CaO \cdot Al_2(OH)_3 \cdot 3CaSO_4 \cdot 32H_2O + 2NaOH$$

碳酸钠与水泥浆中石膏反应，生成不溶的 $CaCO_3$ 沉淀，从而破坏了石膏的缓凝作用。铝酸钠在有 $Ca(OH)_2$ 存在的条件下与石膏反应生成水化硫铝酸钙和氢氧化钠，由于石膏消耗而使水泥中的 C_3A 成分迅速分解进入水化反应，C_3A 的水化又迅速生成钙矾石而加速了凝结硬化。另一方面，大量生成的 $NaOH$、$Al(OH)_3$、Na_2SO_4，这些都具有促凝、早强作用。

② 硫铝酸盐型速凝剂作用机理为：$Al_2(SO_4)_3$ 和石膏的迅速溶解使水化初期溶液中硫酸根离子浓度骤增，它与溶液中的 Al_2O_3、$Ca(OH)_2$ 发生反应，迅速生成微细针柱状钙矾石和中间产物次生石膏，这些新晶体的增长、发展在水泥颗粒之间交叉生成网络状结构而呈现速凝。

③ 水玻璃型速凝剂作用机理为：水泥中的 C_3S、C_2S 等矿物在水化过程中生成 $Ca(OH)_2$，玻璃溶液能与 $Ca(OH)_2$ 发生强烈反应，生成硅酸钙和二氧化硅胶体。其反应如下；

$$Na_2O \cdot nSiO_2 + Ca(OH)_2 =\!\!= (n-1)SiO_2 + CaSiO_3 + 2NaOH$$

反应中生成大量的 $NaOH$，将进一步促进水泥熟料矿物水化，从而使水泥迅速凝结硬化。

（2）按其主要成分可以分成四类：铝氧熟料加碳酸盐系速凝剂、硫铝酸盐系速凝剂、水玻璃系速凝剂、新型无机低碱速凝剂。

① 铝氧熟料加碳酸盐系速凝剂。其主要速凝成分是铝氧熟料、碳酸钠以及生石灰，这种速凝剂含碱量较高，混凝土的后期强度降低较大，但加入无水石屑可以在一定程度上降低碱度并提高后期强度。

② 铝酸盐系。它的主要成分是铝矾土、芒硝（$Na_2SO_4 \cdot 10H_2O$），此类产品碱量低，且由于加入了氧化锌而提高了混凝土的后期强度，但却延缓了早期强度的发展。

③ 水玻璃系。以水玻璃为主要成分。这种速凝剂凝结、硬化很快，早期强度高，抗渗性好，而且可在低温下施工。缺点是收缩较大，这类产品用量低于前两类。因其抗渗性能

好，常用于止水堵漏。

④ 新型无机低碱速凝剂。与传统碱性粉状速凝剂相比，具有碱含量低、施工时空气中粉尘浓度低、在拌合料中分散充分等优点，从而可以减小施工人员在施工过程中的腐蚀伤害、混凝土增强效果明显，现今应用广泛。

（3）速凝剂的适用性：

速凝剂主要用于喷射混凝土和喷射砂浆中。一般掺加 2.5%～5% 的速凝剂，可使混凝土在 3min 内初步凝结，7～10min 终凝，1h 可产生强度，1d 后强度可提高 2～3 倍，但 28d 后强度下降 10%～20%。掺有速凝剂的混凝土早期强度明显提高，但后期强度均有所降低。速凝剂广泛应用于喷射混凝土、灌浆止水混凝土及抢修补强混凝土工程中，矿山井巷、隧道涵洞、地下工程等用量很大。

7）泵送剂

能改善混凝土泵送性能的外加剂。所谓泵送性，就是混凝土拌合物具有顺利通过输送管道、不堵塞、不离析、粘聚性良好的性能。

泵送剂的主要组分：

① 高效减水剂：固体的掺量一般为水泥掺量的 0.5%～1.0%。

② 缓凝成分：调节凝结时间，减少坍落度损失。常用三聚磷酸钠和葡萄糖酸钠，根据气温和水泥成分的变化来调节。

③ 引气剂：少量优质的引气剂能在混凝土中形成小的圆形封闭气孔，提高流动性，减少离析和泌水，改善耐久性。

六、矿物掺合料

1. 常用的矿物掺合料

水泥的水化反应可持续几十年，甚至上百年。试验证明：28d 龄期时，水泥强度的实际利用率仅为 60%～70%，因此，在混凝土中，尤其是高强度混凝土中有相当一部分水泥仅起填充料作用。若在配制混凝土中加入适量的活性掺合料，可提高混凝土强度、节约水泥、降低工程造价、改善混凝土性能的效果。因此，在混凝土中加用活性掺合料，其技术、经济和环境效益是十分显著的。工程中常用的活性掺合料有粉煤灰、硅灰、沸石灰等。粉煤灰应用最普遍。

1）粉煤灰（飞灰）

粉煤灰是火力发电厂锅炉烟气收集到的废弃物。是在混凝土工程中使用最多的一种活性矿物掺料。粉煤灰主要用于配制高强度混凝土、高流态混凝土、大体积混凝土、抗渗混凝土和泵送混凝土等。

（1）粉煤灰掺合料在工程中的应用

国家标准《粉煤灰混凝土应用技术规范》（GB/T 50146—2014）规定，粉煤灰用于混凝土工程，可根据等级，按下列规定应用：

① Ⅰ级粉煤灰适用于钢筋混凝土和跨度小于 6m 的预应力钢筋混凝土；

② Ⅱ级粉煤灰适用于钢筋混凝土和无筋混凝土；

③ Ⅲ级粉煤灰主要用于无筋混凝土。对强度等级要求不小于 C30 的无筋粉煤灰混凝土用 Ⅰ、Ⅱ级粉煤灰。

用于预应力钢筋混凝土、钢筋混凝土及强度等级要求不小于 C30 的无筋混凝土的粉煤灰等级，如经试验论证，可采用比上述规定低一级的粉煤灰。

（2）混凝土中掺用粉煤灰的方法：

粉煤灰加入混凝土的方法有等量取代法、超量取代法和外加法。

a. 等量取代法：指以等质量粉煤灰取代混凝土中的水泥。主要适用于掺加一级粉煤灰混凝土、超强及大体积混凝土工程。可节约水泥并减少混凝土发热量，改善混凝土和易性，提高混凝土抗渗性，用于较高强度混凝土和大体积混凝土。

b. 超量取代法：指掺入的粉煤灰量超过取代的水泥量，超出的粉煤灰取代同体积的砂，其超量系数按规定选用，如表 4-15 所示。目的是改善和易性、提高密实度、保证 28d 强度。

表 4-15　粉煤灰的超量系数

粉煤灰等级	超量系数
Ⅰ	1.1～1.4
Ⅱ	1.3～1.7
Ⅲ	1.5～2.0

c. 外加法：指在保持混凝土中水泥用量不变情况下，外掺一定数量的粉煤灰。其目的只是为了改善混凝土拌合物的和易性。

（3）粉煤灰在混凝土中的作用：

① 活性作用和胶凝作用。粉煤灰的活性来源于它所含的玻璃体，它与水泥水化生成的 $Ca(OH)_2$ 发生二次水化反应，生成 C-S-H 和 C-A-H、水化硫铝酸钙，强化了混凝土界面过渡区，同时提高混凝土的后期强度。

② 填充和致密作用。粉煤灰是高温煅烧的产物，其颗粒本身很小，且强度很高。粉煤灰颗粒分布于水泥浆体中的水泥颗粒之间时，提高混凝土胶凝体系的密实性。

③ 减水作用。由于粉煤灰的颗粒大多是球形的玻璃珠，优质粉煤灰由于其"滚珠轴承"的作用，可以改善混凝土拌合物的和易性，减少混凝土单位体积用水量，硬化后水泥浆体干缩小，提高混凝土的抗裂性。

④ 降低混凝土早期温升，抑制开裂。大掺量粉煤灰混凝土特别适合大体积混凝土。用粉煤灰替代 20% 水泥，可使 7 天水化热降低 11%，替代 30% 水泥可降低 25%。

⑤ 二次水化和较低的水泥熟料量使最终混凝土中的 $Ca(OH)_2$ 大为减少，可以有效提高混凝土抵抗化学侵蚀和抗渗的能力。

⑥ 当掺加量足够大时，可以明显抑制混凝土碱集料病害。

⑦ 降低氯离子渗透能力，提高混凝土的护筋性。

以上作用在水胶比低于 0.42 时较突出。

2）硅灰

硅灰又称硅粉或硅烟灰，是从生产硅铁合金或硅钢等所排放的烟气中收集到的颗粒极细的粉尘，其活性较强，掺入到混凝土中，有以下增强作用。

（1）SiO_2 与水泥水化反应物 $Ca(OH)_2$ 进行二次反应，生成硅酸凝胶，这些凝胶可以沉积在硅粉巨大的表面和深入到细小的孔隙中，使水泥充分密实。

（2）二次反应使水泥中 $Ca(OH)_2$ 减少，厚层状晶体尺寸减小，在混凝土中分散度提高。

（3）由于 $Ca(OH)_2$ 被大量消耗，界面结果得到明显改善。如果采用 32.5R 水泥，掺入 12% 硅粉，混凝土 3d 强度可提高 11%，28d 强度可以提高 35%，当采用 5%～10% 硅粉等量取代混凝土中水泥，并同时掺入高效减水剂，则可配制出 100MPa 的高强度混凝土。

硅粉主要用于配制高强、超高强混凝土和抗渗混凝土以及其他要求高性能的混凝土。

（4）沸石粉：沸石粉是天然的沸石岩磨细而成的，具有很大的内表面积。沸石岩是经天然燃烧后的火山灰质铝硅酸盐矿物，含有一定量活性 SiO_2 和 Al_2O_3。混凝土中掺入沸石粉不仅能配制出抗渗性、和易性良好的混凝土，而且还能配制高强混凝土和泵送混凝土。

（5）燃烧煤矸石：煤矸石是煤矿开采或洗煤过程中所排除的夹杂物，主要成分是 SiO_2 和 Al_2O_3，其次是 Fe_2O_3 及少量的 CaO、MgO 等，经过高温燃烧后，使所合黏土矿物脱水分解，并去除碳分，烧掉有害物质，使其具有较好的活性。

2. 掺合料在混凝土中的作用与要求

掺合料与混凝土化学外加剂共同使用，在混凝土中发挥的主要作用是填充作用、减水作用和活性作用。同时，还要求其在较低水胶比下与水泥熟料共同水化、硬化及此后使用过程中能够具有以下特征：降低混凝土早期温升，减少收缩，抑制开裂；水化产物与结构可以有效提高混凝土抵抗化学侵蚀能力；且掺量足够大时，可以明显抑制混凝土碱集料病害；具有良好的抗渗性和抗冻性能；降低氯离子渗透能力，提高混凝土的护筋性；保证混凝土长龄期强度有足够提高。以往在混凝土研究中忽略了材料颗粒级配、粒度分布问题，特别是对于粉体材料的粒度分布未引起足够的重视，这样配制的混凝土由于颗粒粒度分布不合理，填充率低下，所形成的混凝土内部结构孔隙率较大。研究表明，现代混凝土需要微细填料，由于水泥和某些矿物掺合料会引起水化反应加剧、凝结硬化过快、混凝土温升提高、显著增大混凝土收缩而引起开裂等一系列问题。因此高性能混凝土需要具有低反应活性的易于加工的超细填料。

混凝土第六组分——矿物掺合料，在混凝土中广泛应用客观上要求混凝土生产时要有足够的搅拌时间，一般规定混凝土从投料到出料搅拌时间宜为 180s 左右。普通预拌混凝土即便达不到也应该在 120s 以上。但目前许多搅拌站的混凝土搅拌时间在 60s 左右。

第三节　混凝土的主要性能

混凝土在未凝结硬化之前，称为混凝土拌合物。它必须具有良好的和易性，便于施工，以保证能获得均匀密实的浇筑质量。同时应认识到仅保证混凝土正确地浇筑还不够，混凝土浇筑后凝结前 6～10h 内，以及硬化最初几天里的特性与处理对其长期强度有显著影响。

一、混凝土拌合物的性能

1. 和易性的概念

和易性（又称工作性）是指混凝土拌合物在施工过程中能否保持其成分均匀，不发生离析、泌水现象的性能，是指混凝土拌合物易于施工操作（拌合、运输、浇灌、捣实）并获得质量均匀、成型密实的混凝土性能。和易性是一项综合的技术性质，包括流动性、粘聚性和保水性等三方面的含义。

（1）流动性，是指混凝土拌合物在本身自重或施工机械振捣的作用下，克服内部阻力和与模板、钢筋之间的阻力，产生流动，并均匀密实地填满模板的能力。

（2）粘聚性，是指混凝土拌合物具有一定的粘聚力，在施工、运输及浇筑过程中，不致出现分层离析，使混凝土保持整体均匀性的能力。

（3）保水性，是指混凝土拌合物具有一定的保水能力，在施工中不致产生严重的泌水现象。保水性好的混凝土拌合物硬化后密实性好，不会降低混凝土的强度及耐久性。

混凝土拌合物的流动性、粘聚性和保水性三者之间既互相联系，又互相矛盾。如粘聚性好则保水性一般也较好，但流动性可能较差；当增大流动性时，粘聚性和保水性往往变差。因此，拌合物的工作性是三个方面性能的总和，直接影响混凝土施工的难易程度，同时对硬化后的混凝土的强度、耐久性、外观完好性及内部结构都具有重要影响，是混凝土的重要性能之一。

2. 和易性测定方法及指标

到目前为止，混凝土拌合物的工作性还没有一个综合的定量指标来衡量。通常用坍落度或维勃稠度来定量地测量流动性，粘聚性和保水性主要通过目测观察来判定。

（1）坍落度测定：

目前世界各国普遍采用的坍落度方法适用于测定最大集料粒径不大于 40mm、坍落度不小于 10mm 的混凝土拌合物的流动性。测定的具体方法为：将标准圆锥坍落度筒（无底）放在水平的、不吸水的刚性底板上并固定，混凝土拌合物按规定方法装入其中，装满刮平后，垂直向上将筒提起，移到一旁，筒内拌合物失去水平方向约束后，由于自重将会产生坍落现象。然后量出向下坍落的尺寸（mm）就是坍落度，作为流动性指标，如图 4-5 所示。坍落度越大，表示混凝土拌合物的流动性越大。

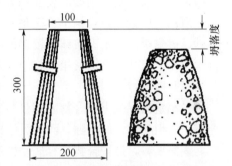

图 4-5　混凝土拌合物坍落度的测定

根据坍落度的不同，可将混凝土拌合物分为 4 级：低塑性混凝土（坍落度值为 10～40mm）、塑性混凝土（坍落度值为 50～90mm）、流动性混凝土（坍落度值为 100～150mm）及大流动性混凝土（坍落度值不小于 160mm）。

（2）维勃稠度测定：

坍落度值小于 10mm 的混凝土叫作干硬性混凝土，通常采用维勃稠度仪测定其稠度（维勃稠度）。测定的具体方法为：在筒内按坍落度实验方法装料，提起坍落度筒，在拌合物试体顶面放一透明盘，开启振动台，测量从开始振动至混凝土拌合物与压板全面接触时的时间即为维勃调度值（单位：s）。该方法适用于集料最大粒径不超过 40mm，维勃稠度在 5～30s 之间的混凝土拌合物的稠度测定。

（3）流动性（坍落度）的选择：

表 4-16 数值系采用机械振捣时的坍落度，当采用人工振捣混凝土时，其值可适当增大。对于轻混凝土的坍落度，比表中数值减少 10～20mm。

表 4-16　混凝土浇筑时的坍落度

结构种类	坍落度（mm）
基础或地面等的垫层、无配筋的大体积结构（挡土墙、基础等）或配筋稀疏的结构	10～30
板、梁和大型及中型截面的柱子	30～50
配筋密列的结构（薄壁、斗仓、筒仓、细柱等）	50～70
配筋特密的结构	70～90

3. 影响和易性的主要因素

（1）用水量：

用水量是决定混凝土拌合物流动性的基本因素。增加用水量可提高混凝土流动性，但用水量过多，将使混凝土拌合物的粘聚性和保水性降低，产生分层离析，影响硬化后混凝土的强度和耐久性。在工程中应在水灰比不变的条件下，在增加用水量的同时增加水泥用量，调整胶凝材料浆体量来提高混凝土的流动性。但胶凝材料浆体量过多会影响耐久性，多以掺外加剂来调整和易性，满足施工需要。

（2）集料品种与品质的影响：

碎石比卵石粗糙、棱角多，内摩擦阻力大，因而在水泥浆量和水灰比相同条件下，流动性与压实性要差些；石子最大粒径较大时，需要包裹的水泥浆少，流动性要好些，但稳定性较差，即容易离析；细砂的表面积大，拌制同样流动性的混凝土拌合物需要较多水泥浆或砂浆。所以采用最大粒径稍小、棱角少、片针状颗粒少、级配好的粗集料；细度模数偏大的中粗砂、砂率稍高、水泥浆体量较多的拌合物，其工作度的综合指标较好，这也是现代混凝土技术改变了以往尽量增大粗集料最大粒径与减小砂率，配制高强混凝土拌合物的原因。

（3）砂率：

砂率是指混凝土拌合物砂用量与砂石总量比值的百分率。在混凝土拌合物中，是砂子填充石子（粗集料）的空隙，而水泥浆则填充砂子的空隙，同时有一定富余量去包裹集料的表面，润滑集料，使拌合物具有流动性和易密实的性能。但砂率过大，细集料含量相对增多，集料的总表面积明显增大，包裹砂子颗粒表面的水泥浆层显得不足，砂粒之间的内摩阻力增大成为降低混凝土拌合物流动性的主要矛盾。这时，随着砂率的增大流动性将降低。所以，在用水量及水泥用量一定的条件下，存在着一个最佳砂率（或合理砂率值），使混凝土拌合物获得最大的流动性，且保持粘聚性及保水性良好，如图 4-6 所示。

在保持流动性一定的条件下，砂率还影响混凝土中水泥的用量，如图 4-7 所示。当砂率过小时，必须增大水泥用量，以保证有足够的砂浆量来包裹和润滑粗集料；当砂率过大时，也要加大水泥用量，以保证有足够的水泥浆包裹和润滑细集料。在最佳砂率时，水泥用量最少。

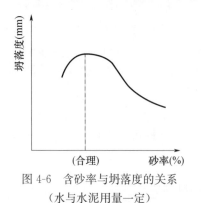

图 4-6　含砂率与坍落度的关系　　　图 4-7　含砂率与水泥用量的关系
（水与水泥用量一定）　　　　　　　（达到相同坍落度）

（4）水泥与外加剂的影响：

与普通硅酸盐水泥相比，采用矿渣水泥、火山灰水泥的混凝土拌合物流动性较小。但水泥的保水性差，尤其气温低时泌水较大。

在拌制混凝土拌合物时加入适量外加剂，如减水剂、引气剂等，使混凝土在较低水灰比、较小用水量的条件下仍能获得很高的流动性。

（5）矿物掺合料：

矿物掺合料不仅自身水化缓慢，优质矿物掺合料还有一定的减水效果，同时还减缓了水泥的水化速度，使混凝土的工作性更加流畅，并防止泌水及离析的发生。

（6）含气量：

一方面，气泡包含于水泥浆中，相当于浆体的一部分，使浆体量增大；另一方面，小的气泡在混凝土中还可以起滚珠润滑作用，同时，封闭的气泡提高混凝土拌合物的稳定性，工作性会因此得到改善。

（7）搅拌作用的影响：

不同搅拌机械拌和出的混凝土拌合物，即使原材料条件相同，工作度仍可能出现明显的差别。特别是搅拌水泥用量大、水灰比小的混凝土拌合物，这种差别尤其显著。即使是同类搅拌机，如果使用维护不当，叶片被硬化的混凝土拌合物逐渐包裹，就减弱了搅拌效果，使拌合物越来越不均匀，工作度也会显著下降。

（8）时间和温度：

搅拌后的混凝土拌合物，随着时间的延长而逐渐变得干稠，坍落度降低，流动性下降，这种现象称为坍落度损失，从而使和易性变差。其原因是一部分水已与水泥硬化，一部分被水泥集料吸收，一部分水蒸发，以及混凝土凝聚结构的逐渐形成，致使混凝土拌合物的流动性变差。

混凝土拌合物的和易性也受温度的影响，因为环境温度升高，水分蒸发及水化反应加快，相应使流动性降低。因此，施工中为保证一定的和易性，必须注意环境温度的变化，采取相应的措施。

4. 改善混凝土和易性的措施

针对如上影响混凝土和易性的因素，在实际施工中，可采取如下措施来改善混凝土的和易性：

（1）采用合理砂率，有利于和易性的改善，同时可节省水泥，提高混凝土的强度。

（2）改善集料粒径与级配，特别是粗集料的级配，并尽量采用中粗的砂、石。

（3）掺加化学外加剂（减水剂、引气剂）与活性矿物掺合料（粉煤灰），改善、调整拌合物的工作性，以满足施工要求。

（4）当混凝土拌合物坍落度太小时，保持水胶比不变，适当增加水与胶凝材料用量；当坍落度太大时，保持砂率不变，适当增加砂、石集料用量。

5. 拌合物浇筑后的性能

浇筑后至初凝期间约几个小时，拌合物呈塑性和半流体状态，各组分间由于密度不同在重力作用下相对运动，集料与水泥下沉、水上浮。于是出现下面所列的现象：

1）离析

离析是在运输浇筑过程中，水泥浆上浮，集料下沉的现象。离析导致混凝土不均匀，蜂窝麻面。离析有两种形式：

（1）粗集料有从拌合物中分离出来的倾向，多发生于水泥用量少的混凝土中。

（2）水泥浆有从拌合物中分离出来的倾向，多发生于水灰比比较大的混凝土中。

2）泌水

泌水发生在稀拌合物中，拌合物在浇筑与捣实以后、凝结之前（不再发生沉降），表面出现一层可以观察到的水分，大约为混凝土浇筑高度的 2% 或更大，这些水或蒸发，或由于继续水化被吸回，伴随发生的是混凝土体积减小。这个现象本身没有太大影响，但是随之出现两个问题：首先顶部或靠近顶部的混凝土因水分大，形成疏松的水化物结构，常称浮浆，这对路面的耐磨性，对分层连续浇筑的桩、柱等产生不利影响；其次，上升的水积存在集料和水平钢筋的下方形成水囊，加剧水泥浆与集料间过渡区的薄弱程度，明显影响硬化混凝土的强度和钢筋握裹力；同时泌水过程中在混凝土中形成的泌水通道使硬化后的混凝土抗渗性、抗冻性下降。

3）塑性沉降

拌合物由于泌水产生整体沉降，浇筑深度大时靠近顶部的拌合物运动距离长，如果沉降时受到阻碍，例如遇到钢筋，则沿与钢筋垂直的方向，从表面向下至钢筋处产生塑性沉降裂缝。

4）塑性收缩

到达顶部的泌出水会蒸发掉，如果泌水速度低于蒸发速度，表面混凝土含水减小，由于干缩引起塑性状态下的裂缝。这是由于混凝土表面区域受到约束产生拉应变，而这时它的抗拉强度几乎为零，所以形成塑性收缩裂缝，这种裂缝与塑性沉降裂缝明显不一样。当混凝土本体或环境温度高、相对湿度小，以及风大时容易出现塑性收缩裂缝，尤其是低水胶比混凝土，这种塑性收缩更大，注意及早养护。尤其是对各种大面积的平板，浇筑后必须尽快开始并在最初几天内注意养护，养护方法有：

（1）在混凝土表面喷洒水或蓄水养护。

（2）用风障或遮阳棚保护混凝土表面。

（3）用塑料膜覆盖或喷养护剂避免水分散失。

5）减小泌水及其影响的办法

引起泌水多的主要原因是集料的级配不良及缺少 $300\mu m$ 以下的颗粒。增加砂子用量可以弥补，但如果砂太粗或无法增大砂率时，使用引气剂是个有效的办法；用硅灰、增大粉煤灰用量都是解决措施。用二次振捣也是减小泌水影响，避免塑性沉降裂缝和塑性收缩裂缝的有效措施。应该注意减水剂掺加过多时也易引起泌水。

6）含气量

任何搅拌好的混凝土拌合物中都有一定量的空气，它们是在搅拌过程中带进混凝土的，占总体积的 0.5%～2%，称为混凝土拌合物的含气量。如果在配料里还掺有一些外加剂，混凝土拌合物的含气量可能还要大，因为含气量对于硬化后混凝土的性能有重要影响，所以在试验室与施工现场要对它进行测定与控制。

测定混凝土拌合物含气量的方法有好几种，用于普通集料制备的拌合物含气量测定标准方法是压力法。

影响含气量的因素包括水泥品种、外加剂、水胶比、工作度、砂子级配与砂率、气温、搅拌机的大小等。

7）凝结时间

凝结是混凝土拌合物固化的开始，由于各种因素的影响，混凝土的凝结时间与配制混凝土所用水泥的凝结时间不一致。（凝结快些的水泥配制出的混凝土拌合物，在用水量和水泥用量比不一样的情况下，未必比凝结慢些的水泥配出的混凝土凝结时间短。）

混凝土拌合物的凝结时间通常是用贯入阻力法进行测定的。所使用的仪器为贯入阻力仪。先用 5mm 筛孔的筛从拌合物中筛取砂浆，按一定方法装入规定的容器中，然后每隔一定时间测定砂浆贯入到一定深度时的贯入阻力，绘制贯入阻力与时间关系的曲线，以贯入阻力 3.5MPa 及 28.0MPa 划两条平行于时间坐标的直线，直线与曲线交点的时间即分别为混凝土的初凝和终凝时间。这是从实用角度人为确定用该初凝时间表示施工时间的极限，终凝时间表示混凝土力学强度的开始发展。了解凝结时间所表示的混凝土特性的变化，对制订施工进度计划和比较不同种类外加剂的效果很有用。

二、混凝土的强度

混凝土的强度有抗压、抗拉、抗弯及抗剪强度等。其中以抗压强度最大，在结构工程中主要用于承受压力。

1. 混凝土立方体抗压强度与强度等级

1）混凝土的立方体抗压强度（f_{cu}）

根据国家标准《普通混凝土力学性能试验方法标准》（GB/T 50081—2002）制作边长 150mm 的立方体标准试件，在标准条件（温度 20±2℃，相对湿度 90％以上）下，养护 28d 龄期，测得的抗压强度值作为混凝土的立方体抗压强度值，用人 f_{cu} 表示。

$$f_{cu} = \frac{F}{A}$$

式中　f_{cu}——混凝土的立方体抗压强度，MPa；

　　　F——破坏荷载，N；

　　　A——试件承压面积，mm^2。

对于同一混凝土材料，采用不同的试验方法，例如不同的养护温度、湿度的试件，其强度值将有所不同。

测定混凝土抗压强度时，也可采用非标准试件，然后将测定结果乘以换算系数，换算成相当于标准试件的强度值。对于边长为 100mm 的立方体试件，应乘以强度换算系数 0.95；边长为 200mm 的立方体试件，应乘以强度换算系数 1.05。

2）混凝土强度等级

混凝土立方体抗压标准强度是指按标准方法制作和养护的边长为 150mm 的立方体试件，在 28d 龄期，用标准试验方法测得的强度总体分布中具有不低于 95％保证率的抗压强度值，用 $f_{cu,k}$ 表示。

混凝土强度等级是按照立方体抗压标准强度来划分的。混凝土强度等级用符号 C 与立方体抗压强度标准值（以 MPa 计）表示，普通混凝土划分为 C7.5、C10、C15、C20、C25、C30、C35、C40、C45、C50、C55、C60 等十二个等级。

不同工程或用于不同部位的混凝土，其强度等级要求也不相同，一般是：

（1）C7.5～C15——用于垫层、基础、地坪及受力不大的结构，目前 C7.5 很少使用。

（2）C20～C25——用于梁、板、柱、楼梯、屋架等普通钢筋混凝土结构。

（3）C25～C30——用于大跨度结构、要求耐久性高的结构、预制构件等。

（4）C40～C50——用于预应力钢筋混凝土构件、吊车梁及特种结构等，用于 25～30 层高层建筑。

（5）C50～C60——用于 30～60 层以上高层建筑。

（6）C60～C80——用于高层建筑，采用高性能混凝土。

（7）C80～C120——采用超高强混凝土用于高层建筑。

3）混凝土轴心抗压强度（f_{cp}）

混凝土强度等级是采用立方体试件确定的。在结构设计中，考虑到受压构件是棱柱体（或是圆柱体），而不是立方体，所以采用棱柱体试件比用立方体试件更能反映混凝土的实际受压情况。由棱柱体试件测得的抗压强度称为轴心抗压强度。国家标准规定采用150mm×150mm×300mm 的标准棱柱体试件进行抗压强度试验，也可采用非标准尺寸的棱柱体试件。当混凝土强度等级小于 C60 时，用非标准试件测得的强度值均应乘以尺寸换算系数，其值为对于 200mm×200mm×400mm 的试件为 1.05，对于 100mm×100mm×300mm 试件为 0.95。当混凝土强度等级大于 C60 时宜采用标准试件，使用非标准试件时，尺寸换算系数应由试验确定。通过多组棱柱体和立方体试件的强度试验表明：在立方体抗压强度 10～55MPa 的范围内，轴心抗压强度（f_{cp}）和立方体抗压强度（f_{cu}）之比为 0.70～0.80。

2. 影响混凝土强度的因素

在荷载作用下，混凝土破坏形式通常有三种：最常见的是集料与水泥石的界面破坏，其次是水泥石本身的破坏；第三种是集料的破坏。在普通混凝土中，集料破坏的可能性较小，因为集料的强度通常大于水泥石的强度及其与集料表面的黏结强度，而水泥石的强度及其与集料的黏结强度与水泥的强度等级、水灰比及集料的性质有很大关系。另外，混凝土强度还与施工方法、养护条件及龄期等有关。

（1）水泥强度及水胶比：

水泥混凝土的强度主要取决于其内部起胶结作用的水泥石的质量，水泥石的质量则取决于水泥的特性和水胶比。水泥是混凝土中的活性组分，在混凝土配合比相同的条件下，水泥强度越高，则配制的出凝土强度越高。

当用同一种水泥（品种及强度等级相同）时，混凝土的强度主要决定于水胶比。在水泥强度等级相同的情况下，水胶比愈小，水泥石的强度越高、与集料黏结力愈大，混凝土的强度越高。但是，如果水胶比太小，拌合物过于干稠，在一定的捣实成型条件下，混凝土拌合物中将出现较多的孔洞，导致混凝土的强度下降。

根据各国大量工程实践及我国大量的试验资料统计结果，提出水胶比、水泥实际强度与混凝土 28d 立方体抗压强度的关系公式：

$$f_{cu,28} = \alpha_a f_b \left(\frac{C}{W} - \alpha_b \right)$$

式中　$f_{cu,28}$——混凝土 28d 龄期的立方体抗压强度（MPa）；

　　　f_b——胶凝材料 28d 胶砂抗压强度（MPa）；

　　　C/W——胶水比；

　　　α_a、α_b——回归系数，取决于卵石或碎石。

该经验公式一般只能用于流动性混凝土及低流动性混凝土，对于干硬性混凝土则不适用。

（2）胶凝材料浆体用量：

胶凝材料浆体用量由强度、耐久性、工作性、成本几方面因素确定，选择时需兼顾。胶凝材料浆体用量不够时，将会导致下列缺陷：混凝土、砂浆粘聚性差，施工时易出现离析，硬化后混凝土强度低、耐久性差、耐磨性差、易起粉；集料间的水泥浆润滑不够，施工流动性差，混凝土以及砂浆难于成型密实。若胶凝材料浆体用量过多，则会导致下列质量问题：混凝土或砂浆硬化后收缩增大，由此引起干缩裂缝增多。一般来说，水泥石的强度小于集料的强度。相对而言，水泥石结构疏松、耐腐蚀性差，是混凝土中的薄弱环节。

（3）集料的影响：

集料的有害杂质、含泥量、泥块含量、集料的形状及表面特征、颗粒级配等均影响混凝土的强度。例如含泥量较大将使界面强度降低，集料中的有机质将影响到水泥的水化，从而影响水泥石的强度。

（4）矿物掺合料与外加剂：

现代混凝土掺加外加剂和矿物掺合料，此时，矿物掺合料的活性、掺量对混凝土的强度尤其是早期强度有显著的影响。外加剂的选择和掺量也直接影响着混凝土的强度。

（5）温度和湿度的影响：

养护温度和湿度是决定水泥水化速度的重要条件。混凝土养护温度越高，水泥的水化速度越快，达到相同龄期时混凝土的强度越高。但是，初期温度过高将导致混凝土的早期强度发展较快，引起水泥凝胶体结构发育不良，水泥凝胶分布不均匀，对混凝土的后期强度发展不利，有可能降低混凝土的后期强度。较高温度下水化的水泥凝胶更为多孔，水化产物来不及自水泥颗粒向外扩散而在间隙空间内均匀地沉积，结果水化产物在水化颗粒临近位置堆积，分布不均匀影响后期强度的发展。湿度对水泥的水化能否正常进行有显著的影响。湿度适当，水泥能够顺利进行水化，混凝土强度能够得到充分发展。如果湿度不够，混凝土会失水干燥而影响水泥水化的顺利进行，甚至停止水化，使混凝土结构疏松，渗水性增大，或者形成干缩裂缝，降低混凝土的强度和耐久性。

（6）龄期的影响：

在正常养护条件下，混凝土的强度随龄期的增长而增加。发展趋势可以用下式的对数关系来描述：

$$f_n = f_{28} \cdot \frac{\lg n}{\lg 28}$$

式中　f_n——n 天龄期混凝土的抗压强度，MPa；

　　　f_{28}——28 天龄期混凝土的抗压强度，MPa；

　　　n——养护龄期（$n \geqslant 3$），d。

即随龄期的延长，强度呈对数曲线趋势增长，开始增长速度快，以后逐渐减慢，28d 以后强度基本趋于稳定。虽然 28d 以后后期强度增长很少，但只要温度、湿度条件合适，混凝土的强度仍有所增长。图 4-8 反映养护温度对混凝土强度的影响；图 4-9 反映混凝土与保湿养护时间的关系。

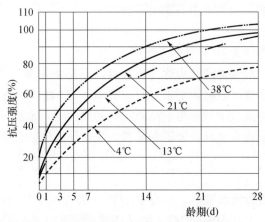

图 4-8　养护温度对混凝土强度的影响

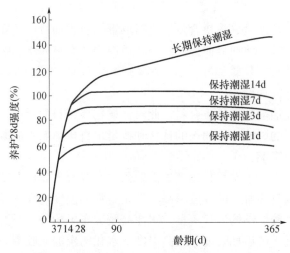

图 4-9　混凝土强度与保湿养护时间的关系

3. 提高混凝土强度的措施

（1）采用高强度等级水泥或早强型水泥。

（2）水胶比是影响混凝土强度的关键，水胶比越低，越密实，强度越高。

（3）采用粒径较小、强度不低于混凝土强度要求，级配、粒形较好且干净的碎石时，对提高混凝土强度有利。

（4）在混凝土中掺入减水剂，可减少用水量，提高混凝土强度。

（5）养护温度和湿度。温度对混凝土强度的影响是通过影响水泥的水化凝结硬化来实现的。温度和湿度较高时，强度发展快。

（6）采用充分有效的机械搅拌和振捣，不仅工效高，而且也更均匀，故能提高混凝土的强度和密实度。同时，混凝土拌合物被振捣后，它的颗粒互相靠近，并把空气排出，使混凝土内部孔隙大大减少，因此提高混凝土的密实度和强度。

三、混凝土耐久性

混凝土的耐久性是它暴露在使用环境下抵抗各种物理和化学作用破坏的能力。混凝土的耐久性包括抗渗性、抗冻性、抗侵蚀性、抗碳化性、抗碱集料反应以及抗氯离子渗透等方面。这些性能决定着混凝土经久耐用的程度。

1. 混凝土的抗渗性

（1）抗渗性的定义与意义：

混凝土材料抵抗压力水渗透的能力称为抗渗性，它是决定混凝土耐久性最主要的因素。地下建筑、水池、压力水管等，必须要求混凝土具有一定的抗渗性。钢筋锈蚀、冻融循环、硫酸盐侵蚀和碱集料反应这些导致混凝土品质劣化的原因中，水能够渗透到混凝土内部是破坏的前提，也就是说水或者直接导致膨胀和开裂，或者作为侵蚀性介质扩散进入混凝土内部的载体。

（2）抗渗性的衡量：

混凝土的抗渗性用抗渗等级表示，共有 P_4、P_6、P_8、P_{10}、P_{12} 五个等级，相应于混凝土抵抗 0.4MPa、0.8MPa、1.0MPa。混凝土的抗渗实验采用 185mm×175mm×150mm 的圆台形试件，每组 6 个试件。按照标准实验方法成型并养护至 28～60d 期间内进行抗渗性试验。试验时将圆台形试件周围密封并装入模具，从圆台试件底部施加水压力，初始压力为 0.1MPa，每隔 8h 增加 0.1MPa，当 6 个试件中有 4 个试件未出现渗水时的最大水压力用 P_t 表示。普通混凝土配合比设计规程（JGJ 55—2011）中规定，具有抗渗要求的混凝土，试验要求的抗渗水压值应比设计值高 0.2MPa，试验结果应符合下式要求：

$$P_t \geqslant \frac{P}{10} + 0.2$$

式中　P_t——6 个试件中 4 个未出现渗水的最大水压值，MPa；

　　　P——设计要求的抗渗等级值。

（3）提高抗渗性的途径

提高混凝土抗渗性的关键是提高混凝土的密实度，而水灰比则是影响混凝土密实度的主要因素。

掺用引气剂和优质粉煤灰掺合料等。试验证明，随水灰比增大，抗渗性逐渐变差，当 $\frac{W}{C} > 0.55$ 时，抗渗性很差，$\frac{W}{C} < 0.50$ 时，则抗渗性较好；所以，提高混凝土抗渗性的主要措施是降低水灰比（水胶比）、选择好的集料级配、充分振捣和养护、掺用引气剂的抗渗混凝土，其含量宜控制在 3％～5％，引气剂的引入让微小气泡切断了许多毛细孔的通道，含气量超过 6％时，会引起混凝土强度急剧下降；胶凝材料体系中掺用 30％粉煤灰会有效减少混凝土的吸水性，提高混凝土的密实度，细化孔隙。

2. 混凝土的抗冻性

（1）抗冻性的定义：

抗冻性是指混凝土在饱和水状态下，经多次冻融循环作用而不破坏，强度也不严重降低的性能。寒冷地区，特别是接触水或处于潮湿环境中而又受冻的混凝土，要求具有较高的抗冻性。

混凝土抗冻性以抗冻等级 F 表示。它是以标准养护 28d 龄期的立方体试件在水饱和后，于 −15～−20℃ 条件下进行反复冻融，最后以抗压强度损失率不超过 25％，质量损失率不超过 5％时，混凝土所能承受的最大冻融循环次数来表示。混凝土的抗冻等级分为 F10、F15、F25、F50、F100、F150、F200、F250 和 F300 等，其中数字即表示混凝土能经受的最大冻融循环次数。

（2）冻融破坏的原因：

混凝土受冻融破坏的原因是混凝土中水结冰后发生体积膨胀，当膨胀力超过其抗拉强度时，便使混凝土产生细微裂缝，反复冻融使裂缝不断扩展，导致混凝土强度渐趋降低，表面产生酥松剥落，直至完全破坏。混凝土的密实度，孔隙率和孔隙构造等是影响抗冻性的主要因素。

（3）提高混凝土抗冻性的措施：

① 降低混凝土水胶比，水胶比不应超过 0.6，降低孔隙率；

② 掺加引气剂或引气型减水剂，保持含气量在 4％～5％；

③ 提高混凝土强度，在相同含气量的情况下，混凝土强度越高，抗冻性能越好；

④ 提高混凝土的密实度，封闭混凝土的孔隙。

3. 碳化与钢筋锈蚀

（1）碳化的定义：

碳化是空气中的二氧化碳与水泥石中的水化产物在有水的条件下发生化学反应，生成碳酸钙和水。碳化过程是二氧化碳由表及里向混凝土内部逐渐扩散的过程。未经碳化的混凝土 pH＝12～13，碳化后 pH＝8.5～10，接近中性。混凝土碳化程度常用碳化深度表示。

（2）混凝土碳化的影响：

① 使混凝土的碱度降低，减弱了对钢筋的保护作用；

② 引起混凝土收缩，容易使混凝土的表面产生微细裂纹；

③ 水泥石中的水化产物分解；

④ 混凝土抗压强度有所提高；

⑤ 造成混凝土收缩。

（3）影响碳化的因素：

① 外部环境：

a. 二氧化碳的浓度。二氧化碳浓度越高将加速碳化的进行，近年来，工业排放二氧化碳量持续上升，城市建筑混凝土碳化速度在加快。

b. 环境湿度。水分是碳化反应进行的必需条件。相对湿度在 50％～75％时，碳化速度最快。

② 混凝土内部因素：

a. 水泥品种与掺合料用量。在混凝土中随着胶凝材料体系中硅酸盐水泥熟料成分减少，掺合料用量的增加，碳化加快。

b. 混凝土的密实度。随着水胶比降低，孔隙率减少，二氧化碳气体和水不易扩散到混凝土内部，碳化速度减慢。

（4）碳化与钢筋锈蚀：

减少碳化对钢筋混凝土结构的不利影响，可采取以下措施：

① 在可能的情况下，应尽量降低混凝土的水灰比，采用减水剂，以达到提高混凝土密实度；

② 根据环境和使用条件，合理选用水泥品种；

③ 对于钢筋混凝土构件，必须保证有足够的混凝土保护层，以防钢筋锈蚀；

④ 在混凝土表面抹刷涂层（如抹聚合物砂浆，刷涂料等）或粘贴面层材料（如贴面砖等），以防二氧化碳侵入。

4. 碱-集料反应

（1）碱-集料反应的定义与危害：

混凝土中的碱性氧化物（Na_2O、K_2O）与集料中的活性 SiO_2、活性碳酸盐发生化学反应生成碱-硅酸盐凝胶或碱-碳酸盐凝胶，沉积在集料与水泥胶体的界面上，吸水后体积膨胀 3 倍以上，导致混凝土开裂破坏。

（2）碱-集料破坏的特征：

① 开裂型破坏一般发生在混凝土浇筑后两、三年或者更长时间；

② 常呈现箍筋开裂和网状龟裂；

③ 裂缝边缘出现凹凸不平现象；

④ 常有透明、淡黄色、褐色凝胶从裂缝处析出。

（3）碱-集料病害的预防措施：

混凝土中碱-集料料反应一旦发生，不易修复，损失大，预防措施如下：

① 避免使用碱活性集料；

② 限制混凝土中碱总含量，一般不应大于 $3.0kg/m^3$；

③ 掺用矿物细粉掺合料，如粉煤灰、磨细矿渣，但至少要胶凝材料的 30% 以上；

④ 掺用引气剂，保证 4% 以上的含气量；

⑤ 保证混凝土在使用期内一直处于干燥状态，注意隔绝水的侵入。

5. 提高混凝土耐久性的主要措施与要求

1）混凝土密实度是影响耐久性的关键，其次是原材料的品质和施工质量

将拌合水的最大用量作为控制混凝土耐久性质量要求的一种标志，要比用最大水胶比（或水灰比）更为适宜。依靠水胶比的控制尚不能解决混凝土中因浆体过多，而引起收缩和水化热增加的负面影响。在高性能混凝土中，减少浆体量，增大集料所占的比例，也是提高混凝土抗渗性或抗氯离子扩散性的重要手段。如果控制拌和水用量，则可同时控制浆体用量（浆骨比），就有可能从多个方面体现耐久性要求。对水胶比很低的混凝土用水量一般不宜超过 $150kg/m^3$。对水胶比在 0.42 以下的混凝土，用水量一般应控制在 $170kg/m^3$ 以下。为达到减少拌和水与水泥浆量的目的，主要途径有：

（1）选用良好级配和粒径的粗集料。

（2）添加高效减水剂。

（3）添加低需水量比的矿物掺合料。

（4）降低水固比（W/S）和浆集比。

严格控制水灰比并保持足够的水泥用量，这是保证混凝土密实度，具有必要耐久性的最主要措施。混凝土最大水灰比和最小水泥用量见表 4-17。

表 4-17　混凝土的最大水灰比和最小水泥用量

环境条件		结构物类别	最大水灰比值			最小水泥用量（kg·m⁻¹）		
			素混凝土	钢筋混凝土	预应力混凝土	素混凝土	钢筋混凝土	预应力混凝土
干燥环境		正常的居住或办公用房屋内部件	不作规定	0.65	0.60	200	260	300
潮湿环境	无冻害	高湿度的室内部件 室外部件 在非侵蚀性土和（或）水中的部件	0.70	0.60	0.60	225	280	300
	有冻害	经受冻害的室外部件 在非侵蚀性土和（或）水中且经受冻害的部件 高湿度且经受冻害中的室内部件	0.55	0.55	0.55	250	280	300
有冻害和除冰剂的潮湿环境		经受冻害和除冰剂作用的室内和室外部件	0.50	0.50	0.50	300	300	300

注：1. 当用活性掺合料取代部分水泥时，本表所指水泥用量及水灰比值均指取代前的值。

2. 配制 C15 级及其以下等级混凝土，可不受本表限制。

2）选择合理的胶凝材料

在胶凝材料体系中，降低混凝土的水泥用量，增大矿物细粉掺合料的用量，可以提高混凝土结构的化学稳定性和抵抗化学侵蚀的能力，降低内部缺陷，提高密实性。大掺量矿物掺合料水胶比不宜大于 0.40。

3）降低水胶比

混凝土的强度与密实性很大程度上决定于水胶比，当然今后绿色高性能混凝土是要在掺

加大量矿物掺合料的前提下控制水胶比在较低的水平。掺加矿物细粉掺合料，降低水胶比。降低水胶比可以提高长期强度，有效降低界面水胶比，提高密实性，减少氢氧化钙在界面的富集现象，是界面强化。

4）合理使用水泥

选用低水化热和含碱量偏低的水泥，尽可能避免使用早强型水泥、细度过细和高 C_3A 含量的水泥。

5）掺用引气剂

掺用引气剂，引入微小封闭气泡，不仅可以有效提高混凝土抗渗性、抗冻性，而且可以明显提高混凝土抗化学侵蚀能力。这主要是由于这些微小气泡可以缓解部分内部应力，抑制裂纹生成和扩展。

6）控制混凝土总碱含量和氯离子含量

碱含量和卤化物（尤其是氯盐）是混凝土发生碱集料病害和混凝土中钢筋腐蚀的主要原因。

7）保证混凝土施工质量，即要搅拌均匀、浇捣密实、加强养护。

第四节　混凝土的质量控制与强度评定

为保证建筑结构的可靠性和安全性，必须从混凝土原材料开始到混凝土施工过程（搅拌、运输、浇捣、养护）及养护后全过程进行质量检验和控制。

一、混凝土质量控制

1.混凝土原材料质量控制

（1）对原材料供应商做好产地调查，所购材料必须符合设计及标准要求。

（2）所购进的每批材料必须具备有效的出厂合格证，并按规定进行复验。

（3）原材料按不同品种、规格、出厂日期，分别堆放，做好防潮措施。

2.混凝土施工过程中的质量控制

（1）计量装置必须由计量部门定期检查，每盘混凝土投料称量误差应符合表一要求，如表 4-18 所示。

表 4-18　混凝土原材料称量的允许偏差

材料名称	水泥、掺合料	粗、细集料	水、外加剂
允许偏差（%）	±2	±3	±2

注：集料含水量应经常测定，雨天施工应增加测定次数。

（2）在拌制和浇筑过程中，对组成材料的质量检查每一工作班不应少于一次。

（3）拌制和浇筑地点坍落度的检查每一工作班至少两次。

（4）混凝土拌合时间应符合规范要求，随时检查。

（5）混凝土配合比应随外界影响及时调整。

二、混凝土强度的评定

1.混凝土试样的取样，制作与养护

根据《混凝土强度检验评定标准》GB/T 50107—2010 规定，混凝土强度试样应在混凝土的浇筑地点随机抽取。取样的频率和数量应符合下列规定：

（1）每 100 盘，但不超过 100m³ 的同配合比的混凝土，取样次数不应少于一次。

（2）每一工作拌制的同配合比的混凝土，不足 100 盘和 100m³ 时其取样次数不应少于一次。

（3）当一次连续浇筑的同配合比的混凝土超过 1000m³ 时，每 200m³ 取样不应少于一次。

（4）对房屋建筑，每一楼层，同一配合比的混凝土，取样不应少于一次。

在制作试件时，每组 3 个试件应由同一盘或同一车的混凝土中取样制作。其成型方法及标准养护条件应符合现行国家标准《普通混凝土力学性能试验方法标准》GB/T 50081—2002 的规定。

2. 混凝土强度检验评定

根据《混凝土强度检验评定标准》GB/T 5017—2010 规定，混凝土强度检验评定可分为统计方法评定和非统计方法评定两种。

1）统计方法评定

统计方法评定可分为两种情况，即标准差已知和标准差未知。

（1）标准差已知方案，即混凝土的强度变异性基本稳定的条件下，其标准差可采用根据前一时期生产累计的强度数据确定的标准差 σ_0。

混凝土的强度变异性基本稳定是指同一品种的混凝土生产，有可能在较长的时期内，通过质量管理，维持基本相同的生产条件，即维持原材料、设备、工艺以及人员配备的稳定性，即使有所变化，也能很快予以调整而恢复正常。例如连续生产的混凝土预制构件厂，可采用标准差已知方案。

按国家标准《混凝土强敌检验评定标准》GB/T 5017—2010 要求，一个检验批的样本容量应为连续的 3 组件试件，其强度应同时符合下列规定：

$$m_{f_{cu}} \geqslant f_{cu,k} + 0.7\sigma_0$$
$$f_{cu,min} \geqslant f_{cu,k} - 0.7\sigma_0$$

且当混凝土强度不高于 C20 时，其强度最小值尚应满足下式要求：

$$f_{cu,min} \geqslant 0.85 f_{cu,k}$$

当混凝土强度等级高于 C20 时，其强度的最小值尚应满足下列要求：

$$f_{cu,min} \geqslant 0.90 f_{cu,k}$$

式中　$m_{f_{cu}}$——同一检验批混凝土立方体抗压强度的平均值，N/mm²，精确到 0.1（N/mm²）；

　　　$f_{cu,k}$——混凝土立方体抗压强度标准值，N/mm²，精确到 0.1（N/mm²）；

　　　σ_0——检验批混凝土立方体抗压强度的标准差，N/mm²，精确到 0.01（N/mm²）；

它是由同类混凝土、生产周期不应小于 60d 宜不超过 90d、样本容量不少于 45 的强度数据机选确定。假定其值延续在一个检验期内保持不变。3 个月后重新按上一个检验期的强度数据由下式计算 σ_0 值。

$$\sigma_0 = \sqrt{\frac{\sum_{i=1}^{n} f_{cu,i}^2 - n m_{f_{cu}}^2}{n-1}}$$

$f_{cu,min}$——同一检验批混凝土立方体抗压强度的最小值，N/mm²，精确到 0.01（N/mm²）；

　　n——前一检验期内的样本容量，在该期间内样本容量不应少于 45；

$f_{cu,i}$——第Ⅰ组混凝土试件的立方体抗压强度值，N/mm^2；当检验批混凝土强度标准差 σ_0 计算值小于 $2.5N/mm^2$ 时，应取 $2.5N/mm^2$。

（2）标准差未知方案，是指生产连续性较差，即在生产中无法维持机泵相同的生产条件，生产周期短，无法积累强度数据以资计算可靠的标准差参数，此时检验评定只能直接根据每仪检验批抽样的样本强度数据确定。此时应采用标准差未知的方案，评定混凝土强度。可评定时，为了提高检验的可靠性应由不少于 10 组的试件组成一个验收批，其强度应同时满足下列要求：

$$m_{f_{cu}} \geqslant f_{cu,k} + \lambda_1 S_{f_{cu}}$$
$$f_{cu,min} \geqslant \lambda_2 f_{cu,k}$$

式中　$S_{f_{cu}}$——同一验收批混凝土立方体抗压强度的标准差，N/mm^2，精确到 0.01 （N/mm^2）；

　　λ_1、λ_2——合格判定系数，按表 4-19 取用。

表 4-19　混凝土强度合格判定系数

试件组数	10～14	15～19	≥20
λ_1	1.15	1.05	0.95
λ_2	0.90	0.85	

此时，验收批混凝土立方抗压强度的标准值 $S_{f_{cu}}$ 可用下式求得：

$$S_{f_{cu}} = \sqrt{\frac{\sum_{i=1}^{n} f_{cu,i}^2 - nm_{f_{cu}}^2}{n-1}}$$

当检验批混凝土强度标准差 $S_{f_{cu}}$ 计算值小于 $2.5N/mm^2$，应取 $2.5N/mm^2$。

2）非统计方法判定

对于零星生产的预制构件的混凝土或现场搅拌批量不大的混凝土，由于缺乏采用统计法评定的条件，用于评定的样本容量小于 10 组，应采用非统计方法评定。

当按非统计方法评定混凝土强度时，其强度应同时符合下列规定：

$$m_{f_{cu}} \geqslant \lambda_3 \cdot f_{cu,k}$$
$$f_{cu,min} \geqslant \lambda_4 \cdot f_{cu,k}$$

上式中，λ_3、λ_4 合格评定系数，按表 4-20 取用。

表 4-20　混凝土强度的非统计合格评定系数

混凝土强度等级	<C60	≥C60
λ_3	1.15	1.10
λ_4	0.95	

三、混凝土强度的合格性判定

当检验结果能满足以上三种情况的规定时，则该批混凝土强度判定为合格；当不能满足以上三种情况中的规定时，则该批混凝土强度判为不合格。

【例题 4-2】　某商品混凝土厂生产 C40 级混凝土，现有前一检验期取得的同类混凝土 48 组强度数据列于表 4-21。现有该厂生产的 C40 混凝土中取得本检验批（3 组）强度数据见表 4-22。请评定每批混凝土强度是否符合要求。

表 4-21　前一检验期取得的同类混凝土 48 组强度数据　　　　　（N/mm²）

组号	9	10	11	12	13	14	15	16
试件强度代表值 $f_{cu,i}$	42.5	39.7	43.6	41.7	43.2	42.8	41.6	43.2
组号	17	18	19	20	21	22	23	24
试件强度代表值 $f_{cu,i}$	39.2	39.5	40.8	42	38.9	42.0	38.9	40.2
组号	25	26	27	28	29	30	31	32
试件强度代表值 $f_{cu,i}$	46.2	44.8	45.6	43.8	45.2	45.5	43，8	44.5
组号	33	34	35	36	37	38	39	40
试件强度代表值 $f_{cu,i}$	42.6	43.2	42.5	41.2	43.6	43.9	42.6	42.7
组号	41	42	43	44	45	46	47	48
试件强度代表值 $f_{cu,i}$	40.5	41.6	42.2	39.8	40.8	40.2	40.2	41.9

表 4-22　本检验批三组试件的强度值

组号	1	2	3
试件强度 f_{cu}	39.8	45.5	44.5
	41.2	43.9	42.7
	43.8	40.2	41.9
试件强度代表值 $f_{cu,i}$	41.6	43.2	43.0

解： 由于商品混凝土厂的混凝土生产，在较长时间内能保持生产条件基本不变。因此，该品种混凝土强度变异性能保持稳定。故可采用已知的统计评定混凝土强度。其步骤如下：

1. 计算标准差

（1）求前一检验期试件强度代表值平方和以及强度代表值的平均值

$$\sum f_{cu,i}^2 = 87084.7$$

$$m_{f_{cu}} = 42.56; n = 48; m_{f_{cu}}^2 = 1811.35; n \cdot m_{f_{cu}}^2 = 86944.97$$

（2）求标准差：

$$\sigma_0 = \sqrt{\frac{\sum\limits_{n=1}^{n} f_{cu,i}^2 - n \cdot m_{f_{cu}}^2}{n-1}} = 1.7$$

取 $\sigma_0 = 2.5 \text{N/mm}^2$

2. 计算验收界限

（1）平均值验收界限：

$$m_{f_{cu}} = (41.6 + 43.2 + 43.0) \div 3 = 42.6 \text{N/mm}^2$$

$$f_{cu,k} + 0.7\sigma_0 = 40 + 0.7 \times 2.5 = 41.75 \text{N/mm}^2$$

满足 $m_{f_{cu}} \geqslant f_{cu,k} + 0.7\sigma_0$

（2）最小值验收界限

$$f_{cu,min} = 41.6 \text{N/mm}^2; f_{cu,k} - 0.7\sigma_0 = 40 - 0.7 \times 2.5 = 38.25 \text{N/mm}^2$$

满足，$f_{cu,min} \geqslant f_{cu,k} - 0.7\sigma_0$

（3）$\because$ C40＞C20

$\therefore$ 还应该满足下式：

$$f_{cu,min}=41.6N/mm^2; 0.90f_{cu,k}=0.9\times40=36N/mm^2$$

$$故\ f_{cu,min}\geqslant0.90f_{cu,k}$$

3. 检验结果评定

检验结果符合国家标准《混凝土强度检验评定标准》GB/T 50107—2010 规定，评定合格。

【例题 4-3】 某混凝土预制构件厂在某一阶段生产 C30 级混凝土的构件，现留取标养试件 2 组，其强度代表值利于表 4-23。试评定这批混凝土构件的混凝土强度是否合格。

表 4-23 标准试件的强度代表值

组号	1	2	3	4	5	6	7	8	9	10	11	12
强度 $f_{cu,i}$	33.8	40.3	39.7	29.5	31.6	32.4	32.1	31.8	30.1	37.9	36.7	30.4

解： 由于该厂在某一阶段生产 C30 级混凝土构件，因此混凝土的生产条件在较长时间内难以保持一致。同时具备 10 组以上的试件，可以组成一个验收批。此时，应采用标准差未知的统计方法评定混凝土强度。其步骤如下：

1. 求检验批的标准差

(1) 平均值：

$$m_{f_{cu}}=(33.8+40.3+39.7+\cdots+36.7+30.4)\div12=33.86N/mm^2;$$

$$n=12; m^2_{f_{cu}}=1146.50N/mm^2; n\cdot m^2_{f_{cu}}=13758.0$$

$$\sum f^2_{cu,i}=13916.31$$

(2) 标准差：将混凝土强度数据代入下式即求得求批的标准差。

$$S_{f_{cu}}=\sqrt{\frac{\sum\limits_{i=2}^{n} f^2_{cu,i}-nm^2_{f_{cu}}}{n-1}}=3.79N/mm^2$$

2. 选定合格判定系数

∵ 试件组数 $n=12$，且 12 在 10~14 之间

∴ $\lambda_1=1.15$ $\lambda_2=0.90$

3. 求验收界限

(1) 平均值验收界限：

$$m_{f_{cu}}=33.86N/mm^2; f_{cu,k}+\lambda_1 S_{f_{cu}}=30+1.15\times3.79=34.36N/mm^2$$

$$m_{f_{cu}}\geqslant f_{cu,k}+\lambda_1 S_{f_{cu}}，不成立$$

(2) 最小值验收界限：

$$f_{cu,min}=29.5N/mm^2 \qquad \lambda_2 f_{cu,k}=0.90\times30=27.0N/mm^2$$

$$f_{cu,min}\geqslant\lambda_2 f_{cu,k}$$

4. 检验结果评定

两个条件不能全部满足要求，该批混凝土判为不合格；若两个条件全部满足要求，则该批混凝土判为合格。

【例题 4-4】 某工地一特种结构需要 C60 混凝土，只留下 5 组混凝土试件见表 4-24，试评定该批混凝土的强度是否合格。

表 4-24

组号	1	2	3	4	5
试件强度代表值 $f_{cu,i}$	59.7	66.8	67.9	68.3	68.8

解： 由于特殊结构 C60 混凝土不常使用，且只留下 5 组混凝土试件。只能采用非统计方法评定。

1. 求强度平均值

$$m_{f_{cu}} = (59.7 + 66.8 + 67.9 + 68.3 + 68.8) \div 5 = 66.3 \text{N/mm}^2$$

2. 选定混凝土强度非统计方法合格评定系数

由于混凝土强度为 C60，故选定

$$\lambda_3 = 1.10；\lambda_4 = 0.95$$

3. 求验收界限

（1）平均值界限：

$$m_{f_{cu}} = 66.3 \text{N/mm}^2；\lambda_3 \cdot f_{cu,k} = 1.10 \times 60.0 \text{N/mm}^2；$$

$$m_{f_{cu}} \geqslant \lambda_3 \cdot f_{cu,k}$$

（2）最小值验收界限：

$$f_{cu,min} = 59.7 \text{N/mm}^2；\lambda_4 \cdot f_{cu,k} = 0.95 \times 60.0 \text{N/mm}^2；$$

$$m_{f_{cu}} \geqslant \lambda_4 \cdot f_{cu,k}$$

第五节　普通混凝土配合比设计

混凝土配合比是指单位体积混凝土中各组成材料用量之间的比例，确定这种数量比例关系的工作，称为混凝土配合比设计。它是混凝土配制工艺中最主要的项目之一。

一、配合比的表示方法

配合比的表示方法通常有以下两种：

（1）以 1m^3 混凝土中各组成材料的用量表示，如水泥 320kg，砂 730kg，石子 1220kg，水 175kg；

（2）以各组成材料之间的质量比来表示，其中以水泥质量为 1 计。将上例换算成质量比，水泥：砂：石 $= 1 : 2.28 : 3.81$，$W/C = 0.55$。

二、配合比的基本要求

混凝土配合比设计必须达到以下四项基本要求：

（1）满足混凝土结构设计要求的强度等级。

（2）满足混凝土施工所要求的和易性。

（3）满足工程所处环境对混凝土耐久性的要求。

（4）符合经济原则，即节约水泥，降低混凝土成本。

三、配合比设计的三个重要参数

水灰比 W/C、单位用水量 m_w、砂率 β_s 是混凝土配合比设计的三个重要参数，它们与混凝土各项性能之间有着非常密切的关系。配合比设计要正确地确定出这三个参数，才能保证配制出满足四项基本要求的混凝土。水灰比、单位用水量、砂率三个参数的确定原则是：

（1）在满足混凝土强度和耐久性的基础上，确定混凝土水灰比。

（2）在满足混凝土施工要求的和易性基础上，根据粗集料的种类和规格确定混凝土的单位用水量。

（3）砂率应以填充石子空隙后略有富余的原则来确定。

四、配合比设计的方法及步骤

配合比设计采用的是计算机与试验相结合的方法，按以下三步进行：

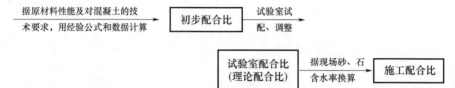

1. 初步配合比计算

（1）确定混凝土配制强度 $f_{cu,o}$

在工程配制混凝土时，如果所配制混凝土的强度 $f_{cu,o}$ 等于设计强度 $f_{cu,k}$，这时混凝土强度保证率只有 50%。因此，为了保证工程混凝土具有设计所要求的 95% 强度保证率，则在进行混凝土配合比设计时，必须要使混凝土的配制强度大于设计强度。根据《普通混凝土配合比设计规程》（JGJ 55—2000）规定，混凝土配制强度按下式计算。

$$f_{cu,o} \geqslant f_{cu,k} + 1.645\sigma$$

式中　　$f_{cu,o}$——混凝土配制强度，MPa；

　　　　$f_{cu,k}$——设计的混凝土强度等级值，MPa；

　　　　σ——混凝土强度标准差，MPa。

按《混凝土结构工程施工质量验收规范》（GB 50204—2002）规定，混凝土强度标准差 σ 可根据施工单位近期（统计周期不超过三个月，预拌混凝土厂和预制混凝土构件厂统计周期可取为一个月）的同一品种混凝土强度资料按下式计算。

$$\sigma = \sqrt{\frac{\sum_{i=1}^{n} f_{cu,i}^2 - n\overline{f}_{cu}^2}{n-1}}$$

式中　　n——混凝土试件的组数，$n \geqslant 25$；

　　　　$f_{cu,i}$——第 i 组试件的混凝土强度值，MPa；

　　　　$\overline{f}_{cu}$——n 组试件的混凝土强度平均值，MPa。

当混凝土强度等级为 C20 或 C25 时，如计算所得 $\sigma < 2.5$MPa，取 $\sigma = 3.0$MPa；当混凝土强度等级高于 C25 时，如计算所得 $\sigma < 3.0$MPa，取 $\sigma = 3.0$MPa。当施工单位不具有近期的同一品种混凝土的强度资料时，σ 值可按表 4-25 取值。

表 4-25

混凝土设计强度等级 $f_{cu,k}$	σ（MPa）
＜C20	4.0
C20～C35	5.0
＞C35	6.0

配制强度计算式中，">"符号的使用条件为：现场条件与试验室条件有显著差异时或C30 级其以上强度等级的混凝土，用非统计方法评定时采用。

（2）确定水灰比 W/C：

当混凝土强度等级小于 C60 时，水灰比按鲍罗米公式计算。即：

$$\frac{W}{C} = \frac{\alpha_a f_{ce}}{f_{cu,o} + \alpha_a \alpha_b f_{ce}}$$

式中　α_a，α_b——回归系数；

f_{ce}——水泥 28d 抗压强度实测值，MPa，当无实测值时，按式 $f_{ce} = y_c f_{ce,g}$ 计算；

y_c——水泥强度等级值的富余系数，按实际统计资料确定；

$f_{ce,g}$——水泥强度等级值，MPa。

注：f_{ce} 值也可根据 3d 强度或快测强度推定 28d 强度关系式推定得出。

以上按强度公式计算出的水灰比，还应复核其耐久性，使计算所得的水灰比值小于等于表 4-17 中规定的最大水灰比值。若计算值大于表中规定的最大水灰比值，应取规定的最大水灰比值。

当混凝土强度等级不小于 C60 时，水灰比按现有试验资料确定，然后通过试配予以调整。

（3）确定用水量：

a. 干硬性和塑性混凝土单位用水量：根据集料品种、粒径及施工要求的拌合物稠度（流动性），按表 4-26 和表 4-27 选取。

表 4-26　干硬性混凝土的用水量　　　　　　　　　　　　　　（kg/m³）

拌合物稠度		卵石最大粒径（mm）			碎石最大粒径（mm）		
项目	指标	10	20	40	16	20	40
维勃稠度（s）	16～20	175	160	145	180	170	155
	11～15	180	165	150	185	175	160
	5～10	185	170	155	190	180	165

表 4-27　塑性混凝土的用水量　　　　　　　　　　　　　　（kg/m³）

拌合物稠度		卵石最大粒径（mm）				碎石最大粒径（mm）			
项目	指标	10	20	31.5	40	16	20	31.5	40
坍落度（mm）	10～30	190	170	160	150	200	185	175	165
	35～50	200	180	170	160	210	195	185	175
	55～70	210	190	180	170	220	205	195	185
	75～90	215	195	185	175	230	215	205	195

注：1. 本表用水量系采用中砂时的平均值。采用细砂时，每立方米混凝土用水量可增加 5～10kg。

2. 掺用各种外加剂或掺合料时，用水量应相应调整。

3. 本表适用于混凝土水灰比在 0.40～0.80 范围，当 $W/C < 0.40$ 的混凝土用水量应通过实验确定。

b. 流动性和大流动性混凝土用水量，按以下步骤计算。

第一步，以坍落度 90mm 的用水量为基础，按坍落度每增大 20mm 用水量加 5kg，计算出未掺外加剂时的混凝土用水量。

第二步，掺外加剂的混凝土用水量按下式计算：

$$m_{\text{wa}} = m_{\text{wo}}（1-\beta）$$

式中 m_{wa}——掺外加剂混凝土的用水量，kg/m^3；

$\quad\quad m_{\text{wo}}$——未掺外加剂混凝土的用水量，kg/m^3；

$\quad\quad \beta$——外加剂的减小率，%，由试验确定。

（4）计算水泥用量 m_{co}：

根据已确定的混凝土用水量 m_{wo} 和水灰比 W/C 值，可由下式计算出水泥用量 m_{co}。复核耐久性。

$$m_{\text{co}} = \frac{m_{\text{wo}}}{W/C}$$

计算所得的水泥用量 m_{co} 应大于或等于表 3-24 中规定的最小水泥用量值。若计算值小于规定值，应取表中规定的最小水泥用量值。

（5）确定合理砂率 β_{s}：

坍落度为 10～60mm 混凝土的合理砂率，可按表 4-28 选取。

表 4-28　混凝土的砂率　　　　　　　（%）

水灰比（W/C）	卵石最大粒径（mm）			碎石最大粒径（mm）		
	10	20	40	16	20	40
0.4	26～32	25～31	24～30	30～35	29～34	27～32
0.5	30～35	29～34	28～33	33～38	32～37	30～35
0.6	33～38	32～37	31～36	36～41	35～40	33～38
0.7	36～41	35～40	34～39	39～44	38～43	36～41

注：1. 本表的数值系中砂的选用砂率，对细砂或粗砂，可相应地减少或增大砂率。

2. 只用一个单粒级粗集料配制混凝土时，砂率应适当增大。

3. 对薄壁构件，砂率取偏大值。

坍落度大于 60mm 的混凝土砂率，可在表 4-28 的基础上，按坍落度每增大 20mm，砂率增大 1% 的幅度予以调整。坍落度小于 10mm 的混凝土其砂率应经试验确定。

（6）计算砂 m_{so}、石 m_{go} 用量：

砂、石用量可用质量法或体积法求得。

a. 质量法：当原材料情况比较稳定，所配制的混凝土拌合物的体积密度将接近一个固定值，这样可以先假设一个混凝土拌合物的体积密度 m_{cp}（kg/m^3），按下列公式计算砂 m_{so}、石 m_{go} 用量。

$$m_{\text{fo}} + m_{\text{co}} + m_{\text{go}} + m_{\text{so}} + m_{\text{wo}} = m_{\text{cp}}$$

$$\beta_{\text{s}} = \frac{m_{\text{so}}}{m_{\text{so}} + m_{\text{go}}} \times 100\%$$

式中 m_{cp}——混凝土拌合物的假定体积密度，其值可取 2350～2450kg/m^3。

b. 体积法：假定混凝土拌合物的体积等于各组成材料绝对体积及拌合物中所含空气的体积之和，按下列公式计算 1m^3 混凝土砂、石的用量。

$$\frac{m_{\text{fo}}}{\rho_{\text{f}}} + \frac{m_{\text{co}}}{\rho_{\text{c}}} + \frac{m_{\text{go}}}{\rho_{\text{g}}} + \frac{m_{\text{so}}}{\rho_{\text{s}}} + \frac{m_{\text{wo}}}{\rho_{\text{w}}} + 0.01\alpha = 1$$

$$\beta_{\text{s}} = \frac{m_{\text{so}}}{m_{\text{so}} + m_{\text{go}}} \times 100\%$$

式中　ρ_c——水泥的密度，kg/m^3，可取 2900～3100，kg/m^3；

ρ_s、ρ_g——砂、石的表观密度，kg/m^3；

ρ_w——水的密度，kg/m^3，可取 $1000kg/m^3$；

α——混凝土的含气量百分数，在不使用引气型外加剂时，α 可取为 1。

（7）计算混凝土外加剂掺量 m_{jo}：

由于外加剂掺量 m_{jo} 是以占水泥质量百分数计，故在已知水泥用量 m_{co} 及外加剂适宜掺量 $r\%$ 时，可按下式算得。

$$m_{jo} = m_{co} \cdot r\%$$

通过以上 7 个计算步骤便可将水泥、水、砂和石子的用量全部求出，从而得到初步配合比。

2. 试验室配合比的确定

初步配合比是利用经验公式和经验资料获得的，由此配制的混凝土有可能不符合实际要求，所以需要对其进行试配、调整与确认。

（1）适配与调整：

混凝土试配时应采用工程中实际使用的原材料，混凝土的搅拌方法也宜与生产时使用的方法相同。

试配时，每盘混凝土的数量应不少于表 4-29 的规定值。当采用机械搅拌时，拌合量应不小于搅拌机额定搅拌量的 $\frac{1}{4}$。

表 4-29　混凝土试配用最小拌合量

粗集料最大粒径（mm）	≤31.5	40
拌合物数量（L）	15	25

混凝土配合比试配调整的主要工作如下。

a. 混凝土拌合物和易性调整。按初步配合比进行试拌，以检定拌合物的性能。如试拌得出的拌合物坍落度或维勃稠度不能满足要求，或黏聚性和保水性能不好时，则应在保证水灰比不变的条件下相应调整用水量或砂率，直到符合要求为之［据经验，每增（减）坍落度 10mm，需增（减）水泥浆 2%～5%］。然后提出供混凝土强度试验用的基准配合比。

b. 混凝土强度复核。混凝土强度试验时至少要采用三个不同的配合比，其中一个为基准配合比，另外两个配合比的水灰比值，宜较基准配合比分别增加和减少 0.05，其用水量与基准配合比基本相同，砂率值可分别增加和减少 1%。若发现不同水灰比的混凝土拌合物坍落度与要求值相差超过允许偏差值，可适当增减用水量进行调整。

制作混凝土强度试件时，尚应检验混凝土的坍落度或维勃稠度，黏聚性，保水性及拌合物体积密度，并以此结果作为代表这一配合比的混凝土拌合物的性能。

为检验混凝土的强度每种配合比至少制作一组（三块）试件，并经标准养护 28d 试压。需要时可同时制作几组试件，供快速检验或较早龄期试压，以便提前定出混凝土配合比供施工使用。但应以标准养护 28d 强度的检验结果为依据调整配合比。

（2）试验室配合比（理论配合比）的确定：

A. 混凝土各材料用量。根据测出的混凝土强度与相应水灰比作图或计算求出与混凝土配置强度 $f_{cu,o}$ 相对应的水灰比值，并按下列原则确定每立方米混凝土各材料用量：

a. 用水量 m_w：取基准配合比中用水量，并根据制作强度试件时测得的坍落度或维勃稠度值，进行调整；

b. 水泥用量 m_c：以用水量乘以选定的水灰比计算而定；

c. 粗，细集料用量 m_g，m_s：取基准配合比中的粗，细集料用量，并按定出的水灰比做适当调整。

B. 混凝土体积密度的校正：经强度复核之后的配合比，还应根据混凝土体积密度的实测值进行校正，其方法如下。

a. 先计算出混凝土拌合物的计算体积密度 $\rho_{c,c}$.

$$\rho_{c,c} = m_c + m_f + m_g + m_s + m_w$$

b. 再计算出校正系数 δ。

$$\delta = \frac{\rho_{c,t}}{\rho_{c,c}}$$

当混凝土体积密度实测值 $\rho_{c,t}$ 与计算值 $\rho_{c,c}$ 只差的绝对值不超过计算值的 2% 时，由以上定出的配合比即为确定的试验室配合比；当二者之差超过计算值的 2%，应将配合比中的各项材料用量均乘以校正系数 δ，即为确定的混凝土试验室配合比。

（3）混凝土施工配合比的确定：

混凝土试验室配合比中，砂、石是以干燥状态（砂子含水率小于 0.5%，石子含水率小于 0.2%）计算的，实际工地上存放的砂、石都还有一定的水分。因此，现场材料的实际产量是按工地砂，石的含水情况对试验室配合比进行修正，修正后的 $1m^3$ 混凝土个材料用量叫作施工配合比。

设工地砂的含水量为 $a\%$，石子的含水率为 $b\%$，并设施工配合比中，$1m^3$ 混凝土各材料用量分别为公式（kg），则 $1m^3$ 混凝土施工配合比中各材料的用量为：

$$m'_c = m_c (kg)$$

$$m'_f = m_f (kg)$$

$$m'_s = m_s (1 + a\%) (kg)$$

$$m'_g = m_g (1 + b\%) (kg)$$

$$m'_w = m_w - m_s \times a\% - m_g \times b\% (kg)$$

施工现场集料的含水率是经常变动的，因此在混凝土施工中应随时测定砂，石集料的含水率，并及时调整混凝土配合比，以免因集料含水量的变化而导致混凝土水灰比的波动，从而导致混凝土的强度，耐久性等性能降低。

【例题 4-5】　某工程现浇混凝土雨篷，混凝土设计强度等级 C25，施工要求坍落度为 35～50mm（混凝土由机械搅拌、机械振捣），施工单位无历史统计资料。所用原材料如下：

水泥——普通水泥，密度 $\rho_c = 3.00g/m^3$，强度等级 42.5，强度等级标准值的富余系数为 1.10；

砂——河砂，$M_x = 2.70$，及配合格，表观密度 $\rho = 2650kg/m^3$；

石——碎石，5～31.5mm 粒级，及配合格，表观密度 ρ

外加剂——FDN 非引气高效减水剂，适宜掺量为 0.5%；

水——自来水

试求：

（1）混凝土初步配合比；

（2）混凝土中掺加 FDN 减水剂的目的是为了既要改善混凝土拌合物和易性，又要适当节约水泥，故决定减水 8%，减水泥 5%，求此掺减水剂混凝土的配合比；

（3）若调整试件时，加入 4% 水泥浆后满足和易性要求，并测得拌合物的体积密度 $\rho_{c,t}=2432kg/m^3$，求混凝土的实验室配合比；

（4）若已知现场砂子含水率为 3%，石子含水率为 1%，试计算混凝土施工配合比。

解： 确定混凝土初步配合比

（1）确定混凝土配置强度 $f_{cu,o}$

$$f_{cu,o}=f_{cu,k}+1.645\sigma=25+1.645\times5=33.2MPa$$

确定水灰比 W/C：

$$\frac{W}{C}=\frac{\alpha_a\times f_{ce}}{f_{cu,o}+\alpha_a\times\alpha_b f_{ce}}=\frac{0.46\times42.5\times1.1}{33.2+0.46\times0.07\times42.5\times1.1}=0.62$$

由于钢筋混凝土雨篷处于潮湿环境、室外部件，按表 4-17 查的最大水灰比为 0.60，计算值 0.62 大于规定值，不满足耐久性要求。为满足耐久性要求，取 $W/C=0.60$。

确定用水量 m_{wo}：

查表 4-27，对于最大粒径 31.5mm 的碎石混凝土，当坍落度为 35～50mm 时，$1m^3$ 混凝土的用水量可选用 $m_{wo}=185kg/m^3$。

计算水泥用量 m_{co}：

$$m_{co}=\frac{m_{wo}}{\dfrac{W}{C}}=\frac{185}{0.6}=308$$

由表 4-17 查得，最小水泥用量为 $280kg/m^3$，小于计算值，即水泥用量为 $308kg/m^3$ 满足耐久性要求。

确定合理砂率 β_s

查表 4-28，对于采用最大粒径 3105mm 的碎石混凝土，当水灰比为 0.60 时，其合理砂率值可选用 $\beta_s=36\%$

计算碎石用量 m_{so}、m_{go}：

① 用体积法计算，有

$$308+m_{so}+m_{go}+185=2400$$

$$\frac{m_{so}}{m_{go}+m_{so}}=0.36$$

解得 $m_{so}=678kg/m^2$，$m_{go}=1207kg/m^3$。

② 用质量法计算，假定 $1m^3$ 混凝土体积密度为 2400kg，有

$$\begin{cases}308+m_{so}+m_{go}+185=2400\\[2mm]\dfrac{m_{so}}{m_{go}+m_{so}}=0.36\end{cases}$$

解得 $m_{so}=686kg/m^3$，$m_{go}=1221kg/m^3$

两种方法计算结果相近。

（2）写出混凝土初步配合比：

若按体积法，则 $1m^3$ 混凝土各材料用量为：水泥 308kg、砂 678kg、碎石 1207kg、水 185kg。

质量比为水泥：砂：石 $=1:2.20:3.92$，$W/C=0.60$。

（3）计算掺减水剂混凝土的初步配合比：

设 $1m^3$ 掺减水剂混凝土中水泥、砂、石、水、减水剂的用量分别为 m_c，m_s，m_g，m_j，m_w，各材料用量为：

水泥：$m_c = 308 \times (1-5\%) = 293\text{kg}$

水：$m_w = 185 \times (1-8\%) = 170\text{kg}$

砂和石用体积法计算，即

$$\begin{cases} \dfrac{293}{3000} + \dfrac{m_s}{2650} + \dfrac{m_g}{2700} + 0.01 \times 1 = 1 \\ \dfrac{m_s}{m_s + m_g} = 0.36 \end{cases}$$

解得 $\qquad\qquad m_s = 697\text{kg}, \ m_g = 1241\text{kg}。$

减水剂 FDN：$\qquad m_j = 293 \times 0.5\% = 1.47\text{kg}$

掺减水剂混凝土初步配合比为：水泥 293kg、砂 697kg、碎石 1241kg、水 170kg、减水剂 FDN1.47kg。

质量比为水泥∶砂∶石 $= 1 : 2.38 : 4.24$，$\dfrac{W}{C} = 0.58$。

（4）确定混凝土试验室配合比：

① 确定和易性：

按表 4-29 规定，混凝土试配拌和量为 15L，各材料称量为

水泥：$\dfrac{15}{1000} \times 293 = 4.40\text{kg}$

水：$\dfrac{15}{1000} \times 170 = 2.55\text{kg}$

砂：$\dfrac{15}{1000} \times 697 = 10.46\text{kg}$

碎石：$\dfrac{15}{1000} \times 1241 = 18.62\text{kg}$

经试拌并进行和易性检验，结果是黏聚性和保水性均好，但坍落度为 20mm，低于规定值要求的 35～50mm，可见选用的砂率较为合适，但需调整坍落度。据经验，增加水泥浆量 4%（需增加水泥 0.18kg，水 0.10kg），测的坍落度为 40mm，符合施工要求。并测得拌合物的体积密度为 2380kg/m³。试拌后各种材料的实际用量如下。

水泥：$4.40 + 0.18 = 4.58\text{kg}$

水：$2.55 + 0.10 = 2.65\text{kg}$

砂：10.46kg

碎石：18.62kg

总质量：$4.58 + 2.65 + 10.46 + 18.62 = 36.31\text{kg}。$

设拌合物的实际使用体积为 V_0（m³），则计算体积密度为 $\rho_{c,c} = \dfrac{36.31}{V_0}$（kg/m³）

得出基准配合比 水泥∶砂∶石 $= 4.58 : 10.46 : 18.62 = 1 : 2.28 : 4.06$

$$\dfrac{W}{C} = 0.58$$

② 强度复核：

在基准配合比的基础上，拌制三组不同水灰比（分别为 0.53，0.58，0.63）的混凝土，

经试拌检查和易性均满足要求，分别制作三组强度试件，标准养护 28d 后，进行强度试验，得出的强度值分别为

项目	W/C	C/W	f_{cu}/MPa
Ⅰ	0.53	1.87	39.8
Ⅱ	0.58	1.72	33.4
Ⅲ	0.63	1.59	30.2

根据上述三组水灰比与其相对应的强度关系，计算（或作图）得出与混凝土配制强度 $f_{cu,0}=33.2\text{MPa}$ 对应的灰水比为 1.71，水灰比为 0.58，即第Ⅱ组满足要求。

③ 计算混凝土试验室配合比：

重新测得混凝土体积密度为 $\rho_{c,c}=\dfrac{36.31}{V_0}$（kg/m³），配合比校正系数

$$\delta=\frac{\rho_{c,t}}{\rho_{c,c}}=\frac{2432}{\dfrac{36.31}{V_0}}=\frac{2432}{36.31}V_0$$

试验室配合比为：

水泥：$\dfrac{4.58}{V_0}\times\dfrac{2432}{36.31}V_0=307\text{kg}$

水：$\dfrac{2.65}{V_0}\times\dfrac{2432}{36.1}V_0=177\text{kg}$

减水剂　$m_j=1.47\text{kg}$

质量比：水泥：砂：石$=1：2.35：4.10$　$W/C=0.47$

工地现场一般根据搅拌机出料容量确定每次拌和所需水泥的用量（按袋计），然后按水泥用量来计算砂、石、水的相应称量。如采用 JZC200 型搅拌机，出料容积为 0.20m，则每搅拌一次的配料数量为：

水泥：$307\times0.20=61\text{kg}$，为便于施工操作，取用一袋水泥，即 50kg。

砂：$50\times2.35=118\text{kg}$

碎石：$50\times4.10=205\text{kg}$

水：$50\times0.47=23.5\text{kg}$

减水剂：$50\times\dfrac{1.47}{307}=0.24\text{kg}$

第六节　泵送混凝土

一、泵送混凝土的定义、特点及应用

1. 定义

将搅拌好的混凝土，采用混凝土输送泵沿管道输送和浇筑，称为泵送混凝土。由于施工工艺上的要求，所采用的施工设备和混凝土配合比都与普通施工方法不同。

2. 特点

(1) 施工方便，可使混凝土一次连续完成垂直和水平输送、浇筑，减少混凝土搬运次

数，保证混凝土的性能，有利于结构的整体性。

（2）生产率高，节约劳动力，一般混凝土泵送量可达 $60m^3/h$。

（3）施工地点适用于工地狭窄和有障碍的施工现场，以及大体积混凝土结构物和高层建筑。

（4）有利于环境保护，泵送混凝土时商品混凝土，减少现场搅拌和运输过程中的粉尘、泥水污染。

二、泵送混凝土坍落度损失

混凝土拌合料从加水搅拌到浇灌要经历一段时间，在这段时间内拌合料逐渐变稠，流动性（坍落度）逐渐降低，这就是所谓"坍落度损失"。如果这段时间过长，环境气温又过高，坍落度损失可能很大，则将会给泵送、振捣等施工过程带来很大困难，或者造成振捣不密实，甚至出现蜂窝状缺陷。坍落度损失的原因是：①水分蒸发；②水泥在形成混凝土的最早期开始水化，特别是 C_3A 水化形成水化硫铝酸钙需要消耗一部分水；③新形成的少量水化生成物表面吸附一些水。这几个原因都使混凝土中游离水逐渐减少，致使混凝土流动性降低。

减缓坍落度损失的措施：

（1）在炎热季节采取措施降低集料温度和拌合水温，在干燥条件下，采取措施防止水分过快蒸发。

（2）在混凝土设计时，考虑掺加粉煤灰等矿物掺合料。

（3）在采用高效减水剂的同时，掺加缓凝剂或引气剂或两者都掺。两者都有延缓坍落度损失的作用，缓凝剂作用比引气剂更显著。

三、泵送混凝土配制要求

泵送混凝土对原材料的要求较严格，对混凝土配合比要求较高，要求施工组织严密，以保证连续进行输送，避免有较长时间的间歇而造成堵塞。泵送混凝土除了根据工程设计所需的强度外，还要根据泵送工艺所需的流动性、不离析、少泌水的要求进行配制可泵的混凝土混合料。其可泵性取决于混凝土拌合物的和易性。在实际应用中，混凝土的和易性通常根据混凝土的坍落度来判断。泵送混凝土的坍落度一般 $8\sim20cm$ 范围较合适，具体的坍落度值要根据泵送距离和气温对混凝土的要求而定。

1. 水泥

水泥宜选用硅酸盐水泥、普通硅酸盐水泥、矿渣硅酸盐水泥和粉煤灰硅酸盐水泥。

2. 粗集料

粗集料宜采用连续级配，其针片状颗粒含量不宜大于 10%；粗集料的最大公称粒径与输送管径之比宜符合表 4-30 的规定。

表 4-30　粗集料最大公称粒径与输送管径之比

粗集料品种	泵送高度（m）	粗集料最大公称粒径与输送管径之比
碎石	<50	$\leqslant 1:3.0$
	$50\sim100$	$\leqslant 1:4.0$
	>100	$\leqslant 1:5.0$

续表

粗集料品种	泵送高度（m）	粗集料最大公称粒径与输送管径之比
卵石	<50	≤1∶2.5
	50～100	≤1∶3.0
	>100	≤1∶4.0

3. 细集料

细集料宜采用中砂，通过 0.315mm 筛孔的砂，不少于 15％。实践证明，在集料级配中，细度模数为 2.3～3.2，粒径在 0.30mm 以下的细集料所占比例非常重要，其比例应不小于 15％，最好能达到 20％，这对改善混凝土的泵送性非常重要。

4. 外加剂、矿物细掺料

泵送混凝土应掺加泵送剂或减水剂，并宜掺加矿物掺合料。

在混凝土中掺加粉煤灰是提高可泵性的一个重要措施，因为粉煤灰的多孔表面可吸附较多的水；因此，可减少混凝土的压力泌水。

5. 泵送混凝土配合比设计

水灰比不宜大于 0.6，水泥和矿物掺合料用量不宜小于 300kg/m³，砂率宜为 35％～45％。

第七节　特殊品种混凝土

一、高强混凝土

高强混凝土是指强度等级为 C60 及其以上的混凝土，C100 以上称超高强混凝土。

1. 使用高强混凝土的意义

高强混凝土是高科技的混凝土技术。在建筑工程中采用高强混凝土，不仅可以减少结构断面尺寸、减轻结构自重、降低材料用量、有效地利用高强钢筋，而且能增加建筑的抗震能力，加快施工进度，降低工程造价，满足特种工程的要求。据国内外经验表明：用 60MPa 混凝土代替 30MPa 混凝土，可减少 40％混凝土、39％钢材用量，降低工程造价 25％～35％，当强度由 40MPa 提高到 80MPa，其构筑物体积的自重减少 30％。随着混凝土强度的不断提高和施工技术现代化，钢结构在超高层建筑中的统治地位已经动摇，世界上最高建筑、高度为 452m 的吉隆坡佩重纳斯大厦低层受压构件所采用的就是 C80 的高强混凝土。目前，国际上应用混凝土的最高强度等级是美国西雅图的双联大厦 3m 直径的钢管混凝土柱，采用了 C130 混凝土，中国北京财税大厦采用了 C110 混凝土。

2. 高强混凝土的组成材料

高强混凝土的组成材料主要包括水泥、砂、石、化学外加剂、矿物掺合料和水。在原材料选择方面，应符合下列规定。

（1）选用质量稳定、强度等级不低于 42.5 级的硅酸盐水泥或普通硅酸盐水泥。

（2）对强度等级为 C60 的混凝土，其粗集料的最大粒径不应大于 31.5mm，对强度等级高于 C60 的混凝土，其粗集料的最大粒径不应大于 25mm，针、片状颗粒含量不宜大于 5.0％，含泥量不应大于 1.0％，泥块含量不应大于 0.2％。其他质量指标应符合现行国家标准《建筑用卵石、碎石》（GB/T 14684—2001）的规定。

（3）细集料的细度模数宜大于 2.6，含泥量不应大于 1.5%，泥块含量不应大于 0.5%，其他质量指标应符合现行国家标准《建筑用砂》(GB/T 14684—2001) 的规定。

（4）应掺用高效减水剂或缓凝高效碱水剂，掺量宜为胶凝材料总量的 0.4%～1.5%。

（5）应掺用活性较好的矿物掺合料，如磨细矿渣粉、粉煤灰、沸石粉、硅灰等。

3. 配比特点

由于高强混凝土要掺入超细矿物掺合料，因此，配合比设计中的重要参数采用水胶比（用水量与胶凝材料总量的比值）。与普通混凝土相比，高强混凝土在配合比方面的最大特点是水胶比低（一般为 0.24～0.42），胶凝材料用量多（一般达 400kg/m³ 以上，但水泥用量不应大于 550kg/m³，水泥和矿物掺合料总量不应大于 600kg/m³），砂率较大（一般在 35%～45% 之间）。

4. 施工与养护

高强混凝土从原料到搅拌、浇注、养护等，要求严格的施工程序，如不得使用自落式搅拌机，严禁在拌合物出机时加水，外加剂宜采用后掺法，采用"二次投料法"搅拌工艺等。

目前，高强混凝土多数以商品混凝土的形式供应，在现场采用泵送的施工方法。由于高强混凝土用水量较少，保湿养护对混凝土的强度发展，避免过多的产生裂缝，获得良好的质量具有重要影响，应在浇注完毕后，立即覆盖养护或立即喷洒或养护剂以保持混凝土表面湿润，养护日期不得少于 17d。

5. 高强混凝土的应用

高强混凝土在高层建筑、超高层建筑、大型桥梁、道路以及受有侵蚀介质作业的车库、贮罐等构造物中得到广泛应用。目前，在技术上可使混凝土强度达 400MPa，将能建造出高度为 600～900m 的超高层建筑以及跨度达 500～600m 的桥梁。只是由于强度太高带来的脆性问题未从根本上解决，因此，目前在使用高强混凝土方面仍有一定限度。

二、轻混凝土

轻混凝土是指体积密度小于 1900kg/m³ 的混凝土。分为轻集料混凝土、大孔混凝土、多孔混凝土。其特点是质轻、热工性能好、力学性能良好、耐火、抗渗、抗冻、易于加工等。

1. 轻集料混凝土

（1）轻集料的种类：

轻集料混凝土所用的轻集料有三类，即工业废料轻集料（如粉煤灰陶粒、煤矸石、膨胀矿渣珠、煤渣等）、天然轻集料（如浮石、火山渣等）以及人工轻集料（如页岩陶粒、黏土陶粒、膨胀珍珠岩等）。

（2）轻集料混凝土分类及强度等级：

轻集料混凝土按所用细集料不同，分为全轻混凝土（粗细集料均为轻集料，堆积密度小于 1000kg/m³）和砂轻混凝土（细集料全部或部分为普通砂）。按用途和功能分为保温轻集料混凝土、结构保温轻集料混凝土和结构轻集料混凝土三大类。

轻集料混凝土的强度等级与普通混凝土相对应，按其立方体抗压强度标准值划分为 CL5.0、CL7.5、CL10、CL15、CL20、CL25、CL30、CL35、CL40、CL45 和 CL50 共 11 个等级。

轻集料混凝土按其干体积密度划分为 12 个密度等级，见表 4-31。

表 4-31　轻集料混凝土的密度等级

密度等级	干体积密度的变化范围（kg·m⁻³）	密度等级	干体积密度的变化范围（kg·m⁻³）
800	760~850	1400	1360~1450
900	860~950	1500	1460~1550
1000	960~4050	1600	1560~1650
1100	1060~1150	1700	1660~1750
1200	1160~1250	1800	1760~1850
1300	1260~1350	1900	1860~1950

（3）轻集料混凝土的应用：

虽然人工轻集料的成本高于就地取材的天然集料，但轻集料混凝土的体积密度比普通混凝土减少$\frac{1}{4}$~$\frac{1}{3}$，绝热性能改善，可使结构尺寸减小，增加使用面积，降低基地工程费用和材料运输费用，其综合效益良好，尤其是轻质高强的轻集料混凝土（CL40 以上），因此，轻集料混凝土主要适用于高层和多层建筑、软土地基、大跨度结构、抗震结构、耐火等级要求高的建筑、要求节能的建筑和旧建筑的加层等。如南京长江大桥采用轻集料混凝土桥面板，天津、北京采用轻集料混凝土作房屋墙体及屋面板，都取得了良好的技术经济效益，各种轻集料混凝土的用途及其对强度等级和密度等级的要求见表 4-32。

表 4-32　轻集料混凝土用途及其对强度等级和密度等级的要求

类别名称	混凝土强度等级的合理范围	混凝土密度等级的合理范围	用　途
保温轻集料混凝土	CL5.0	800	主要用于保温的围护结构或热工构筑物
结构保温轻集料混凝土	CL5.0~CL15	800~1400	主要用于既承重又保温的围护结构
结构轻集料混凝土	CL15~CL50	1400~1900	主要用于承重构件或构筑物

2. 大孔混凝土

（1）大孔混凝土的种类及集料：

大孔混凝土是以粗集料、水泥和水配置而成的一种轻质混凝土，又称无砂混凝土。在这种混凝土中，水泥浆包裹粗集料颗粒的表面，将粗集料粘在一起，但水泥浆并不填满粗集料颗粒之间的空隙，因而形成大孔结构的混凝土。大孔混凝土按其所用集料品种可分为普通大孔混凝土和轻集料大孔混凝土。前者用天然碎石、卵石或重矿渣配置而成。为了提高大孔混凝土的强度，有时也加入少量细集料（砂），这种混凝土又称少砂混凝土。

（2）大孔混凝土的特性和应用：

普通大孔混凝土体积密度为 1500~1950kg/m³，抗压强度为 3.5~10MPa。轻集料大孔混凝土的体积密度在 500~1500kg/m³ 之间，抗压强度为 1.5~7.5MPa。大孔混凝土热导率小，保温性能好，吸湿性小，收缩一般比普通混凝土小 30%~50%，抗冻性可达 15~25 次冻融循环。由于大孔混凝土不要或少用砂，故水泥用量较低，1m³ 混凝土的水泥用量仅为 150~200kg，成本较低。

大孔混凝土可用于制作墙体用的小型空心砌块和各种板材，也可用于现浇墙体。普通大孔混凝土还可制成给水管道、滤水板等，广泛用于市政工程。

3. 多孔混凝土

多孔混凝土是一种不用于粗集料，且内部均匀分布着大量微小气孔的轻质混凝土。多孔混凝土孔隙率可达85%，体积密度在300～1000kg/m³，热导率为0.081～0.17W/（m·K），兼具有结构和保温功能，容易切割，易于施工。可制成砌块、墙板、屋面板及保温制品，广泛用于工业与民用建筑及保温工程中。

根据气孔产生的方法不同，多孔混凝土可分为加气混凝土和泡沫混凝土。

（1）加气混凝土：

加气混凝土用含钙材料（水泥、石灰）、含硅材料（石英砂、粉煤灰、粒化高炉矿渣、页岩等）和加气剂作为原料，经过细磨、配料、搅拌、浇筑、成型、切割和压蒸养护（0.8～1.5MPa下养护6～8h）等工序生产而成。

一般采用铝粉作为加气剂，把铝粉加在加气混凝土料浆中，铝粉与含钙材料中的氢氧化钙发生化学反应放出氢气，形成气泡，使料浆体积膨胀形成多孔结构。

料浆在高压蒸汽养护下，含钙材料和含硅材料发生反应，形成水化硅酸钙，使坯体具有强度。

加气混凝土通常是在工厂预制成砌块或条板等制品。蒸压加气混凝土砌块按其抗压强度1.0MPa、2.5MPa、3.5MPa、5.0MPa、7.5MPa划分为10、25、35、50、75等五个强度等级。按体积密度300kg/m³、400kg/m³、500kg/m³、600kg/m³、700kg/m³、800kg/m³划分为03、04、05、06、07以及08六个密度等级。各强度等级要求的密度等级见表4-33。

表 4-33 蒸压加气混凝土砌块的强度等级和密度等级

强度等级	密度等级	强度等级	密度等级
10	03	50	06
25	04		07
	05		
35	05	75	07
	06		08

蒸压加气混凝土砌块在温度为（20±2）℃、相对湿度为41%～45%的条件下，测定的干燥收缩值应不大于0.5mm/m。体积密度为500kg/m³的蒸压加气混凝土的热导率为0.12W/（m·K）；600kg/m³者为0.13W/（m·K）；700kg/m³者为0.16W/（m·K）。

蒸压加气混凝土砌块适用于承重和非承重的内墙和外墙。强度等级35级、密度等级05级和06级的砌块用以房屋的承重墙时，其楼层数不得超过三层，总高度不超过10m；强度等级50级、密度等级06和07级的砌块，一般不宜超过五层，总高度不超过16m。加气混凝土砌块可用于框架结构中的非承重墙体。

加气混凝土条板可用于工业与民用建筑中，做承重和保温合一的屋面板和墙板。条板均配有钢筋，钢筋必须预先经防锈处理。另外，还可用加气混凝土和普通混凝土预制成复合墙板，用作外墙板。加气混凝土还可做成各种保温制品，如管道保温壳等。

蒸压加气混凝土的吸水率高，且强度较低，所以其所用砌筑砂浆及抹面砂浆及砌筑砖墙时不同，需专门配置。墙体外表面必须做饰面处理。

（2）泡沫混凝土：

泡沫混凝土是将由水泥等拌制的料浆与引气剂搅拌造成的泡沫混合，在经浇筑、养护硬化而成的多孔混凝土。

引气剂是泡沫混凝土的重要组成，通常采用松香胶作为引气剂。松香胶泡沫剂系用烧碱加水溶入松香粉，再与溶化的胶液（皮胶或骨胶）搅拌制成浓松香胶液。使用时用温水稀释，经强力搅拌即形成稳定的泡沫。

泡沫混凝土的技术性质和应用与相同体积密度的加气混凝土大体相同。其生产工艺，除发泡和搅拌与加气混凝土不同外，其余基本相似。泡沫混凝土还可在现场直接浇筑，用作屋面保温层。

三、防水混凝土（抗渗混凝土）

防水混凝土是通过各种方法提高混凝土抗渗性能，抗渗等级等于或大于 P6 级的混凝土，又称抗渗混凝土。混凝土抗渗等级的选择是根据其最大作用水头（即该处在自由水面下的垂直深度）与建筑物最小壁厚的比值来确定的，如表 4-34 所示。

表 4-34 防水混凝土抗渗等级选择

最大作用水头与混凝土最小壁厚之比	<10	10～20	>20
混凝土抗渗等级	P6	P8	P10～P20

注：混凝土适配要求的抗渗等级应比设计等级值高 0.2MPa。

防水混凝土根据采取的防渗措施不同，分为三类：普通防水混凝土、外加剂防水混凝土和膨胀水泥防水混凝土。

1. 普通防水混凝土

普通防水混凝土又称富水泥浆混凝土，它是通过调整配合比来提高混凝土自身的密实度，从而提高混凝土的抗渗性。

普通防水混凝土在配合比设计时，对其所用的原材料要求除应与普通混凝土相同外，还应符合以下规定：

（1）每立方米混凝土中的水泥和矿物掺合料总量不宜小于 320kg。

（2）砂率宜为 35%～45%。

（3）供试配用的最大水灰比应符合表 4-35 的规定。

表 4-35 抗渗混凝土最大水灰比

抗渗等级	最大水灰比	
	C20～C30 混凝土	C30 以上混凝土
P6	0.60	0.55
P8～P12	0.55	0.50
P12 以上	0.50	0.45

普通防水混凝土的抗渗等级一般可达 P6～P12，施工简便，性能稳定，但施工质量要求比普通混凝土严格。适用于地上、地下要求防水抗渗的工程。

2. 外加剂防水混凝土

外加剂防水混凝土是利用外加剂的功能，使混凝土显著提高密实性或改变孔结构，从而达到抗渗的目的。常用的外加剂有引气剂（松香热聚物，松香皂和氯化钙复合剂）、密实剂（氢氧化铁、氢氧化铝）、防水剂（氯化铁）等。其中氯化铁渗入混凝土拌合物后，能与水泥水化产物氢氧化钙作用，生成氢氧化铁胶体，填充于混凝土的孔隙中，提高混凝土密实度，获得较高的抗渗性。密实剂能堵塞混凝土内部的渗水通路，使混凝土具有很高的抗渗能力，不仅能抗水的渗透，还可抵抗油、气的渗透，常用于对抗渗性要求较高的混凝土，如高水压容器或储油罐等。但密实剂混凝土造价较高，且渗量较多（＞3％）时，将增大钢筋的锈蚀和混凝土的干缩。渗用引气剂的抗渗混凝土，其含气量应控制在3％～5％。

3. 膨胀水泥防水混凝土

膨胀水泥防水混凝土是采用膨胀水泥配制而成，由于这种水泥在水化过程中能形成大量的钙矾石，会产生一定的体积膨胀，在有约束的条件下，能改善混凝土的孔结构，使毛细孔孔径减小，总孔隙率降低，从而使混凝土密实度提高，抗渗性提高。但这种防水混凝土使用温度不应超过80℃，否则将导致抗渗性能下降。

防水混凝土的施工必须严格控制质量，应采用机拌机振，浇筑混凝土时应一次性完成，尽量不留施工缝，并要加强保湿养护，至少14d。不得过早脱模，脱模后更要及时充分浇水养护，以免出现干缩裂纹。

四、流态混凝土

在拌制坍落度为80～120mm的基体混凝土拌合物时，同时渗入硫化剂（称同渗法），或将预拌混凝土运至施工现场，在浇筑前渗入硫化剂再搅拌1～5min（称后渗法），所得坍落度为160～210mm的混凝土成为流态混凝土。

1. 流态混凝土的特点

（1）混凝土拌合物坍落度增幅大，一般坍落度可提高100mm以上，且这种大流动的拌合物，并不会带来离析、泌水等弊病，可制得自流密实混凝土，且有利于泵送。

（2）可大幅度降低混凝土的水灰比而不需多用水泥，可避免水泥浆多带来的缺点，易制得高强、耐久、不透水的优质混凝土。

（3）改善混凝土施工性能，可显著减少混凝土浇筑、振捣所耗动力，降低工程造价。

（4）大大改善混凝土施工条件，减少劳动量，提高工效，缩短工期，减小施工噪声，有利于环境保护。

（5）流态混凝土拌合物的坍落度经时损失快，原因是其单位用水量较少，以及硫化剂对水泥的分散效果随时间的延长而降低所致。

2. 流态混凝土配制要求

流态混凝土配合比设计除原材料要求应与普通混凝土相同外，还应注意以下事项：最低水泥用量应不少于270kg/m³；粒径大于40mm的粗集料应限制其用量；应适当增加粒径小于300μm的细集料用量；坍落度每增加15mm，砂率应相应增大1％左右。

3. 流态混凝土的应用

流态混凝土近年来开始在大型工程中使用，它主要适用于高层建筑、大型工业与公共建筑的基础、楼板、墙板以及地下工程等，尤其适用于工程中配筋密列、混凝土浇筑振捣困难的部位，以及导管法浇筑混凝土。

五、耐热混凝土

普通混凝土不耐高温（使用温度不宜超过250℃），若在高温下使用，其强度会下降，甚至崩溃。耐热混凝土是指长期在高温（200～900）作用下保持所要求的物理和力学性能的特种混凝土。它是适当的胶凝材料、耐热粗、细集料及水（或不加水），按一定比例配制而成。根据所用胶凝材料不同，通常分为：硅酸盐水泥耐热混凝土、铝酸盐水泥耐热混凝土、水玻璃耐热混凝土、磷酸盐耐热混凝土等。

1. 硅酸盐水泥耐热混凝土

硅酸盐水泥耐热混凝土是以普通水泥或矿渣水泥为胶凝材料，耐热粗、细集料采用黏土、碎砖、安山岩、玄武岩、铬铁矿、重矿渣等，并以烧黏土、砖粉、磨细石英砂等作掺合料，加入适量水配制而成。

由于所用集料不同，其耐热温度也不一样。用黏土碎砖作集料，可耐 900℃高温，多用干热工设备基础和墙；用铬铁作集料，可耐 1600℃高温，用于高炉基础和隧道窑等。

2. 铝酸盐水泥耐热混凝土

铝酸盐水泥耐热混凝土是采用高铝水泥或低钙铝酸盐水泥、耐热粗细集料、高耐火度磨细掺合料及水配制而成。粗、细集料有碎镁砖、烧结镁砂、钒土、镁铁矿和烧结土等。铝酸盐水泥耐热混凝土的极限使用温度为 1300℃。

3. 水玻璃耐热混凝土

水玻璃耐热混凝土是以水玻璃作胶凝材料，渗入氟硅酸钠作促硬剂，耐热粗、细集料可采用碎铬铁矿、镁砖、铬镁砖、滑石、焦宝石等。磨细掺合物为烧黏土、镁砂粉、滑石粉等。水玻璃耐热混凝土的极限使用温度为 1200℃。施工时应注意，混凝土搅拌不加水，养护混凝土时禁止浇水，应在干燥环境中养护硬化。

水玻璃耐热混凝土多用于有酸介质作用的热工设备。

4. 磷酸盐耐热混凝土

磷酸盐耐热混凝土是由磷酸铝和以高铝质耐火材料或锆英石等制备的粗细集料及磨细掺合料配制而成。这种耐热混凝土具有高温韧性强、耐磨性好、耐火度高等特点，其极限使用温度为 1500～1700℃。

磷酸盐耐热混凝土硬化需在 150℃以上烘干，总干燥时间不少于 24h，硬化过程不允许浇水。

耐热混凝土主要用于高炉基础、焦炉基础、热工设备基础及围护结构、炉衬、烟囱等。

六、纤维混凝土

纤维混凝土是在普通混凝土的基础上，外掺各种纤维材料而制成的复合材料。目前所用的纤维材料主要有钢纤维、玻璃纤维、碳纤维、芳香族酰胺纤维等，其中以钢纤维应用较广。钢纤维直径为 0.35～0.7mm，长径比 50～80 之间，适宜掺加体积率（纤维掺量按占混凝土体积的百分比计）为 1%～2%，其配合比具有以下特点。

（1）砂率大，一般为 45%～60%。

（2）水泥用量较多，可达 400～500kg/m³，且应尽量采用高强度等级的水泥。

（3）粗集粒最大粒径一般不大于 20mm，以 10～16mm 为宜。

（4）水灰比在 0.40～0.55 之间。

（5）常渗入粉煤灰、高效减水剂等。

与普通混凝土相比，钢纤维混凝土一般可提高抗拉强度 2 倍左右，抗弯强度可提高 1.5～2.5 倍，冲击韧性可提高 5～20 倍，抗压强度提高不大，但其受压破坏时不崩裂成碎块。目前，纤维混凝土已用于路面、桥面、飞机跑道、水坝覆面、管道、屋面板等要求高耐磨、高抗冲、抗裂的部位及构件。而且钢纤维混凝土现已采用喷射施工技术。可对表面不规则或坡度很陡的山岩岸坡及隧道等提供良好的加固保护层。

七、聚合物混凝土

聚合物混凝土是由聚合物、无机胶凝材料和集料配制而成，它最大的特点是弥补了普通混凝土抗拉强度低、抗裂性差、脆性大、抗化学腐蚀性差的缺点。按其组成和制作工艺分为三类。

1. 聚合物浸渍混凝土（PIC）

聚合物浸渍混凝土是将已硬化的普通混凝土（基材），经干燥后浸入有机单体中，再用加热或辐射的方法使渗入混凝土孔隙内的单体进行聚合而成。浸渍混凝土具有高强、低渗、耐蚀以及抗冻、抗冲、耐磨等特性，其抗压强度可比浸渍前提高 2～4 倍，一般为 100～150MPa，最高可达 260MPa 以上，抗拉强度可提高 10～12MPa，最高能达 24MPa 以上。

浸渍混凝土的增强原因，主要是由于聚合物渗填于混凝土内部孔隙后，提高了混凝土的密实度，也增强了水泥石与集料之间的黏结力。同时，由于混凝土中大部分孔隙是连通的，因此渗填在孔隙中的聚合物变成了连续的三度网络，起立体增强作用。另外，混凝土中渗填的单体，在聚合过程中将发生收缩作用而对孔壁产生预应力，从而降低基材内部的应力集中，有利于提高混凝土的抗力。

浸渍混凝土主要用于要求高强度、高耐久性的特殊结构工程，如高压输气管、高压输液管、高压容器、海洋构筑物、原子能反应堆等工程。

2. 聚合物水泥混凝土（PPC）

聚合物水泥混凝土是用聚合物乳液拌合水泥、凝结硬化同时进行，最后二者相互胶合和填充，并与集料胶结成为整体。常用聚合物有聚氯乙烯、聚醋酸乙烯、苯乙烯等。

由于聚合物的加入，使得混凝土的密实度有所提高，水泥石与集料的黏结力有所加强，其强度提高虽远不及浸渍混凝土那样显著，但与普通混凝土相比，在耐腐蚀性、耐磨性以及耐冲击性等方面均有一定程度的改善。聚合物水泥混凝土主要用于铺筑无缝地面、路面以及修补工程。

3. 树脂混凝土（REC）

树脂混凝土是由合成树脂、粉料及天然砂、石配置而成。用树脂代替硅酸盐水泥，是要求胶凝材料的强化及胶凝材料与集料之间界面黏结力的提高。与普通混凝土相比，树脂混凝土具有强度高，耐化学腐蚀、耐磨、抗冻性好等优点，但硬化时收缩大，耐久性差。

配置树脂混凝土常用的聚合物有聚酯树脂，环氧树脂、聚甲基丙烯酸甲脂等，聚合物用量一般为 6%～10%。由于树脂混凝土成本高目前仅用于特殊工程，如耐腐蚀工程，修补混凝土构件及堵漏材料等。此外，树脂混凝土因其美观的外表，又称人造大理石，可以制成桌面、地面砖、浴缸等。

八、防辐射混凝土

防辐射混凝土能屏蔽 X 射线、Y 射线或中子辐射。它由水泥、重集料（重晶石、褐铁矿和磁铁矿等）、水配置而成。防辐射混凝土体积密度一般在 3000kg/m³ 以上。对防辐射，除需要混凝土质量很大外，还需要含足够多的最轻元素——氢。

防辐射混凝土用于原子能工业以及应用放射性同位素的装置中，如做反应堆、加速器放射化学装置等的防护结构。

九、补偿收缩混凝土

补偿收缩混凝土是由膨胀水泥、粗细集料以及水配置而成的具有适度膨胀性能的混凝土。

普通混凝土在水泥硬化过程会形成微裂缝，且硬化后发生体积收缩，这种收缩引起的混凝土开裂是混凝土质量的通病。补偿收缩就是用限制条件下的膨胀来补偿（抵消）这种收缩，从而减免裂缝的发生与发展。这种混凝土经过 7～14d 的保湿养护，将其膨胀率控制在 0.05％～0.08％之间，可获得 0.5～1.2MPa 的应力，使混凝土处于受压状态，以补偿混凝土的全部或大部分的收缩，达到防止开裂的目的。

在普通混凝土中渗入混凝土膨胀剂，也可以配置补偿收缩混凝土，常用的膨胀剂有 U 型膨胀剂（UEA）、复合膨胀剂（CEA）、铝酸钙膨胀剂（AEA）等。

补偿收缩混凝土主要用于地下工程、楼地面、基础后浇带等特殊要求的工程中。

十、导电混凝土

混凝土本身是不导电的，但若在普通混凝土中渗入各种导电组分（如石墨、碳纤维、金属纤维、金属片、金属网等）可使混凝土具有导电功能。纤维状的导电组分（如碳纤维或金属纤维）不仅可以使混凝土具有良好的导电性，还能够改善其力学性能，增加其延性。因此，根据实际应用的要求，可以选择合适的导电组分、掺量和复合方法，生产出既满足需要，又经济的导电混凝土。导电混凝土的应用领域主要有工业防静电结构、公路路面、机场道面等部位的化雪除冰、钢筋混凝土结构中钢筋的阴极保护、住宅及养殖场的电热结构等。此外，采用高铝水泥和石墨、碳纤维等耐高温导电组分，可以制备出耐高温的导电混凝土，用作新型发热源。

十一、屏蔽磁场混凝土

地下电力传输线和变压器、开关等电力设施可以产生强磁场，对人体健康产生不利的影响。为了使路面和建筑物具有屏蔽磁场的功能，可在混凝土中加入钢丝网以屏蔽磁场，但钢丝网的加入严重影响了混凝土和易性。在混凝土中掺加钢质的曲别针同样可以达到屏蔽磁场的目的，且由于曲别针为分散的、互不相连的个体，不会明显影响新拌混凝土的和易性及混凝土的施工。同时，曲别针又具有相互连接的倾向，在混凝土的搅拌和浇筑过程中，可以形成由曲别针连接的屏蔽磁场的金属网。在混凝土中掺入体积分数为 5％的钢质曲别针（曲别针长 3.18cm，宽 0.64cm，钢丝直径 0.79cm），即可以获得足以和钢丝网（钢丝网直径 0.66mm，钢丝网孔间距为 5.64mm）混凝土相媲美的磁场屏蔽效果。

十二、屏蔽电磁波混凝土

随着电子信息时代的到来，各种电器及电子设备的广泛使用，导致电磁波泄漏问题越来越严重，而且电磁波泄漏场的频率从超低频（ELF）到毫米波，分布极宽，它可能干扰正常的通信和导航，甚至危害人体健康。因此，具有屏蔽电磁波功能的建筑材料越来越受到重视。混凝土本身既不能反射也不能吸收电磁波。但通过掺入导电粉末（如碳、石墨、铝或铀等）、导电纤维（如碳、铝、钢或铜-锌等）功能性组分后，可具有屏蔽电磁波的功能。例如，采用铁氧体粉末或碳纤维毡作为吸收电磁波的功能组分，制作的幕墙对电磁波的吸收可达到 90％以上，而且幕墙壁薄质轻。

十三、温度自测混凝土

含有碳纤维的混凝土会产生热电效应。在最高温度为 70℃、最大温差为 15℃的范围内，温差电动势 E 与温差 Δt 之间具有良好稳定的线性关系。当碳纤维掺量达到一临界值时，其温差电动势率有极大值，且敏感性较高。因此可以利用这种材料实现对建筑物内部和周围环境温度变化的实时监控。此外，尚存在通过混凝土的热电效应，利用太阳能和室内外温差为建筑物提供电能的可能性。

十四、调湿混凝土

有些建筑物对其室内外的温度和湿度有较严格要求，如各类展馆、博物馆及美术馆等。自动调节环境湿度的混凝土不需要任何温度和湿度传感器及控制系统，自身即可完成对室内环境湿度的探测和调控，基本上能够进行传感、反馈和控制等功能，可以认为是智能混凝土的雏形。调湿混凝土中的关键组分是沸石粉。沸石中的硅钙酸盐含有孔隙，这些孔隙可以对水分、NO_x 和 SO_x 气体进行选择性吸附。通过对沸石种类进行选择（天然的沸石有 40 多种），可以制备符合实际应用需要的自动调节环境湿度的混凝土，这种调湿混凝土用于室内墙体，可取得很好的调湿效果。

十五、仿生自愈伤混凝土

将内含胶粘剂的空心玻璃纤维或胶囊掺入混凝土中，一旦材料在外力作用下发生开裂，空心玻璃纤维或胶囊就会破裂而释放胶粘剂，胶粘剂流向开裂处，使之重新粘结起来，具有与动物骨骼相似的自愈合效果。仿生自愈伤混凝土中的胶粘剂是影响其性能的主要因素，胶粘剂的固化时间是控制结构在受到损伤时变形的关键因素。此外，可通过选择不同种类和性能的胶粘剂，制备出适合于不同场合的混凝土，如刚度较小的胶粘剂，可以起吸振作用，用于减轻地震、风害对建筑物的损坏；而刚度较大的胶粘剂，可以有效恢复结构的刚度和强度。

第八节　新型混凝土

一、高性能混凝土（HPC）

高性能混凝土（HPC）是以耐久性和混凝土材料的可持续发展为基本要求，并适合工业化生产和施工的新一代混凝土，是混凝土技术的前沿。与普通混凝土相比，高性能混凝土具有耐久性、工作性、稳定性、韧性和经济性等独特的性能。近几年来，混凝土从高强发展到高性能，其主要原因是高强度混凝土本身的缺点不符合和不能满足工程的需要。高强度混凝土的主要缺点有：

　　① 脆性，易于开裂和突然破坏；

　　② 由于水灰比小带来流动性、可泵性、均匀性差；

　　③ 单位水泥用量大带来稳定性和经济性问题；

④ 由于体积稳定性（收缩、膨胀）带来的耐久性问题。

HPC 与高强混凝土相比，是从单一重视强度到工作性、耐久性与强度并重，还应根据工程要求，突出一二种性能。也就是说，高性能混凝土不一定必须高强，而是强调优良的综合性能，特别是耐久性。重要工程要求安全使用寿命大于 500 年。

HPC 的配比基本特征是低用水量（水与胶凝材料总量之比低于 0.4，至多不超过 0.45），较低的水泥用量，并以矿物掺合料（磨细矿渣粉、粉煤灰、硅灰等）和高性能化学外加剂作为水泥、水、砂、石之外的必需成分。抗渗性是衡量其耐久性的主要指标，因为混凝土各种劣化过程（如钢筋锈蚀、冻融破坏、硫酸盐侵蚀、碱-集料反应等）的共同点是必须有水分和其他有害物质的侵入，而采用低水胶比和加入矿物掺合料是提高混凝土密实度从而提高其抗渗性的基本途径，也是高性能混凝土实现高耐久性的关键。深圳地铁工程所用的高性能混凝土，其设计强度等级 C30，胶凝材料总量 440kg/m³，硅酸盐水泥用量仅 180～200kg/m³，水胶比 0.4 左右，其 28d 强度达 50MPa，抗渗等级大于 P12，抗硫酸盐侵蚀、抗氯离子渗透性、抗钢筋锈蚀均比深圳本地常用的 C30 普通混凝土有较大幅度提高。

HPC 的技术要求是：

① 掺用矿物掺合料，降低水泥用量，胶凝材料总用量控制在 300～500kg/m³ 范围内；

② 使用高效减水剂和其他必要的化学外加剂，降低水胶比；

③ 优选集料（采用 $M_x = 2.5～3.0$ 的天然砂，石子采用花岗岩、正长岩、闪长岩、辉绿岩等级配良好、粒径较小、粒径接近于等径状的石子，针、片状颗粒含量不大于 5%）；

④ 在混凝土生产上，因其组分多，拌合物黏稠，需用强制式搅拌机，并延长搅拌时间，严格控制各个工艺环节，严禁在现场加水，加强养护。

高性能混凝土主要用于高层、大跨度、大荷载、特殊使用条件和严酷的环境（如海上石油钻井平台、海底隧道等），以及对建设速度、经济、节能等有更高要求的工程建设中。

二、环保型混凝土

以水泥为胶凝材料的混凝土以其原材料资源丰富、价格低廉、可浇筑成任意尺寸、形状的构件和结构以及强度高、耐久性优良等优点受到世人青睐，被大量用于建造人类生活、生产所必需的各种基础设施，成为现代社会最大宗的建筑材料。然而，长期以来人们只注意到了混凝土为人类所用，给人类带来方便和有利的一面，却忽略了混凝土给人类和地球环境带来的负面影响的另一面。混凝土材料的生产与使用给环境（生活、工作、社会环境）带来的负面影响有以下五方面。

（1）消耗大量自然资源与能源。据统计，中国每年要开采 50 亿吨以上的黏土、石灰石和砂石等矿物质材料用于生产水泥和混凝土，为此将破坏自然景观、破坏河床位置及形状，造成水土流失或河流改道等严重后果，同时，为开采这些原材料和生产水泥，还需耗费大量的能量。

（2）排出 CO_2 等有害物质。生产 1t 水泥熟料，从理论上计算需排放出大约 $800kgCO_2$，同时，水泥生产所耗的煤燃烧还将产生 CO_2 和 SO_2 等有害气体。目前，全世界每年 CO_2 的排放量约为 100 亿吨，其中由水泥生产产生的 CO_2 气体约占 $\frac{1}{10}$，是产生温室效应气体的大户。

（3）生产与施工过程造成城市公害。在混凝土搅拌、运输、浇筑、振捣等施工工序中，除了要消耗大量能量外，还产生振动和噪声，是城市公害的主要来源。同时，每生产 1t 的水泥要产生 130kg 的粉尘，混凝土的搅拌与施工也产生粉尘，是造成空气污染的原因之一。

（4）视觉和触觉效果差。混凝土质地脆硬，表面粗糙，颜色灰暗，视觉效果差，缺乏生机。由混凝土材料构筑的生活空间给人以粗、硬、冷、暗、色彩单调的感觉，因此，现代城市有"沙漠城市"之称。

（5）循环利用难度大。混凝土材料由多组分构成，与金属材料、高分子塑料等材料相比，解体时循环利用的难度大，成本较高。

传统混凝土存在诸多对环境不利的缺点，不符合可持续发展的要求。因此，环保型混凝土应运而生。所谓环保型混凝土是指能减少给地球环境造成的负荷，同时又能与自然生态系统协调共生，为人类构筑更加舒适环境的混凝土。

1. 环保混凝土的特点

（1）环保混凝土具有比传统混凝土更强的强度和耐久性，能满足结构物的力学性能、使用功能以及使用年限的要求。

（2）环保混凝土具有与自然环境的协调性，减轻对地球和生态系统的负荷，实现非再生性资源的可循环使用。

（3）环保混凝土具有良好的使用功能，能够为人类构筑温和、舒适、便捷的生活环境。

2. 环保混凝土的分类

环保混凝土有两大类：①减轻环境负荷的混凝土，是指在混凝土生产、使用直至解体全过程中，能够减轻给地球环境造成的负担。粉煤灰等工业废料作为水泥的混合材料、混凝土的掺合料，到开发、利用高流态、自密实、高性能混凝土，均属于减轻环境负荷型的混凝土；②生态型混凝土，是指能适应动、植物生长，对调节生态平衡、美化环境景观、实现人类与自然的协调具有积极作用的混凝土。有关这类混凝土的研究和开发还刚起步，它的目标是混凝土不仅仅作为建筑材料，为人类构筑所需要的结构物或建筑物，而且它应与自然融合，对自然环境和生态平衡具有积极的保护作用。其主要品种有透水、排水性混凝土、生物适应型混凝土、绿化植被混凝土和景观混凝土等。

三、透水性混凝土

现代城市的地面逐步被钢筋混凝土的房屋建筑和不透水的路面所覆盖。目前，中国城市的道路覆盖率已达 7%～15%，便捷的交通设施，尤其是混凝土铺筑的道路给人们的生活及商品的流通带来了极大的方便，提高了生产效率和生活质量。但这些不透水的道路也给城市的生态环境带来了诸多负面影响，与自然土壤相比，混凝土路面存在以下问题。

（1）能够渗入地下的雨水明显减少，而高度发达的工业生产和日益丰富的现代生活使地下水的抽取量成倍增长，这必将造成城市地下水位急剧下降、土地中的水分不足、缺氧、地温升高等不良影响，从而影响地表植物的正常生长，使城市的绿色植物减少；

（2）不透气的路面难与空气进行热量与湿度的交换，对城市空间的温度、湿度等气候条件调节能力下降，产生"热岛现象"，使城市气候恶化；

（3）当短时暴雨时，由于大量雨水不能及时渗入地表，只能通过排水系统排入河流，大大加大了排水设施的负担，容易造成洪水泛滥、道路被淹没、交通瘫痪等社会问题。

透水性路面能够使雨水迅速地渗入地表，还原成地下水，使地下水资源得以补充，保持土壤湿度；同时透水路面具有较大的孔隙率，与土壤相通，能储蓄较大的热量，有利于调节城市空间的温度和湿度，消除"热岛现象"；当集中降雨时，能减轻排水系统负担，防止路面积水和夜间反光，提高车辆、行人的通行舒适性与安全性；大量的孔隙能够吸收车辆行驶时产生的噪声，创造安静舒适的交通环境。

透水性混凝土主要有以下三种：

（1）水泥透水性混凝土

以硅酸盐类水泥为胶凝材料，采用单一粒级的粗集料，不用或少用细集料配制的无砂多孔混凝土。该种混凝土一般采用较高强度的水泥，集灰比（集料与水泥之比）为 3.0～4.0，水灰比为 0.3～0.35。混凝土拌合物较干硬，采用压力成型。硬化后的混凝土内部通常含有 15％～25％的连通孔隙，体积密度低于普通混凝土，通常为 1700～2200kg/cm³。抗压强度可达 3～5MPa，透水系数为 1～15mm/s。该种透水性混凝土成本低，制作简单，适用于用量较大的道路铺筑，同时耐久性好。但由于含有较多的连通孔隙，提高其强度及耐磨性、抗冻性是技术难点。

（2）高分子透水性混凝土

采用单一粒级的粗集料，以沥青或高分子树脂为胶凝材料配制的透水性混凝土。与水泥透水性混凝土相比，该种混凝土强度较高，但成本也高。同时由于有机胶凝材料耐候性能差，在大气因素下容易老化，且性质随温度变化比较敏感，尤其是温度升高时，容易软化流淌，使透水性受到影响。

（3）烧结透水性制品

以废弃的瓷砖、长石、高岭土、黏土等矿物质的粒状物和浆体拌合，压制成坯体，经高温煅烧，形成的具有多孔结构的块体材料。该类透水性材料强度高，耐磨性好，耐久性优良，但烧结过程中需要消耗能量，成本较高，适用于用量较小的高档地面部位。

由于透水性混凝土强度较低，因此主要应用于强度要求不太高而要求具有较高透水效果的场合，如公园内道路、人行道、轻量级道路、停车场、地下建筑工程以及各种体育场地等。

四、绿化混凝土

绿化混凝土是指能够适应绿色植物生长、进行绿色植被的混凝土及其制品。绿色混凝土用于城市道路两侧及中央隔离带、水边护坡、屋顶、停车场等部位，可以增加城市绿色空间，调节人们的生活情趣，同时能吸收噪声和粉尘，对城市气候的生态平衡起到积极作用。

绿化混凝土有以下三种类型：

（1）孔洞型绿化混凝土块体材料

孔洞型绿化混凝土的实体部分与传统的混凝土材料相同，只是在块体材料的形状上设计了一定比例的空洞，为绿色植被提供空间，如图 4-10 所示，这种绿化混凝土块铺筑的地面有一部分面积与土壤相连，在孔洞之间可以进行绿色植被。适用于停车场、城市道路两侧树木之间，不适合大面积、大坡地、连续型地面的绿化。

（2）多孔连续型绿化混凝土

多孔连续型绿化混凝土以多孔混凝土为骨架，骨架内部存在一定量的连通孔隙，为混凝土表面的绿色植物提供生长、吸取养分的空间。这种混凝土由以下三部分构成：多孔混凝土骨架（孔隙率达 18％～30％，且孔隙尺寸大，空隙连通）；保水性填充材料（各种土壤颗粒、无机的人工土壤以及吸水性高分子材料配制而成）；表层客土（3～6cm 厚拌入胶粘剂的土壤）。这种混凝土适用于大面积、现场施工的绿化工程，尤其是大型土木工程之后的景观修复。

（3）孔洞型多层结构绿化混凝土

孔洞型多层结构绿化混凝土以多层混凝土为基础，并施加孔洞、多层板复合而成。上层为孔洞型多孔混凝土板，其板的空隙率为 20％左右，板上均匀设置直径约为 10mm 的孔洞，强度为 10MPa；底层是不带孔洞的凹型多孔混凝土板。上层与底层复合，中间形成一定空间的培土层，填充土壤及肥料，蓄积水分，为植物提供生长所需的营养和水分，如图 4-11 所示。

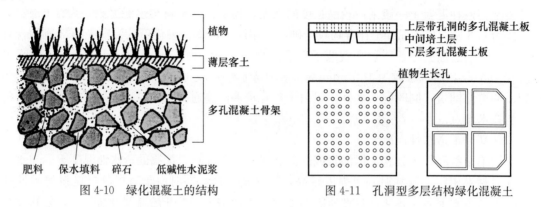

图 4-10　绿化混凝土的结构

图 4-11　孔洞型多层结构绿化混凝土

这种绿化混凝土制品主要用于城市楼房的阳台、屋顶等不与土壤直接相连的部位，从而增加城市绿色空间、美化环境。

五、吸声混凝土

噪声已成为现代社会的一大公害，而机动车生产的噪声大约占噪声来源的 1/3。吸声混凝土就是为减少噪声而开发的。这种混凝土具有连续、多孔的内部结构，具有较大的内表面积，与普通的密实混凝土组成复合结构。吸声混凝土主要用于机场、高速公路、高速铁路两侧、地铁等产生恒定噪声的场所，能明显减低交通噪声，改善出行环境以及公共交通设施周围的居住环境。

六、自密实混凝土

随着高层、超高层建筑的拔地而起，普通混凝土不仅在强度方面不能胜任，而且在拌合物的工作性方面也不能满足使用要求。因为混凝土结构和构件内部所配置的钢筋随着建筑物层高的增加而不断加密（即钢筋之间的间距不断减小），这使得传统的混凝土振捣方法并不适用。因此，为了解决这一技术难题，提高混凝土的密实度，自密实混凝土应运而生。自密实混凝土就是完全不需要或极少需要人工或机械振捣即可达到密实状态的混凝土。这类混凝土的拌合物既有极好的流动性（即坍落度或坍落扩展度很大），又有很高的黏滞性（即黏聚性和保水性良好）。只有这样才能达到自行密实，并保持不发生分层、离析或泌水等不良现象的稳定状态。

正因为自密实混凝土的自密实能力，使得混凝土施工的劳动强度可以大大降低，机械振捣作业所产生的噪声污染也可以得到有效控制。

自密实混凝土的自密实能力取决于它的组成材料的配合比。与普通混凝土相比，自密实混凝土在组成材料和配合比方面应具有以下特点：

（1）除水泥外，尚需掺用大量的矿物掺合材料，并保持较低的水胶比。

（2）粗集料的体积分数、级配和最大粒径必须加以严格控制。

（3）所添加的外加剂在低水胶比条件下，具有较高的分散效应，并且这种分散效应受温度影响小，于混凝土拌制完毕后至少保持 2h。

七、透光混凝土

透光混凝土，由大量的光学纤维和精致混凝土组合而成。通常做成预制砖或墙板的形式，离这种混凝土最近的物体可在墙板上显示出阴影。其透光原理为混凝土两个平面之间的纤维是以矩阵的方式平行放置的。由于玻璃纤维对于混凝土强度没有任何的负面影响，因此透光混凝土也可应用在承重结构中。

本章小结

本章主要介绍了混凝土的定义、分类、特点；混凝土组成材料的技术要求；混凝土外加剂；混凝土拌合物的和易性、混凝土的强度、耐久性、质量控制与强度评定、混凝土的配合比设计、特殊品种混凝土、新型混凝土。通过本章学习，应能了解混凝土的定义、分类、特点；理解混凝土组成材料的技术要求；掌握混凝土拌合物的和易性、混凝土的强度、耐久性、质量控制与强度评定、混凝土的配合比设计；了解混凝土外加剂、特殊品种混凝土、新型混凝土的应用。

思考与练习

1. 混凝土的组成材料有哪些？各有哪些技术要求？

2. 简述混凝土的分类。

3. 引气剂掺入混凝土中对混凝土性能有何影响？引气剂的掺量是如何控制的？

4. 粉煤灰用作混凝土掺合料，对其质量有哪些要求？粉煤灰掺入混凝土中，对混凝土产生什么效应？

5. 普通混凝土的和易性包含哪些内容？怎样测定？

6. 什么是混凝土的可泵性？可泵性用什么指标评定？

7. 混凝土的耐久性通常包括哪些方面的性能？影响混凝土耐久性的关键因素是什么？怎样提高混凝土的耐久性？

8. 为什么不是水泥的用量越多混凝土越好？

9. 在水泥浆用量一定的条件下，为什么砂率过小和过大都会使混合料的流动性变差？

10. 影响混凝土强度的主要因素有哪些？怎样影响？如何提高混凝土的强度？

11. 某工程需配制 C20 混凝土，经计算初步配合比为 $1:2.6:4.6:0.6$（$m_{co}:m_{so}:m_{go}:m_{wo}$），其中水泥密度为 3.10g/cm^3，砂的表观密度为 2.60g/cm^3，石的表观密度为 2.65g/cm^3。

（1）求 1m^3 混凝土中各材料的用量。

（2）按照上述配合比进行试配，水泥和水各加 5% 后，坍落度才符合要求，并测得拌合物的表观密度为 2390kg/m^3。求满足坍落度要求的各种材料用量。

第五章 建筑砂浆

> **本章提要**
>
> 【知识点】砌筑砂浆的组成材料、技术要求、配合比设计；抹面砂浆、特种砂浆的概念与应用。
>
> 【重点】砌筑砂浆的技术要求；抹面砂浆、防水砂浆、装饰砂浆、绝热砂浆、吸声砂浆的应用。
>
> 【难点】砌筑砂浆的配合比设计。

砂浆是由胶凝材料、细集料、水按适当比例，有时还加入适量掺合料和外加剂配制而成，所以可看作是一种细集料混凝土。

建筑砂浆主要起黏结作用，将块状、粒状的材料黏结为整体结构，修建各种建筑物，如桥涵、堤坝和房屋的墙体等；在梁、柱、地面和墙面等结构表面上进行砂浆抹面，起防护、找平装饰作用；在采用各种石材、面砖等贴面时，一般也用砂浆作黏结和镶缝；经过特殊配制，砂浆还可用于保温、防水、防腐、吸声等。所以，按照用途可将砂浆分为砌筑砂浆、抹面砂浆（普通抹面砂浆、装饰砂浆）、特种砂浆（保温砂浆、防水砂浆、耐腐蚀砂浆、吸声砂浆）砂浆。

按所用的胶凝材料不同，可分为水泥砂浆、混合砂浆（水泥石灰砂浆、水泥黏土砂浆、石灰黏土砂浆）、石灰砂浆、石膏砂浆和聚合物砂浆等。

第一节 砌筑砂浆

砌筑砂浆是能将砖、石、砌块等黏结成为砌体的砂浆，它起着黏结、铺垫和传递应力的作用，是砌体的重要组成部分。主要使用品种有水泥砂浆和水泥混合砂浆。水泥砂浆是由水泥、细集料和水配制成的砂浆。水泥混合砂浆是由水泥、细集料、掺加料和水配制而成的砂浆。

一、砌筑砂浆的组成材料

为保证砌筑砂浆的质量，配置砂浆的各组成材料均应满足一定的技术要求：

（1）胶凝材料及掺加料砌筑砂浆常用的胶凝材料是水泥，其品种应根据砂浆的用途及使用环境来选择。水泥强度等级宜为砂浆强度等级的 4～5 倍，用于配置水泥砂浆的水泥强度等级不宜大于 32.5 级，用于配制水泥混合砂浆的水泥强度等级不宜大于 42.5 级。若水泥强度过高，应加掺加料予以调整。

为改善砂浆的和易性，降低水泥用量，往往在水泥砂浆中加入石灰膏、石膏、粉煤灰、黏土膏等掺加料。常用胶凝材料级掺加料质量要求如表 5-1 所示。

表 5-1　砂浆胶凝材料及掺加料的选用及质量要求

胶凝材料种类	常用胶凝材料	质量要求
水泥	普通水泥、矿渣水泥、粉煤灰水泥、复合水泥、火山灰水泥、砌筑水泥	(1) 水泥品种、强度等级应符合设计要求； (2) 出厂超过三个月的水泥应经检验后方可使用； (3) 受潮结块的水泥应过筛并检验后使用
石灰	块状生石灰经熟化成石灰膏后使用	(1) 消化时应用孔径不大于 3mm×3mm 的网过滤，消化时间不得少于 7d； (2) 石灰膏应洁白、细腻，不得含有未消化颗粒。冻结风化或脱水硬化的石灰膏不得使用； (3) 消石灰粉不得直接用于砌筑砂浆中
石膏	建筑石膏、电石膏	凝结时间应符合有关规定，电石渣应经 20min 加热至 70° 没有乙炔味方可使用
黏土	砂质黏土	(1) 采用干法时，应将黏土磨细后，直接投入搅拌机； (2) 采用湿法时，应将黏土加水通过孔径不大于 3mm×3mm 的网过筛，沉淀后投入搅拌

（2）细集料砌筑砂浆用细集料主要为天然砂，宜选用中砂，其中毛石砌体宜选用粗砂。砂的含泥量，对水泥砂浆和强度等级不小于 M5 的水泥混合砂浆不应超过 5％，强度等级小于 M5 的水泥混合砂浆，不应超过 10％。这里应指出，砂的含泥量与砂浆中掺入黏土膏是不同的两种物理概念，砂子含泥量是包裹在砂子表面的泥，会增加水泥用量，使砂浆收缩值增大，耐水性降低，影响砌筑质量。而黏土膏是高度分散的土颗粒，并且土颗粒表面有一层水膜，可以改善砂浆和易性，填充空隙。

（3）拌制砂浆的水应采用不含有害杂质的洁净水，一般与混凝土用水要求相同。

（4）外加剂为改善或提高砂浆的某些性能，更好地满足施工条件和使用功能的要求，可在砂浆中掺入一定种类的外加剂，但对所选外加剂的品种（引气剂、缓凝剂、早强剂和防冻剂等）和掺量必须通过砂浆性能试验确定。

二、砌筑砂浆的技术性质

（1）和易性。新拌砂浆应具有良好的和易性。和易性良好的砂浆易在粗糙的砖、石基而上铺成均匀的薄层，且能与基层紧密黏结，这样，既便于施工操作，提高劳动生产率，又能保证工程质量。砂浆的和易性包括稠度（流动性）和保水性两方面的含义。

① 砂浆稠度（流动性）是指砂浆在自重或外力作用下产生流动的性质。稠度用砂浆稠度测定仪测定，以沉入度（mm）表示。影响砂浆稠度的因素很多，如胶凝材料种类及用量、用水量、砂子粗细和粒形、级配、搅拌时间等。

砂浆稠度的选择与砌体材料以及施工气候情况有关，一般根据施工操作经验来确定，具体可按表 5-2 进行选择。

表 5-2　砌筑砂浆稠度选择

砌体种类	砂浆稠度（mm）
烧结普通砖砌体	70～90
轻集料混凝土小型空心砌块砌体	60～90
烧结多孔砖、空心砖砌体	60～80
烧结普通砖平拱式过梁 空斗墙、筒拱 普通混凝土小型空心砌块砌体 加气混凝土砌块砌体	50～70
石砌体	30～50

② 保水性是指新拌砂浆保持其内部水分不泌出的能力。保水性不好的砂浆在存放、运输和施工过程中容易产生泌水和离析，并且当铺抹于基底后，水分易被基面很快吸走，从而使砂浆干涩，不便于施工，不易铺成均匀密实的砂浆薄层。同时，也影响水泥的正常水化硬化，使强度和黏合力下降。为提高水泥砂浆的保水性，往往掺入适量的石灰膏。砂浆中掺入适量的微沫剂或塑化剂，能明显改善砂浆的保水性和流动性。

砂浆的保水性用砂浆分层度测量仪测定，以分层度（mm）表示。分层度过大，表示砂浆易产生分层离析不利于施工及水泥硬化。分层度过小，或接近于零的砂浆，容易发生干缩裂缝，故砌筑砂浆分层度不得大于 30mm，不宜小于 10mm。

（2）强度与强度等级砂浆以抗压强度作为其强度指标。标准试件尺寸为 70.7mm×70.7mm×70.7mm 的立方体，一组 6 块，标准养护 28d，测定其抗压强度平均值。砌筑砂浆按抗压强度划分为 M20、M15、M10、M7.5、M5.0、M2.5 六个强度等级。

砂浆的强度除受砂浆本身的组成材料及配比影响外，还与基层的吸水能力有关。对于水泥配制的砂浆，可采用下列强度公式估计。

① 不吸水基层（如致密石材），这时影响砂浆强度的主要因素与混凝土基本相同，即主要决定于水泥轻度和水灰比。

$$f_{m} = 0.29 f_{ce}\left(\frac{C}{W} - 0.4\right)$$

式中　f_{m}——砂浆 28d 的抗压强度，MPa；

　　　f_{ce}——水泥 28d 的实测强度，MPa。

② 吸水基层。用于吸水基层时，砂浆的水分要被底面的材料吸去一些，由于砂浆具有保水性，因而不论拌和时加入多少水，经底面吸水后保留在砂浆中的水量大致相同。在这种情况下，砂浆强度主要决定于水泥强度等级和水泥用量，而与水灰比无关，计算公式为：

$$f_{m} = \frac{\alpha f_{c_e} Q_c}{1000} + \beta$$

式中　Q_c——每立方米砂浆的水泥用量，kg；

　　　α，β——砂浆的特征系数，$\alpha = 3.03$，$\beta = -15.09$。

砂浆强度试块的留置规定：每一层楼或每 250m³ 砌体中的各种设计强度等级的砂浆，至少制作一组试块（每组 6 块），若砂浆强度等级或配合比变更时，还应制作试块。

（3）黏结力砖石砌体是靠砖浆把许多块状材料黏结成为一坚固整体的，因此要求砂浆对于砖石要有一定的黏结力。一般情况，砂浆的抗压强度越高其黏结力越大。此外，砂浆的黏结力与砖石表面状态、清洁程度、湿润情况以及施工养护条件等都有相当关系，如砌砖前要先浇水湿润，表面不沾泥土，就可以提高砂浆的黏结力，保证砌体的质量。

（4）变形性砂浆在随荷载或温度情况变化时，容易变形。如果变形过大或不均匀，则会降低砌体及表面质量，引起沉陷或开裂。在使用轻集料拌制的砂浆时，其收缩变形比普通砂浆大。

三、砌筑砂浆的配合比设计

砂浆配合比时，可查阅有关手册或资料来选择相应的配合比，再经试配、调整后确定出施工用的配合比。也可以根据原材料的性能、砂浆的技术要求、砌块种类及施工条件进行配合比设计。砌筑砂浆配合比设计随所采用的砂浆种类不同，采用不同的方法。

1. 水泥混合砂浆的配合比计算

根据《砌筑砂浆配合比设计规程》JGJ/T 98—2010 规定，配合比计算按如下步骤进行：

（1）确定适配强度需考虑施工中的质量波动情况，为保证砂浆的强度具有 95％的强度保证率，满足强度等级要求。适配强度应按下式计算：

$$f_{mo} = k f_2$$

式中　$f_{m,0}$——砂浆的配制强度，精确至 0.1MPa；

　　　f_2——砂浆设计强度等级值，精确至 0.1MPa；

　　　K——系数，按表 5-3 选取。

砂浆标准差的确定应符合下列规定：

① 当有统计资料时，砂浆的强度标准差应按下式计算：

$$\sigma = \sqrt{\dfrac{\sum_{i=1}^{n} f_{m,i}^2 - n\mu_{f_m}^2}{n-1}}$$

式中　$f_{m,i}$——统计周期内同一品种砂浆第 i 组试件的强度，MPa；

　　　μf_m——统计周期内同一品种砂浆 n 组试件强度的平均值，MPa；

　　　n——统计周期内同一品种砂浆试件总组数，$n \geq 25$。

② 当无近期统计资料时，砂浆现场强度标准差 σ 可参考表 5-3。

表 5-3　砂浆强度标准差 σ 及 k 值 JGJ/T 98—2010

强度等级 施工水平	强度标准差 σ（MPa）							k
	M5	M7.5	M10	M15	M20	M25	M30	
优良	1.00	1.50	2.00	3.00	4.00	5.00	6.00	1.15
一般	1.25	1.88	2.50	3.75	5.00	6.25	7.50	1.20
较差	1.50	2.25	3.00	4.50	6.00	7.50	9.00	1.25

（2）水泥用量计算：

根据强度计算公式计算 1m³ 砂浆的水泥用量：

$$Q_c = \dfrac{1000(f_{m,o} - \beta)}{\alpha \times f_{ce}}$$

式中　Q_c——每立方米砂浆中的水泥用量，kg；当计算出的水泥用量不足 200kg/m³ 时，取 ＝200kg/m³；

　　　f_{ce}——水泥的实测强度，MPa，精确至 0.1MPa。

当无法取得水泥的实测强度时，可按下式计算：

$$f_{ce} = \gamma_c \times f_{ce,k}$$

式中　γ_c——水泥强度富余系数，无法确定时取 $\gamma_c = 1.0$；

　　　$f_{ce,k}$——水泥强度等级值；

　　　α，β——砂浆特征系数，其中 $\alpha = 3.03$，$\beta = -15.09$。

各地可根据本地区试验资料确定，但 $n \geq 30$。

（3）石灰膏用量按下式计算：

$$Q_D = Q_A - Q_c$$

式中　Q_D——每立方米砂浆中石灰膏用量，kg，使用时其稠度宜为12mm±5mm；

　　　Q_A——每立方米砂浆中水泥和石灰膏总量，kg，精确至1kg，可为350kg。

（4）砂用量的确定：

每立方米砂浆中砂用量，以干燥状态（含水率小于0.5%）的自然堆积体积1m³为准，因此，每立方米砂浆中砂用量与其自然状态堆积密度值相同。

（5）每立方米砂浆中的用水量的确定：

每立方米砂浆中的用水量确定，在考虑砂的粗细、气候条件的基础上，根据砂浆稠度的要求可在210～310kg选用。选用时应注意：①不包括石灰膏中的水；②当采用细沙或粗砂时，用水量可取上限或下限；③当稠度小于70mm时，用水量可低于下限；④现场为炎热或干燥季节，可酌情增加用水量。

【例题5-1】　配置M100的水泥石灰混合砂浆，已知普通水泥32.5级（实测强度为35MPa）；石灰膏稠度指标：沉入度为120mm，中砂堆积密度为1450kg/m³，施工水平一般。

解：　（1）确定试配强度。由于施工水平一般，查表5-5，故取$k=1.20$，则有：

$$f_{m,o} = k \times f_2 = 1.20 \times 10 = 12\text{MPa}$$

（2）求水泥用量。取$\alpha=3.03$，$\beta=-15.09$，则有：

$$Q_c = \frac{100(f_{m,o}-\beta)}{\alpha \times f_{ce}} = \frac{1000(12+15.09)}{3.03 \times 35} = 255\text{kg/m}^3$$

（3）求石灰用量。取$=350\text{kg/m}^3$，则有：

$$Q_D = Q_A - Q_c = 350 - 255 = 95\text{kg/m}^3$$

（4）确定砂用量。

$$Q_s = 1450\text{kg/m}^3$$

（5）确定用水量（若砂中含水，应予考虑，但其总量不宜超过310kg）。

这里取$Q_w = 280\text{kg/m}^3$

（6）砂浆试配时各材料的用量比列（质量比）为：

$$Q_c : Q_D : Q_s : Q_w = 255 : 95 : 1450 : 280 = 1 : 0.37 : 5.69 : 1.10$$

2. 水泥砂浆的配合比选定

（1）水泥砂浆的材料用量可按表5-4选取。

表5-4　每立方米水泥砂浆的材料用量　JGJ/T 98—2010　　　　　　　　（kg）

强度等级	水泥强度等级	水泥用量	砂用量	水用量
M5		200～300		
M7.5	32.5	230～260		270～330
M10		260～290	砂的堆积密度值	选用时应注意：①不包括石灰膏中的水；②当采用细沙或粗砂时，用水量可取上限或下限；③当稠度小于70mm时，用水量可低于下限；④现场为炎热或干燥季节，可酌情增加用水量
M15		290～330		
M20		340～400		
M25	42.5	360～410		
M30		430～480		

（2）水泥粉煤灰砂浆的材料用量可按表5-5选用。

表 5-5　每立方米水泥粉煤灰砂浆材料用量　JGJ/T 98—2010　　　　（kg）

强度等级	水泥＋粉煤灰总量	粉煤灰用量	砂用量	水用量
M5	210～240	可占胶凝材料总量的 15%～25%	砂的堆积密度值	270～330 选用时应注意：①当采用细砂或粗砂时，用水量可取上限或下限；②当稠度小于 70mm 时，用水量可低于下限；③现场为炎热或干燥季节，可酌情增加用水量
M7.5	240～270			
M10	270～300			
M15	300～330			

注：表中水泥强度等级为 32.5 级。

【**例题 5-2**】　要求设计用于砌筑砖墙的水泥砂浆，设计强度等级 M7.5，稠度 70～90mm。已知：水泥为 32.5 级矿渣水泥；中砂，堆积密度为 1450kg/m³；施工水平一般。

解：（1）选用水泥用量，根据表 5-6 取 $Q_c = 250\text{kg/m}^3$；

（2）选砂用量，取 $Q_s = 1450\text{kg/m}^3$；

（3）选水用量，取 $Q_w = 300\text{kg/m}^3$；

（4）砂浆试配时各材料的用量比列（质量比）为：

$$Q_c : Q_s : Q_w = 250 : 1450 : 300 = 1 : 5.8 : 1.2$$

3. 配合比试配、调整与确定

（1）试配时采用工程中实际使用的材料，按计算所得的配比进行试配。测定拌合物的稠度、保水率并复核表观密度，若不能满足要求，则应调整材料用量，直到符合要求为此。然后确定为砂浆基准配合比。

（2）采用至少三个不同的配合比，其中一个为基准配合比，其他配合比的水泥用量，按基准配合比分别增加及减少 10%，在保证稠度、保水率符合要求的条件下，可将用水量或掺加料用料作相应调整。

（3）经调整后，按规定方法成型试件，测定砂浆稠度；并选定符合试配强度要求而且水泥用量最低的砂浆配合比。

第二节　抹面砂浆

凡涂抹于建筑物或构件表面的砂浆，统称为抹面砂浆。抹面砂浆有保护基层、增加美观的功能。抹面砂浆的强度要求不高，但要求保水性好，与基底的黏结力好，容易抹成均匀平整的薄层，长期使用不会开裂或脱落。

抹面砂浆按其功能不同可分为普通抹面砂浆、防水砂浆、装饰砂浆。

抹面砂浆的组成材料与砌筑砂浆基本相同。但有时用于面层装饰时需要采用细砂；为了防止砂浆开裂，有时需要加入一些纤维材料（如麻刀、纸筋等）；为了强化某些功能，有时需要加入特殊材料（如膨胀珍珠岩可以提高砂浆的保温隔热性能等）。

一、普通抹面砂浆

普通抹面砂浆具有保护结构的作用，同时，经过砂浆抹面的结构表面平整、光洁和美观。为了便于涂抹，普通抹面砂浆要求比砌筑砂浆具有更好的和易性，故胶凝材料（包括掺合料）的用量比砌筑砂浆的多一些。

1. 普通抹面砂浆的种类

常用的普通抹面砂浆有石灰砂浆、水泥砂浆、水泥混合砂浆、麻刀石灰浆（简称麻刀灰）以及纸筋石灰浆（简称纸筋灰）等。

2.普通抹面砂浆的选用

为了保证抹灰表面的平整，避免开裂和脱落，抹面砂浆一般分两层或三层施工。各层所使用的材料和配合比及施工做法应视基层材料品种、部位及气候环境而定。

砖墙的底层抹灰多用石灰砂浆；混凝土墙、梁、柱及顶板等的底层抹灰多用混合砂浆。一般要求底层砂浆与底层材料能牢固黏结，故抹面砂浆应具有良好的黏结力，同时为了防止抹面砂浆中水分被基层材料吸收而影响砂浆的黏结力，抹面砂浆还具有良好的保水性，底层砂浆还兼有初步找平的作用。砂浆稠度一般为100～120mm。

中层抹灰多采用混合砂浆。其主要作用是找平，有时可以省略。抹面砂浆稠度一般为70～80。面层抹灰多用混合砂浆、麻刀石灰浆或纸筋石灰浆。面层抹灰要达到平整美观的效果，要求砂浆细腻抗裂，稠度一般为100mm左右。

在容易碰撞或潮湿的地方，如墙裙、踢脚板、地面、窗台、雨棚及水池等处，一般应采用水泥砂浆。

普通抹面砂浆的流动性和砂子的最大粒径可参考表5-6；常用的抹面砂浆的配合比和应用范围可参考表5-7。

表5-6　抹面砂浆的流动性及集料最大粒径

抹面层	沉入度（mm）（人工抹面）	砂的最大粒径（mm）
底层	100～120	2.5
中层	70～90	2.5
面层	70～80	1.2

表5-7　常用抹面砂浆的配合比和应用范围

材　料	体积配合比	应用范围
石灰∶砂	1∶3	用于干燥环境中的砖石墙面打底或找平
石灰∶黏土∶砂	1∶1∶6	干燥环境墙面
石灰∶石膏∶砂	1∶0.6∶3	不潮湿的墙及天花板
石灰∶石膏∶砂	1∶2∶3	不潮湿的线脚及装饰
石灰∶水泥∶砂	1∶0.5∶4.5	勒角、女儿墙及较潮湿的部位
水泥∶砂	1∶2.5	用于潮湿的房间墙裙、地面基层
水泥∶砂	1∶1.5	地面、墙面、天棚
水泥∶砂	1∶1	混凝土地面压光
水泥∶石膏∶砂∶锯末	1∶1∶3∶5	吸音粉刷
水泥∶白石子	1∶1.5	水磨石
石灰膏∶麻刀	1∶2.5	木板条顶棚底层
石灰膏∶纸筋	lm³灰膏掺3.6kg纸筋	较高级的墙面及顶棚
石灰膏∶纸筋	100∶3.8（质量比）	木板条顶棚面层
石灰膏∶麻刀	1∶1.4（质量比）	木板条顶棚面层

二、防水砂浆

1.防水砂浆用途和种类

用作防水层的砂浆称为防水砂浆。砂浆防水层又称刚性防水层，适用于不受振动和具有一定刚度的混凝土和砖石砌体工程的表面。对于变形较大或可能产生不均匀沉陷的建筑物，不宜采用刚性的防水砂浆。防水砂浆是用特定的施工工艺或在普通水泥中加入防水剂等以提高砂浆的密实性或改善抗裂性，使硬化后的砂浆具有防水、防渗等性能，用于建筑物的地下室、屋顶、厨房及卫生间。

防水砂浆主要有普通水泥防水砂浆、掺加防水剂的防水砂浆和膨胀水泥和无收缩水泥防水砂浆三种。普通水泥防水砂浆是由水泥、细集料、掺合料和水拌制成的砂浆。掺加防水剂的水泥砂浆是在普通水泥中掺入一定量的防水剂而制得的防水砂浆，是目前应用广泛的一种防水砂浆。常用的防水剂有硅酸钠类、金属皂类、氯化物金属盐及有机硅类等。膨胀水泥和无收缩水泥防水砂浆是采用膨胀水泥和无收缩水泥制作的砂浆，利用这两种水泥制作的砂浆有微膨胀或补偿收缩性能，从而提高砂浆的密实性和抗渗性。

2. **防水砂浆材料**

防水砂浆的配合比一般采用水泥∶砂＝1∶（2.5～3），水灰比在 0.5～0.55 之间。水泥应采用 42.5 强度等级的普通硅酸盐水泥，砂子应采用级配良好的中砂。

3. **防水砂浆施工**

防水砂浆对施工操作技术要求很高。制备防水砂浆应先将水泥和砂干拌均匀，再加入水和防水剂溶液搅拌均匀。施工前，应先在润湿清洁的底面上抹一层低水灰比的纯水泥浆（有时也用聚合物水泥浆），然后再抹一层防水砂浆。在砂浆初凝之前，用木抹子压实一遍，第二、三、四层都是以同样的方法进行操作，最后一层要压光。每层厚度约为 5mm，共抹 4～5 层，共 20～30mm 厚。施工完毕后，必须加强养护，防止开裂。

三、装饰砂浆

装饰砂浆是指涂抹在建筑物内外表面，具有美化装饰、改善功能、保护建筑物作用的抹面砂浆。装饰砂浆施工时，底层和中层抹面砂浆所使用的材料与普通抹面砂浆的基本相同，但装饰砂浆面层材料的要求有所不同，所采用的胶凝材料除普通水泥、矿渣水泥等外，还可应用白水泥、彩色水泥，或在常用水泥中掺加耐碱矿物颜料，配制成彩色水泥砂浆；装饰砂浆采用的集料除普通河砂外，还可使用色彩鲜艳的花岗岩、大理石等色石及细石碴；有时也采用玻璃或陶瓷碎粒；有时也可加入少量云母碎片、玻璃碎料、长石、贝壳等使表面获得发光效果。掺颜料的砂浆在室外抹灰工程中使用时，总会受到风吹、日晒、雨淋及大气中有害气体的腐蚀，因此，应采用耐碱和耐光的矿物颜料。

外墙面的装饰砂浆有如下工艺做法：

（1）拉毛。先用水泥砂浆做底层，再用水泥石灰砂浆做面层。在砂浆尚未凝结之前，用抹刀将表面拍拉成凹凸不平的形状。

（2）水刷石。用颗粒细小（约 5mm）的石碴拌成的砂浆做面层，在水泥浆终凝前，喷水冲刷表面，冲洗掉石碴表面的水泥浆，使石碴表面外露。水刷石用于建筑物的外墙面，具有一定的质感，且经久耐用，不需维护。

（3）干黏石。在水泥砂浆面层的表面，黏结粒径 5mm 以下的白色或彩色石碴、小石子、彩色玻璃、陶瓷碎粒等。要求石碴粘结均匀，牢固。干粘石的装饰效果与水刷石相近，且石子表面更洁净艳丽；避免了喷水冲洗的湿作业，施工效率高，而且节约材料和水。干粘石在预制外墙板的生产中，有较多的应用。

（4）斩假石，又称为斧剁石。砂浆的配制与水刷石基本一致。待砂浆抹面硬化后，用斧刃将表面剁毛并露出石碴。斩假石的装饰效果与粗面花岗岩相似。

（5）假面砖。将硬化的普通砂浆表面用刀斧锤凿刻出线条；或者在初凝后的普通砂浆表面用木条、钢片压划出线条；亦可用涂料画出线条，将墙面装饰成仿砖砌体、仿瓷砖贴面、仿石材贴面等艺术效果。

（6）水磨石。用普通水泥、白水泥、彩色水泥或普通水泥加耐碱颜料拌和各种色彩的大理石石碴做面层，硬化后用机械反复磨平抛光表面而成。水磨石多用于地面、水池等工程部位。可事先设计图案色彩，磨平抛光后更具艺术效果。水磨石还可制成预制件或预制块，作楼梯踏步、窗台板、柱面、台面、踢脚板、地面板等构件。室内外的地面、墙面、台面、柱面等，也可用水磨石进行装饰。

装饰砂浆还可采用喷涂、弹涂、辊压等工艺方法，做成丰富多彩、形式多样的装饰面层。装饰砂浆的操作方便，施工效率高。与其他墙面、地面装饰相比，成本低，耐久性好。

第三节　特种砂浆

一、绝热砂浆

绝热砂浆是采用水泥、石灰、石膏等胶凝材料与膨胀珍珠岩、膨胀蛭石、陶粒、陶砂或聚苯乙烯泡沫颗粒等轻质集料，按一定比例配制的砂浆。绝热砂浆质轻，绝热性能好，其导热系数为 $0.07\sim0.10W/$（m·K）。主要用于屋面隔热层、隔热墙壁、冷库以及工业窑炉、供热管道隔热层等处。如在绝热砂浆中掺入或在绝热砂浆表面喷涂憎水剂，则这种砂浆的保温隔热效果会更好。

常用的绝热砂浆有水泥膨胀珍珠岩砂浆、水泥膨胀蛭石砂浆、水泥石灰膨胀蛭石砂浆等。水泥膨胀珍珠岩砂浆采用强度等级 42.5 的普通水泥配制，其体积比为水泥：膨胀珍珠岩砂＝1：（12～15），水灰比为 1.5～2.0，导热系数为 $0.067\sim0.074W/$（m.K），可用于砖及混凝土内墙表面抹灰或喷涂。

二、膨胀砂浆

在水泥砂浆中加入膨胀剂或使用膨胀水泥，可配制膨胀砂浆。膨胀砂浆具有一定的膨胀特性，可补偿水泥砂浆的收缩，防止干缩开裂。膨胀砂浆用在修补工程和装配式大板工程中，依赖其膨胀作用而填充缝隙，以达到黏结密封的目的。

三、耐酸砂浆

耐酸砂浆是用水玻璃和氟硅酸钠加入石英砂、花岗岩砂、铸石等耐酸粉料和细集料并按适当比例配制的砂浆，具有耐酸性。可用于耐酸地面和耐酸容器的内壁防护层。在某些有酸雨腐蚀的地区，也可用于建筑物的外墙装饰，以提高建筑物的耐酸雨腐蚀能力。

四、吸声砂浆

由轻质多孔集料制成的隔热砂浆，都具有吸声性能。另外，用水泥、石膏、砂及锯末等也可以配制成吸声砂浆。如果在吸声砂浆内掺入玻璃纤维、矿物棉等松软的材料能获得更好的吸音效果。吸声砂浆常用于室内的墙面和顶棚的抹灰。

五、防辐射砂浆

在水泥砂浆中加入重晶石粉和重晶石砂可配制具有防 X 射线和 γ 射线的砂浆。其配合比约为水泥：重晶石粉：重晶石砂＝1：0.25：（4～5）。配制砂浆时加入硼砂、硼酸可制成具有防中子辐射能力的防辐射砂浆。此类砂浆用于射线防护工程。

六、聚合物砂浆

聚合物砂浆是在水泥砂浆中加入有机聚合物乳液配制而成，具有黏结力强、干缩率小、脆性低、耐腐蚀性好等特性，用于修补和防护工程。常用的聚合物乳液有氯丁胶乳液、丁苯橡胶乳液、丙烯酸树脂乳液等。

本章小结

本章介绍了砌筑砂浆的组成材料、技术要求、新拌砂浆的和易性，硬化砂浆的强度、强度等级、砌筑砂浆的配合比设计及实例；普通抹面砂浆、防水抹面砂浆和装饰抹面砂浆以及各种特种砂浆。通过本章学习，应能了解砌筑砂浆的组成；掌握砌筑砂浆的技术要求、和易性；了解抹面砂浆和各种特种砂浆的应用。

思考与练习

1. 砌筑砂浆的主要技术性质有哪些？
2. 配制砂浆时，为什么除水泥外常常还要加入一定量的其他胶凝材料？
3. 掺加石灰膏为什么可以使砂浆具有良好的保水性？
4. 影响砌筑砂浆强度的因素有哪些？
5. 某土地夏秋季需配置 M5.0 的水泥石灰混合砂浆。采用 32.5 级普通水泥，砂子为中砂，堆积密度为 1480kg/m³，施工水平为中等，试求砂浆的配合比。

第六章　建筑钢材

本章提要

【知识点】钢的分类、钢材的主要技术性能、钢材的工艺性能、化学成分对钢材性能的影响、钢材的防火与防锈。

【重点】钢材的主要技术性能和工艺性能。

【难点】化学成分对钢材性能的影响。

钢材是以铁为主要元素，含碳量一般在2%以下，并含有其他元素的材料。建筑钢材是指用于钢结构中的各种型钢（如角钢、槽钢、工字钢及圆钢等）、钢板、钢管和用于钢筋混凝土结构中的各种钢筋、钢丝和钢绞线。

建筑钢材具有一系列优良的技术性能。有较高的强度和比强度，有良好的塑性和韧性，能承受冲击和振动荷载；可以焊接或铆接，易于加工和装配。所以在工业与民用建筑中得到了广泛的应用。钢材的缺点是易锈蚀，耐火性差、维护费用大。

第一节　钢的分类

一、按化学成分分类

根据国标 GB/T 13304—2008 规定，钢材按其化学成分分为：

1. 非合金钢。即碳素钢，合金元素含量极少。

2. 低合金钢。合金元素含量较低。

3. 合金钢。为了改善钢材的某些性能，加入较多的合金元素。

二、按脱氧程度分类

根据脱氧程度不同，钢可分为沸腾钢、镇静钢、半镇静钢和特殊镇静钢四种。

1. 沸腾钢

沸腾钢是脱氧不完全的钢，经脱氧处理之后，在钢液中尚存有较多的氧化铁。当钢液注入锭模后，氧化铁与碳继续发生反应，生成大量 CO 气体，气泡外逸引起钢液"沸腾"，故称沸腾钢。沸腾钢化学成分不均匀，气泡含量多，密实性差，因而钢质较差，但成本较低，产量高，可广泛用于一般土木结构工程中。

2. 镇静钢

镇静钢是用锰铁、硅铁和铝锭进行充分脱氧的钢。钢液在铸锭时不至于产生气泡，在锭模内能够平静地凝固，故称镇静钢。镇静钢组织致密，化学成分均匀，机械性能好，因而钢质较好，但成本较高。主要用于承受冲击荷载作用或其他重要的结构工程。

3. 半镇静钢

半镇静钢的脱氧程度和材质均介于沸腾钢和镇静钢之间。

4. 特殊镇静钢

特殊镇静钢的脱氧程度比镇静钢还要充分彻底，故钢的质量最好，主要用于特别主要的结构工程。

建筑工程中主要使用沸腾钢、半镇静钢和镇静钢。

三、按有害杂质含量分类

按钢中有害杂质硫（S）和磷（P）含量的多少，有以下分类：

1. 普通钢 $S\% \leqslant 0.050\%$，$P\% \leqslant 0.045\%$。
2. 优质钢 $S\% \leqslant 0.035\%$，$P\% \leqslant 0.035\%$。
3. 高级优质钢 $S\% \leqslant 0.025\%$，$P\% \leqslant 0.025\%$。
4. 特级优质钢 $S\% \leqslant 0.015\%$，$P\% \leqslant 0.025\%$。

四、按用途分类

按用途的不同，钢可分为以下三类：

1. 结构钢：主要用于工程结构及机械零件的钢，一般为低碳钢或中碳钢。
2. 工具钢：主要用于各种工具、量具及模具的钢，一般为高碳钢。
3. 特殊钢：具有特殊物理、化学或机械性能的钢，如不锈钢、耐热钢、耐酸钢、耐磨钢、磁性钢。

五、按主要质量等级分类

按国标 GB/T 13304 规定，钢的质量等级分为：普通质量钢、优质钢和特殊质量钢。

六、按成型方法分类

铸钢、热轧钢、冷拉钢。

第二节　建筑钢材的主要技术性能

建筑钢材的主要技术性能包括两方面，即力学性能和工艺性能。

一、力学性能

1. 拉伸性能

拉伸是建筑钢材的主要受力方式，所以拉伸性能是钢材最为重要的力学性能。

1）低碳钢的拉伸性能

低碳钢（软钢）是土木工程中广泛使用的一种钢材。从图中可以看出，低碳钢的应力-应变曲线可划分为以下四个阶段：

（1）弹性阶段（OA）：

在 OA 段，荷载较小，此时如卸去荷载，试件将恢复原状，表明此阶段的变形为完全的弹性变形，因此称 OA 段为弹性阶段。与 A 点对应的应力称为弹性极限，以 σ_p 表示。由

图 6-1可见，OA 为一条直线，说明在此阶段应力与应变是成正比的，其比值即为钢材的弹性模量（E），$E=\dfrac{\sigma}{\varepsilon}$。弹性模量反映钢材抵抗弹性变形的能力即刚度的大小，它是钢材在受力条件下计算结构变形的重要指标。常用低碳钢的弹性模量 $E=(2.0\sim2.1)\times10^5\,\mathrm{MPa}$，弹性极限 $\sigma_\mathrm{p}=180\sim200\,\mathrm{MPa}$。

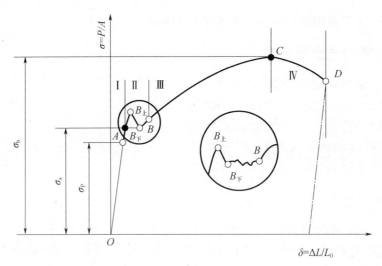

图 6-1　低碳钢受拉时的应力-应变图

（2）屈服阶段（AB）：

当应力超过 A 点 σ_p 后，如卸去荷载，变形将不能得到完全恢复，表明试件中已有塑性变形产生。此时应力与应变不再保持正比关系而成锯齿形变化，应力的增长明显滞后于应变的增加，钢材内部暂时失去了抵抗变形的能力，这种现象称为屈服，因此称 AB 段为屈服阶段。在屈服阶段中，$B_\mathrm{上}$ 点对应的应力（应力首次下降前的最大值）叫上屈服点，$B_\mathrm{下}$ 点对应的应力（不计初始瞬时效应时的最小应力值）叫下屈服点。由于 $B_\mathrm{下}$ 点对试验条件不很敏感，较为稳定易测，故一般以 $B_\mathrm{下}$ 点对应的应力作为钢材的屈服强度（屈服点或屈服极限），以 σ_s 表示。钢材受力超过屈服点后，会产生较大的塑性变形，尽管其结构不会破坏，但已不再能够满足使用要求，故工程中常以屈服点作为钢材设计强度取值的依据。常用低碳钢的 $\sigma_\mathrm{s}=185\sim235\,\mathrm{MPa}$。

（3）强化阶段（BC）：

经过屈服阶段，钢材内部组织结构发生了变化（晶格畸变、滑移受阻），建立了新的平衡，使之抵抗塑性变形的能力重新提高而得到强化，应力-应变曲线开始继续上升直至最高点 C，故称 BC 段为强化阶段。对应于 C 的应力称为钢材的抗拉强度或极限强度，以 σ_b 表示。常用低碳钢的 $\sigma_\mathrm{b}=375\sim500\,\mathrm{MPa}$。

抗拉强度 σ_b 是钢材受拉时所能承受的最大应力值。在实际工程中，不仅希望钢材具有较高的屈服点 σ_s，而且还应具有适当的抗拉强度 σ_b。屈服强度与抗拉强度之比称为屈强比（$\sigma_\mathrm{s}/\sigma_\mathrm{b}$）。屈强比是反映钢材利用率和安全可靠程度的一个指标。屈强比越小，钢材在受力超过屈服点工作时，可靠性就越大，结构安全性越高。但屈强比过小，钢材会因有效利用率太低而造成浪费。所以钢材应有一个合理的屈强比，常用碳素结构钢的屈强比一般为 0.58～0.63，低合金结构钢为 0.65～0.75。

（4）颈缩阶段（CD）：

当应力达到最高点 C 之后，钢材试件抵抗变形的能力开始降低，应力逐渐减小，变形迅速增加，试件被拉长。在某一薄弱截面（有杂质或缺陷之处），断面开始明显减小，产生颈缩直到被拉断。故称 CD 段为颈缩阶段。

将断后的两截试件紧密对接在一起，使其位于同一轴线上，量出断后的标距长度 L_1（mm）。试件原始标距长度为 L_0（mm），二者之差（$L_1 - L_0$）即为试件在标距长度范围内的塑性变形伸长值，此值占原标距长度的百分比称为钢材的伸长率，如图 6-2 所示。伸长率 δ 的计算公式如下：

$$\delta = \frac{L_1 - L_0}{L_0} \times 100\%$$

进行钢材拉伸试验时，试件原始标距长度（L_0）通常取为 $5d_0$ 或 $10d_0$（d_0 为试件的直径），其伸长率分别以 δ_5 和 δ_{10} 表示。在此必须指出，由于试件断裂前颈缩现象的产生，使塑性变形在试件标距内的分布是不均匀的，颈缩处的变形最大，离颈缩部位越远其变形越小。所以，原标距与试件直径之比越小，颈缩处的伸长在整个伸长值中所占的比重就越大，伸长率 δ 值也就越大。故此，对于同一种钢材，其 δ_5 大于 δ_{10}。

伸长率 δ 是衡量钢材塑性大小的一个重要技术指标，δ 值越大说明钢材的塑性越好。在实际工程中，使用塑性较好的钢材，有利于内应力重新分布，消除应力集中现象，保证结构安全，避免遭受破坏。

2）中碳钢与高碳钢的拉伸性能

应该指出，中碳钢与高碳钢（硬钢）拉伸时的应力-应变曲线与低碳钢是完全不同的。其特点是抗拉强度高，塑性变形小，无明显的屈服平台，如图 6-3 所示。这类钢材难以测定其屈服点，故规范规定以产生残余变形达到试件原始标距长度 L_0 的 0.2% 时所对应的应力值，作为硬钢的屈服强度，称为条件屈服点，用 $\sigma_{0.2}$ 表示。

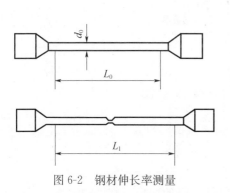

图 6-2 钢材伸长率测量

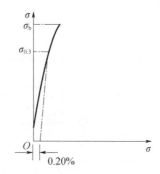

图 6-3 中碳、高碳钢受拉时的应力-应变图

通过拉伸试验，可以测得钢材的三项重要技术指标，即屈服点（σ_s）、抗拉强度（σ_b）和伸长率（δ）。对于一般非承重结构或由构造要求决定配筋的构件，只要保证钢材的抗拉强度和伸长率即可满足要求；对于承重结构，则要求钢材的三项重要技术指标必须同时得到保证。

2. 冲击韧性

冲击韧性是指钢材抵抗冲击荷载作用的能力，以冲击韧性指标来表示，通过冲击韧性试验来确定。试验时，将标准试件放置在固定支座上，以摆锤冲击试件刻槽处的背面，使试件承受冲击弯曲而断裂，如图 6-4 所示。试件被冲断时，在 V 形缺口处单位面积上所消耗的功即为钢材的冲击韧性指标（$α_k$）。

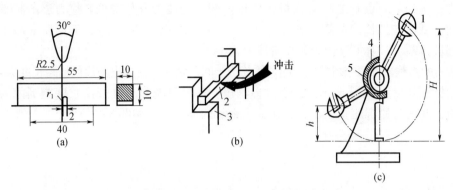

图 6-4 冲击韧性试验示意图

（a）试件尺寸（mm）；（b）试验装置；（c）试验机

1—摆锤；2—试件；3—试验台；4—指针；5—刻度盘

钢材的冲击韧性对钢的化学成分、内部组织状态，以及冶炼、轧制质量都较为敏感。当钢材内硫、磷含量高，存在化学偏析，含有非金属夹杂物及焊接形成微型缝时，都会使冲击韧性显著降低。环境温度对钢材的冲击韧性有很大的影响。试验表明，冲击韧性随温度的降低而下降，当温度降低到某一范围时，突然下降很多而成脆性，这种现象称为钢材的冷脆性，此时的温度称为脆性临界温度（图 6-5）。

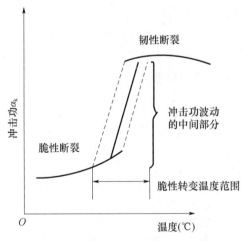

图 6-5 钢材的冲击韧性与温度的关系

钢材随时间的延长而表现出强度提高，塑性和韧性下降的现象，称为时效。通常，完成时效的过程可达数十年，但钢材如经冷加工或在使用中经受振动和反复荷载的影响，其时效可迅速发展。因时效而导致性能改变的程度称为时效敏感性。时效敏感性越大的钢材，经过时效后，其冲击韧性和塑性的降低就越显著。对于承受动荷载的结构工程，如桥梁及吊车梁等，应当选用时效敏感性较小的钢材。

3. 疲劳强度

在反复交变荷载作用下，结构工程中所使用的钢材往往会在应力远低于其抗拉强度的情况下，发生突然破坏，这种现象称为钢材的疲劳破坏。以疲劳强度来表示。在疲劳试验中，试件在交变应力作用下，于规定的周期基数内不发生断裂时所能承受的最大应力值即为钢材的疲劳强度（σ_r）。在设计承受反复荷载且须进行疲劳验算的结构时，应当了解所用钢材的疲劳强度。

试验研究表明，钢材的疲劳破坏是由内部拉应力引起的。在长期交变荷载作用下，首先在应力较高的点或材料有缺陷的点，逐渐形成微细裂缝，裂缝尖端处产生严重的应力集中，促使裂缝不断扩展，构件断面逐渐被削弱，直至断裂而破坏。因此，钢材组织状态不致密、化学偏析、夹杂物等内部缺陷的存在，是影响钢材疲劳强度的主要因素。此外，结构构件截面尺寸的变化、表面的光洁程度、加工损伤等外在因素也会对钢材的疲劳强度产生一定的影响。

疲劳破坏经常是突然发生的，因而具有很大的危险性，往往会造成严重的工程质量事故。所以，在实际工程设计和施工中应该给予足够的重视。

4. 硬度

硬度是指钢材表面局部体积内抵抗硬物压入而产生塑性变形的能力。测定钢材硬度的方法有布氏法和洛氏法。

布氏法的测定原理是用一直径为 D 的淬火钢球，以荷载 P 将其压入试件表面，经规定的持续时间后将荷载卸除，即得直径为 d 的压痕（图 6-6）。试件单位压痕面积上所承受的荷载即为钢材的布氏硬度值，以 HB 表示，此值无单位。

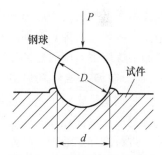

图 6-6　布氏硬度试验示意图

各类钢材的 HB 值与抗拉强度 σ_b 之间有较好的相关关系。材料的强度超高，塑性变形抵抗能力越强，硬度值也就越大。

洛氏法是根据压头压入试件中的深度来表示钢材硬度的一种方法。洛氏法的压痕较小，一般用于判断机械零件的热处理效果。

二、工艺性能

工艺性能是指钢材是否易于加工，能否满足各种成型工艺的性能。冷弯性能、冷加工性能及焊接性能是建筑钢材的重要工艺性能。

1. 冷弯性能

冷弯性能是指钢材在常温下承受弯曲变形的能力，以弯曲角度（α）及弯心直径对试件厚度（或直径）的比值来表示。如图 6-7、图 6-8 所示。

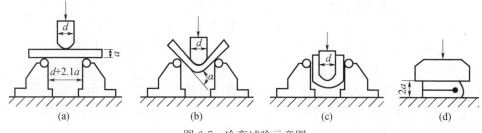

(a)　　　　　　(b)　　　　　　(c)　　　　　　(d)

图 6-7　冷弯试验示意图

（a）试件安装；（b）弯曲 90°；（c）弯曲 180°；（d）弯曲至两面重合

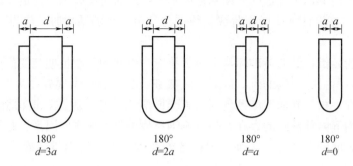

图 6-8　冷弯弯心直径的规定

　　从上图可以看出，试验时所采用的弯曲角度越大，弯心直径对试件厚度（或直径）的比值越小，表明对钢材的冷弯性能要求越高。各种钢材按规定的弯曲角度和弯心直径进行冷弯试验后，如在试件的弯曲处未发生裂纹、裂断或起层现象，即认为冷弯性能合格。

　　冷弯试验是通过试件弯曲处的塑性变形来实现的，它能在一定程度上揭示钢材内部是否存在组织不均匀、内应力和夹杂物以及焊件施焊部位是否存在未融合、微裂缝、夹杂物等缺陷。所以，相对伸长率而言，冷弯是对钢材塑性更加严格的检验。冷弯性能不仅能够反映钢材的冶炼质量，同时也能反映钢材的焊接水平。

　　2. 冷加工性能及时效

　　将钢材于常温下进行各种加工（包括冷拉、冷拔、冷轧、冷扭以及刻痕等），使之产生塑性变形，从而提高其屈服强度，称为冷加工强化。工程中经常利用该原理对热轧钢筋或圆盘条进行冷加工处理，从而达到提高强度和节约钢材的目的。

　　冷拉是在施工现场经常采用的一种冷加工方法。将钢筋一端固定，利用冷拉设备对其另一端进行张拉，使其伸长。经冷拉后，钢材的屈服强度一般可提高 20%～30%，可节约钢材 10%～20%。根据张拉时控制参数的不同，冷拉有"单控"和"双控"之分。单控是指在张拉时，只控制其冷拉伸长率；双控是指既控制其冷拉应力，又控制其冷拉伸长率。所以，双控较单控冷拉质量更容易得到保证。用作预应力混凝土结构的预应力筋，宜采用双控张拉。钢材经冷拉后屈服阶段缩短，伸长率降低，材质将会变硬。

　　冷拔是预制构件厂经常采用的另一种冷加工方法。将热轧圆盘条通过硬质合金拔丝模孔，进行强力拉拔，使其伸长变细，如图 6-9 所示。每次冷拔断面缩小应在 10% 以下，可经多次拉拔。钢筋在冷拔过程中，不仅受拉，同时还受到周围模具的铸压，因而冷拔的作用比冷拉更为强烈。经冷拔后的钢材表面光洁度增高，

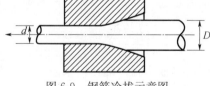

图 6-9　钢筋冷拔示意图

屈服强度可提高 40%～60%，但由于塑性大大降低，因而具有硬钢的性质。

　　钢材经冷加工后，在常温下放 15～20d，或加热至 100～200℃ 保持 2h 左右，其屈服强度、抗拉强度及硬度都会得到进一步提高，而塑性及韧性则会继续降低，这种现象称为时效。前者称为自然时效，后者称为人工时效。由于时效过程中内应力的消减，故可使钢材的弹性模量得到基本恢复。

3. 焊接性能

焊接是各种型钢、钢板和钢筋的重要连接方式。在土木工程中，钢结构有 90% 以上为焊接结构；钢筋混凝土结构中，焊接在钢筋接头、钢筋网、钢筋骨架、预埋件之间的连接以及装配式构件的安装时，被大量采用。焊接的质量主要取决于焊接工艺、焊接材料及钢材自身的可焊性等。

钢材的可焊性是指钢材是否适应用通常的方法与工艺进行焊接的性能。可焊性好的钢材，易于用一般的焊接方法和工艺进行施焊，焊口处不易形成裂纹、气孔和夹渣等缺陷，焊接后钢材的力学性能，能够得到保证，其强度不低于原有钢材，硬脆倾向小。

钢材可焊性的好坏，主要取决于钢的化学成分。钢内含碳量高将增加焊接接头的硬脆性，含碳量小于 0.25% 的碳素钢具有良好的可焊性；某些合金元素（如硅、锗、钒及钛等），若含量高也将会增大焊接处的硬脆性，降低可焊性；硫对钢材的可焊性影响最为明显，极易使焊接产生热裂缝及硬脆性。

对于高碳钢及合金钢，为了改善其可焊性，焊接时一般需要采用焊前预热及焊后热处理等措施。

钢材焊接应注意的问题是：冷拉钢筋的焊接应在冷拉之前进行；钢材焊接之前，焊接部位应清除铁锈、熔渣、油污等。

第三节　钢的化学成分对性能的影响

钢中除基本成分铁和碳外，还含有少量其他元素，如硅、锰、硫、磷、氧、氮、钛以及钒等。这些元素主要来自炼钢原料、炉气及脱氧剂中，各种元素含量虽少，但对钢的性能都会产生一定的影响。为了保证钢的质量，国家标准对各类钢的化学成分都作了严格的规定。

（1）碳（C）：

碳是钢的重要元素，对钢材的机械性能有很大的影响。当含碳量低于 0.8% 时，随着含碳量的增加，钢的抗拉强度和硬度提高，而塑性及韧性降低。另外，含碳量高还将使钢的冷弯、焊接及抗腐蚀等性能降低，并增加钢材的冷脆性和时效敏感性。

（2）硅（Si）：

硅是在钢中加的主要合金元素。当钢中含硅量小于 1% 时，能显著提高钢的强度，而对塑性及韧性没有明显影响。在普通碳素钢中，其含量一般不大于 0.35%，在合金钢中不大于 0.55%。当含硅量超过 1% 时，钢的塑性和韧性会明显降低，冷脆性增加，可焊性变差。

（3）锰（Mn）：

锰是低合金钢的主要元素。锰能消除钢的热脆性，改善热加工性能。当含量为 0.8%～1.0% 时，可显著提高钢的强度和硬度，而几乎不降低其塑性及韧性。在普通碳素钢中含锰量为 0.25%～0.8%，在合金钢中含锰量为 0.8%～1.7%，为我国低合金钢的主加合金元素。

（4）磷（P）、硫（S）：

磷和硫是钢中有害元素。硫的存在使钢的冲击韧性、疲劳强度、可焊性及耐磨性降低，在钢的热加工时易引起脆裂。磷可使钢的强度、耐腐蚀性和耐磨性提高，但会降低钢的塑性和韧性。磷也降低钢的可焊性。

（5）钒（V）、钛（Ti）：

钒和钛都是炼钢时的脱氧剂，也是常有的合金元素。适量加入钢中，可改善钢的组织，提高钢的强度和改善韧性。

（6）氧（O）、氮（N）：

氧和氮都是钢中有害元素，都会严重降低钢材的塑性、韧性和可焊性，增加时效敏感性，所以要控制它们在钢材中的含量。通常要求钢中氧含量不能大于0.03％，氮含量不能超过0.008％。

第四节　常用钢材的标准与选用

建筑中常用的钢材可分为钢筋混凝土结构用钢筋、钢丝及钢结构用型钢两大类。各种钢材的技术性能，主要取决于所用钢的种类及其加工方法。

一、常用钢材的主要钢种

建筑中常用的钢材，基本上都是由碳素结构钢和低合金高强度结构钢等钢种，经热轧或再经冷加工强化及热处理等工艺加工而成的。

1. 碳素结构钢

碳素结构钢是最基本的钢种，包括一般结构钢和工程用热轧钢板、钢带、型钢等。现行国家标准《碳素结构钢》（GB/T 700—2006）具体规定了它的技术条件，包括牌号表示方法、代号及符号、技术要求、试验方法以及检验规则等。现概述如下：

（1）牌号表示方法：

碳素结构钢的牌号由屈服点符号、屈服点数值、质量等级符号及脱氧程度符号四个部分按顺序组成，两部分之间以"—"相连。具体表述如下：

$$\times_1 \times_2 — \times_3 \times_4$$

$\times_1$：屈服点符号，以"屈"字汉语拼音首位字母"Q"来表示；

$\times_2$：屈服点数值（MPa），分195、215、235和275四种，单位为N/mm^2；

$\times_3$：质量等级符号，按钢中硫、磷有害杂质含量由多到少分为A、B、C、D四级，钢的质量随A、B、C、D顺序在逐级提高；

$\times_4$：脱氧程度符号，有F、Z、TZ三种，分别代表沸腾钢、半镇静钢、镇静钢和特殊镇静钢。在牌号中，Z和TZ符号可予以省略。

例如Q235—BF，表示碳素结构钢的屈服点$\sigma_s > 235MPa$（当钢材厚度或直径不大于16mm时）；质量等级为B级，即硫、磷含量均控制在0.045％以下，脱氧程度为沸腾钢。

（2）技术要求：

碳素结构钢的技术要求主要包括牌号和化学成分、力学性能、冶炼方法、交货状态及表面质量五个方面。各牌号钢的力学性能、冷弯试验指标应分别符合表6-1、表6-2的要求。

表 6-1 碳素结构钢的力学性能 (GB/T 700—2006)

牌号	等级	拉伸试验													冲击试验	
		屈服强度 R_{cl} (σ_s) (N/mm²)						抗拉强度 R_m (σ_b) (N/mm²)	伸长率 δ_s (%)						温度 (℃)	V 型冲击功 (纵向) (J)
		钢材厚度（直径）(mm)								钢材厚度（直径）(mm)						
		≤16	>16~40	>40~60	>60~100	>100~150	>150~200		≤40	>40~60	>60~100	>100~150	>150~200		
		≥							≥						
Q195	—	195	185	—	—	—	—	315~430	33	—	—	—	—	—	—
Q215	A	215	205	195	185	175	165	335~430	31	30	29	27	26	—	—
	B													+20	27
Q235	A	235	225	215	215	195	185	315~430	26	25	24	22	21	—	—
	B													+20	27
	C													0	
	D													−20	
Q275	A	275	265	255	245	225	215	315~430	22	21	20	18	17	—	—
	B													+20	27
	C													0	
	D													−20	

表 6-2 碳素结构钢的冷弯性能 (GB/T 700—2006)

牌号	试样方向	冷弯试验 180° $B=2a$	
		钢材厚度（直径）(mm)	
		≤60	>100~100
		弯心直径 d	
Q195	纵	0	—
	横	0.5a	
Q215	纵	0.5a	1.5a
	横	a	2a
Q235	纵	a	2a
	横	1.5a	2.5a
Q275	纵	1.5a	2.5a
	横	2a	3a

注：1. B 为试样宽度，a 为试样厚度或直径；

2. 钢材厚度或直径大于 100mm 时，弯曲试验由双方协商确定。

（3）不同牌号钢材性能及用途的比较：

由上述列表可以看出，碳素结构钢随牌号的增大，含碳量在增加，屈服强度及抗拉强度在提高，但塑性、韧性以及冷弯性能则随之降低。

Q235 是建筑工程中最常用的碳素钢牌号，既具有较高的强度，又具有良好的塑性、韧性及可焊性，其综合性能好，能够满足一般钢结构和钢筋混凝土结构用钢的要求，且成本较低。故在土木工程中得到了较为广泛的应用，主要用于轧制各种钢筋、钢丝、型钢和钢板等。其中 C、D 级可用于主要的焊接结构。

2. 低合金高强度结构钢

低合金高强度结构钢是用来加工生产建筑钢材的主要钢种。现行国家标准《低合金高强度结构钢》（GB/T 1591—2008）具体限定了它的牌号和技术要求、试验方法、检验规则、包装、标志及质量证明书等内容。

（1）牌号表示方法：

低合金高强度结构钢牌号的表示方法与碳素结构钢基本相似，由质量等级符号三个部分按顺序组成：

$$\times_1 \times_2 \times_3$$

$\times_1$：屈服点符号，以"屈"字汉语拼音首位字母"Q"来表示；

$\times_2$：屈服点数值（MPa），分为 345、390、420、460、500、550、620 和 690 八种，单位为 N/mm^2；

$\times_3$：质量等级符号，按钢中硫、磷含量由多至少分为 A、B、C、D、E 五级。同样，钢的质量从 A 到 E 在逐级提高，E 级钢的质量为最好。

例如 Q390C，表示低合金高强度结构钢的屈服点 $\sigma_s \geqslant 390$MPa（当公称厚度、直径或边长 $\leqslant 16$mm 时），质量等级为 C 级，即硫、磷含量均控制在 0.035% 以下。

当需方要求钢板具有厚度方向性能时，则在上述规定的牌号后面加上代表厚度方向（Z向）性能级别的符号，例如：Q390CZ15。

（2）技术要求：

低合金高强度结构钢的技术要求主要包括化学成分、冶炼方法、交货状态、力学性能与工艺性能、表面质量及特殊要求等几个方面。

各牌号钢的力学性能及工艺性能要求如表 6-3 和表 6-4 中的要求。当需求方要求做弯曲试验时，其弯曲性能应符合表 6-5 的规定；当供方能够保证弯曲性能合格时，可以不做弯曲试验。

低合金高强度结构钢一般由转炉或电炉冶炼，必要时加炉外精炼；以热轧、控轧、正火、正火轧制或正火加回火、热机械轧制（TMCP）或热机械轧制加回火状态交货；其表面质量应符合钢板、钢带、型钢和钢棒等相关标准的规定。

表6-3　低合金高强度结构钢的拉伸性能（GB/T 1591—2008）

牌号	质量等级	屈服强度 $R_{el}(\sigma_s)$（N/mm²）公称厚度、直径或边长（mm）									抗拉强度 $R_m(\sigma_b)$（N/mm²）公称厚度、直径或边长（mm）							断后伸长率 A（%）公称厚度、直径或边长（mm）					
		≤16	>16~40	>40~63	>63~80	>80~100	>100~150	>150~200	>200~250	>250~400	≤40	>40~63	>63~80	>80~100	>100~150	>150~250	>250~400	≤40	>40~63	>63~100	>100~150	>150~250	>250~400
Q345	A B C D E	345	335	325	315	305	285	275	265	265	470~630	470~630	470~630	470~630	450~630	450~630	450~600	20	19	19	18	17	17
Q390	A B C D E	390	370	350	330	330	310	—	—	—	490~650	490~650	490~650	490~650	470~620	—	—	20	19	19	18	—	—
Q420	A B C D E	420	400	380	360	360	340	—	—	—	520~680	520~680	520~680	520~680	500~650	—	—	19	18	18	18	—	—
Q460	C D E	460	440	420	400	380	—	—	—	—	550~720	550~720	550~720	550~720	530~700	—	—	17	16	16	16	—	—

续表

牌号	质量等级	屈服强度 $R_{el}(\sigma_s)$（N/mm²）公称厚度、直径或边长（mm）									抗拉强度 $R_m(\sigma_b)$（N/mm²）公称厚度、直径或边长（mm）							断后伸长率					
		≤16	>16~40	>40~63	>63~80	>80~100	>100~150	>150~200	>200~250	>250~400	≤40	>40~63	>63~80	>80~100	>100~150	>150~250	>250~400	≤40	>40~63	>63~100	>100~150	>150~250	>250~400
Q500	C	500	480	470	450	440	—	—	—	—	610~770	600~760	590~750	540~730	—	—	—	17	17	17	—	—	—
	D																						
	E																						
Q550	C	550	530	520	500	490	—	—	—	—	670~830	620~810	600~710	590~780	—	—	—	16	16	16	—	—	—
	D																						
	E																						
Q620	C	620	600	590	570	—	—	—	—	—	710~880	690~880	670~860	—	—	—	—	15	15	15	—	—	—
	D																						
	E																						
Q690	C	690	670	660	640	—	—	—	—	—	770~940	750~920	730~900	—	—	—	—	14	14	14	—	—	—
	D																						
	E																						

注：1. 当屈服不明显时，可测量 $R_{p0.2}$ 代替下屈服强度；

2. 宽度不小于 60mm 的扁平材，拉伸试验去横向试样；宽度小于 60mm 的扁平材，型材及棒材取纵向试样，断后伸长率最小值相应提高 1%（绝对值）；

3. 厚度大于 250~400mm 的数值适用于扁平材。

表 6-4 低合金高强度结构钢的（V 型）冲击试验（GB/T 1591—2008）

牌号	质量等级	试验温度（℃）	冲击吸收能量（KV_2）（J）≥		
			公称厚度、直径或边长（mm）		
			12～150	>150～250	>250～400
Q345	B	20	34	27	—
	C	0			
	D	−20			27
	E	−40			
Q390	B	20	34	—	—
	C	0			
	D	−20			
	E	−40			
Q420	B	20	34	—	—
	C	0			
	D	−20			
	E	−40			
Q460	C	0	34	—	—
	D	−20			
	E	−40			
Q500、Q550、Q620、Q690	C	0	55	—	—
	D	−20	47		
	E	−40	31		

注：冲击试验取纵向试样。

表 6-5 低合金高强度结构钢的弯曲试验（GB/T 1591—2008）

牌号	试样方向	180°弯曲试验（d=弯心直径，a=试样厚度直径）	
		钢材厚度、直径或边长（mm）	
		≤16	>16～100
Q345 Q390 Q420 Q460	宽度不小于 600mm 扁平材，弯曲试验取横向试样；宽度小于 600mm 的扁平材、型材及棒材取纵向试样	2a	3a

（3）性能及应用：

由于合金元素细晶强化和固溶强化的作用，使低合金结构钢的强度大大高于碳素结构钢，同时还具有较好的塑性、韧性、可焊性以及耐磨性、耐蚀性和耐低温性等。因此，它是一种综合性能较为理想的钢材。与碳素钢相比，使用合金钢可节约钢材 20%～30%。

低合金高强度结构钢主要用来轧制各种型钢（角钢、槽钢、工字钢）、钢板、钢管及钢筋等，广泛用于钢结构和钢筋混凝土结构中，尤其对各种重型结构、大跨结构、高层建筑以及承受动荷载和冲击荷载的结构（如桥梁工程等）更为适用。

二、钢筋混凝土结构用钢材

钢筋混凝土结构用钢主要有热轧钢筋、冷轧带肋钢筋、冷轧热处理钢筋和预应力混凝土用钢丝和钢绞线等。

（1）热轧钢筋：

用加热钢坯轧制成的条形成品钢材，称为热轧钢筋。它是建筑工程中用量最大的钢材品种之一，主要用于钢筋混凝土和预应力混凝土结构的配筋。

热轧钢筋按其表面特征可分为热轧光圆钢筋和热轧带肋钢筋两类。光圆钢筋横截面为圆形，表面光滑不带纹理；带肋钢筋横截面通常亦为圆形，但其表面带有两条（也可不带）纵肋和沿长度方向均匀分布的月牙形横肋。月牙肋钢筋有生产简便、强度高、应力集中、敏感性小、耐疲劳性能好等优点。

热轧光圆钢筋按屈服强度特征值分 235 和 300 两级。钢筋牌号由 HPB 和屈服强度特征值构成，分为 HPB235、HPB300 两种，HPB 为"热轧光圆钢筋"的英文缩写。按照《钢筋混凝土用钢　第 1 部分：热轧光圆钢筋》（GB 1499.1—2008）的规定，各牌号钢筋的力学性能和工艺性能应满足表 6-6 的要求。

表 6-6　热轧光圆钢筋的力学性能及工艺性能

牌号	拉伸试验				弯曲试验
	屈服强度 R_{el}（σ_s）（N/mm²）	抗拉强度 R_m（σ_b）（N/mm²）	伸长率 A（δ_s）（%）	最大力总伸长率 A_{gt}（%）	180° d＝弯心直径 α＝钢筋公称直径
	不小于				
HPB235	235	370	25.0	10.0	$d＝\alpha$
HPB300	300	420			

注：根据供需双方协议，伸长率类型可从 A 或 A_{gt} 中选定。如伸长率类型未经协议确定，则伸长率采用 A，仲裁检验时采用 A_{gt}。

热轧带肋钢筋分普通热轧带肋钢筋（按热轧状态交货的钢筋）和细晶粒热轧带肋钢筋（在热轧过程中，通过控轧和控冷工艺形成的细晶粒钢筋）两类；按屈服强度特征值分 335、400 和 500 三级。普通热轧带肋钢筋的牌号由 HRB 和屈服强度特征值构成，分为 HRB335、HRB400 和 HRB500 三种，HRB 为"热轧带肋钢筋"英文的缩写；细晶粒热轧带肋钢筋的牌号由 HRBF 和屈服强度特征值构成，分为 HRBF335、HRBF400 和 HRBF500 三种。按照《钢筋混凝土用钢　第二部分：热轧带肋钢筋》（GB 1499.2—2007）的规定，各牌号钢筋的力学性能和工艺性能应满足表 6-6 的要求。

应当指出的是，有较高抗震要求的结构用热轧带肋钢筋，其牌号应在原有牌号后加 E，如 HRB400E、HRBF400E 等。该类钢筋的技术性能满足表 6-7 要求外，还应满足以下几点要求：

① 钢筋实测抗拉强度与实测屈服强度之比不小于 1.25；

② 钢筋实测屈服强度与表 6-7 中规定的屈服强度特征值之比不大于 1.30；

③ 钢筋的最大力总伸长率 A_{gt} 不小于 9%。

表 6-7　热轧带肋钢筋的力学性能及工艺性能

牌号	拉伸试验				弯曲试验		
	屈服强度 R_{el} (σ_s) (N/mm²)	抗拉强度 R_m (σ_s) (N/mm²)	伸长率 A (δ_s) (%)	最大力总伸长率 A_{gt} (%)	180°弯心直径 d (mm)		
					钢筋公称直径 α (mm)		
	不小于				6～25	28～40	>40～50
HRB335 HRBF335	335	455	17		3α	4α	5α
HRB400 HRBF400	400	540	16	7.5	4α	5α	6α
HRB500 HRBF500	500	630	15		6α	7α	8α

注：1. 直径 28～40mm 各牌号钢筋的伸长率 A 可降低 1%；直径大于 40mm 各牌号钢筋的 A 可降低 2%。

2. 对于没有明显屈服强度的钢，屈服强度特征值应采用规定非比例延伸强度 $R_{p0.2}$。

3. 根据供需双方协议，伸长率类型可从 A 或 A_{gt} 中选定。如伸长率类型未经协议确定，则伸长率采用 A，仲裁检验时采用 A_{gt}。

热轧钢筋的牌号越高，则钢筋的强度越高，但韧性、塑性和可焊性降低。HPB235 级的钢筋强度低，但塑性与可焊性好，主要用于普通钢筋混凝土，且在使用时常进行冷加工，以提高钢材的利用率；HRB335，HRB400 级钢筋，主要用于钢筋混凝土结构的受力筋；HRB500 级钢筋适宜用作预应力钢筋。

（2）冷轧带肋钢筋：

冷轧带肋钢筋由热轧圆盘条经冷轧而成，其表面带有沿长度方向均匀分布的三面或两面月牙形横肋。根据《冷轧带肋钢筋》（GB 13788—2008）规定，钢筋牌号由 CRB 和抗拉强度最小值构成，共分为 CRB550、CRB650、CRB800 和 CRB970 四种，C、R、B 分别为冷轧、带肋、钢筋三个词的英文首位字母。CRB550 钢筋的公称直径范围为 4～12mm，其他牌号钢筋的公称直径为 4mm、5mm、6mm。各牌号冷轧带肋钢筋的力学性能及工艺性能要求如表 6-8 所示。

表 6-8　冷轧带肋钢筋的力学性能和工艺性能（GB 13788—2008）

牌号	$R_{p0.2}$ ($\sigma_{p0.2}$) (N/mm²)	R_m (σ_b) (N/mm²)	伸长率 (%)		弯曲试验 180°	反复弯曲 次数	应力松弛（初始应力 $\sigma_{con}=0.7\sigma_b$） 100h 松弛率（%）
			$A_{11.3}$ (δ_{10})	A_{100} (δ_{100})			
	不小于						不大于
CRB550	500	550	8.0	—	$D=3d$	—	—
CRB650	585	650		4.0		3	8
CRB800	720	800		4.0		3	8
CRB970	875	970		4.0		3	8

注：1. 表中 D 为弯心直径，d 为钢筋公称直径；

2. 钢筋的强屈比（$R_m/R_{p0.2}$）应不小于 1.03，经供需双方协议可用 $A_{gt}\geqslant 2.0\%$ 代替 A；

3. 供方在保证 1000h 松弛率合格基础上，允许使用推算法确定 1000h 松弛。

冷轧带肋钢筋是采用冷加工方法强化的典型产品，与传统的冷拔低碳钢丝相比，具有强度高、塑性好、握裹力强、节约钢材、质量稳定等优点。CRB550 宜用作普通钢筋混凝土结构构件的受力主筋、架立筋和构造筋，其他牌号宜用作中、小型预应力混凝土结构构件的受力主筋。

（3）预应力混凝土用热处理钢筋：

预应力混凝土用热处理钢筋是用热轧带肋钢筋经淬火和回火调质处理而制成的钢筋。热处理钢筋按公称直径分为 6mm、8.2mm、10mm 三种规格，其力学性能要求如下：条件屈服点 $\sigma_{0.2} \geqslant 1325MPa$，抗拉强度 $\sigma_b \geqslant 1470MPa$，伸长率 $\delta_{10} \geqslant 6\%$，1000h 应力松弛率 $\leqslant 3.5\%$。按钢筋外形分为有纵肋和无纵肋两种，但都有横肋。不能用电焊或氧气切割，也不能焊接，以免引起强度下降或脆断。

热处理钢筋具有强度高、韧性好、锚固力强、应力松弛小、施工方便、开盘后自然伸直，不需要焊接等优点，主要用于预应力混凝土梁、板结构，轨枕和吊车梁等。

（4）预应力混凝土用钢丝和钢绞线：

表 6-9　预应力混凝土用钢丝的力学性能

钢丝名称	公称直径 (mm)	抗拉强度 σ_b (MPa)	屈服强度 $\sigma_{0.2}$ (MPa)	伸长度 (L_0 =100mm) (%)	弯曲次数 次数 (180°)	弯曲半径 (mm)	松弛 初始应力 σ_b (MPa)	1000h 应力损失 (%) $\geqslant$ Ⅰ级松弛	Ⅱ级松弛
		$\geqslant$		$\geqslant$					
消除应力钢丝	4.00	1470 1570	1250 1330	4	3	10	0.60	4.5	1.0
	5.00	1670 1770	1410 1500		4	15			
	6.00	1570 1670	1330 1420				0.70	8	2.5
	7.00 8.00 9.00	1470 1570	1250 1330			20 25	0.80	12	4.5
刻痕钢丝	$\leqslant$ 5.00	1470 1570	1250 1250		3	15	0.70	8	2.5
	> 5.00	1470 1570	1250 1340			20			
冷拉钢丝	3.00	1470 1570	1100 1180	2	4	7.5	—	—	—
	4.00	1670	1250			10			
	5.00	1470 1570 1670	1100 1180 1250	3	5	15			

（5）预应力混凝土用钢丝和钢绞线：

① 预应力混凝土用钢丝：预应力混凝土用钢丝是用优质碳素结构钢制成，抗拉强度高达 1770MPa，分为消除应力光圆钢丝（SH）和消除应力刻痕钢丝（SI）。光圆钢丝和螺旋钢丝有 4mm、5mm、6mm、7mm、8mm、9mm，刻痕钢丝有 5mm 和 7mm。刻痕钢丝和螺旋肋钢丝与混凝土的黏结力好。根据《预应力混凝土用钢丝》（GB/T 5223—1995）标准，预应力混凝土用钢丝的力学性能应符合表 6-9 的规定。

预应力混凝土用钢丝具有强度高、韧性好、无接头、不需冷拉、施工简便、质量稳定和安全可靠等优点。主要用于大跨度屋架及薄腹梁、大跨度吊车梁、桥梁、电杆和轨枕等。

② 预应力混凝土用钢绞线。预应力混凝土用钢绞线是以数根优质碳素结构钢钢丝经绞

捻和消除预应力制成。根据钢丝的股数分为 $1*2$，$1*3$ 和 $1*7$ 三类。$1*7$ 钢绞线是以一根钢丝为芯，6 跟钢丝围绕绞捻而成，钢绞线的尺寸及拉伸性能见表 6-10。

表 6-10　钢绞线的尺寸及拉伸性能

公称直径 (mm)		强度等级 (MPa)	整根钢绞线的最大负荷 (kN)	屈服负荷 (kN)	伸长率 (%)	1000h 松弛率（%）			
						Ⅰ级松弛		Ⅱ级松弛	
						初始负荷			
			≥			70%公称最大负荷	80%公称最大负荷	70%公称最大负荷	80%公称最大负荷
标准型	9.50	1860	102	86.6	3.5	8.0	12	2.5	4.5
	11.10		138	117					
	12.70		184	156					
	15.20	1720	239	203					
		1860	259	220					
模拨型	12.70	1860	209	178					
	15.20	1820	300	255					

钢绞线具有强度高，柔韧性好，无接头，质量稳定，施工简便等优点，使用时按要求的长度切割，适用于大荷载，大跨度，曲线配筋的预应力钢筋混凝土结构。

三、钢材的选用原则

建筑钢材种类繁多，性能各异。作为结构工程材料，钢材的选用应主要从荷载性质（静载或动载）、连接方式（焊接、铆接或螺栓连接）、工作条件（环境温度及介质情况）、建筑结构的重要性及钢材厚度等方面加以考虑。

（1）荷载性质：

对经常承受动荷载或反复交变荷载作用的结构，易产生应力集中，引起疲劳破坏，需选用韧性好、疲劳强度较高的钢材。

（2）使用温度：

对经常处于低温环境中的结构，钢材易发生冷脆断裂，特别是焊接结构，冷脆倾向更加显著，应选择塑性好、脆性临界温度低、冲击韧性好的钢材。

（3）连接方式：

焊接结构当温度变化和受力性质改变时，易导致焊缝附近的母体金属出现冷、热裂缝，促使结构早期破坏。所以，焊接结构应特别注意化学成分对钢材性能的影响。要选用可焊性较好的钢材，以确保焊接质量。

（4）结构重要性：

钢材的选用还应考虑建筑或结构的重要性，对具有纪念性的建筑、重荷载大跨度的结构以及其他重要的建筑结构，必须选用材质好的钢材。

（5）钢材厚度：

钢材的力学性能一般会随厚度的增大而降低，钢材经多次轧制后，其晶体组织更加致密、强度提高、质量变好。故结构工程用钢材，其厚度一般不宜超过 40mm。

第五节 钢材的防火与防锈

一、钢材的防火

钢结构的耐火极限仅 15min 左右就会迅速变软，温度超过 600℃时将失去承载能力，造成结构的破坏。温度在 200℃以内，钢材的性能基本不变。

1. 钢结构的防火措施

（1）外包法：

在钢结构的外表采用现浇成型或采用喷涂法。其外包层材料可以采用保温隔热砂浆或轻质混凝土及其预制板材等。

（2）充水法：

在空心型钢结构内部充水是抵御火灾最有效的防护措施。

（3）屏蔽法：

采用耐火材料组成的顶棚将钢结构包藏起来，使钢结构远离火源。

（4）防火涂料法：

采用钢结构防火涂料。为使防火涂料牢固地包裹钢构件，可在涂层内埋设钢丝网，与钢构件表明的净距保持在 6mm 左右。

2. 钢筋混凝土结构中钢筋的防火措施

通常可采用上述的外包法及防火涂料法。

二、钢材的锈蚀与锈蚀的防止

1. 钢材的锈蚀

钢材的锈蚀是指钢的表面与周围介质发生化学作用或电化学作用，使其遭受侵蚀而破坏的过程。锈蚀不仅使钢筋混凝土结构中的钢筋及钢结构构件有效断面减小，降低承载力，而且会形成程度不同的锈坑、锈斑，造成应力集中，加速结构破坏。若受到冲击荷载、循环交变荷载作用，将产生锈蚀疲劳现象，使钢材疲劳强度大为降低，甚至出现脆性断裂。

钢材锈蚀的主要影响因素有环境湿度、温度、侵蚀介质的性质及数量、钢材材质及表面状况等。根据锈蚀作用机理不同，可分为下述两类。

（1）化学锈蚀：

化学锈蚀是指钢材直接与周围介质发生化学反应而产生的锈蚀。这类锈蚀通常是由于氧化作用，使钢材表面形成疏松的铁氧化物而引起的。在常温下，钢材表面形成一薄层钝化能力很弱的氧化保护膜，它疏松、易破裂，有害介质可进一步渗入使钢材继续产生锈蚀。在干燥环境中，锈蚀进展缓慢。但在温度或湿度较高的环境条件下，锈蚀速度明显加快。由空气中二氧化碳或二氧化硫以及其他侵蚀性介质的作用，而引起钢材的锈蚀也属于化学锈蚀。

（2）电化学锈蚀

电化学锈蚀是指由于在金属表面形成了原电池，导致电子流动而产生的锈蚀。钢材本身含有铁、碳等多种化学成分，由于它们的电极电位不同而形成许多微电池。在潮湿空气中，钢材表面将覆盖一层薄的水膜。在阳极区，铁被氧化成 Fe^{2+} 离子进入水膜。因为水中溶有来自空气中的氧，故在阴极区氧将被还原为 OH^- 离子，两者结合形成不溶于水的 $Fe(OH)_2$，并进一步氧化成为疏松易剥落的红棕色铁锈 $Fe(OH)_3$。电化学锈蚀是钢材锈蚀最主要的形式。

2. 锈蚀的防止

1）钢结构工程的防护

（1）保护层法：

保护层法是一种通过在钢材表面施加保护层，使其与周围介质隔离，从而达到防止锈蚀目的的方法。保护层可分为金属保护层和非金属保护层两种。

① 金属保护法。金属保护层是用耐蚀性较强的金属，以电镀或喷镀的方法覆盖钢材表面，如镀锌、镀锡、镀铬等。

② 非金属保护法。非金属保护层是用有机或无机物质作保护层。常用的是在钢材表面涂刷各种防锈涂料，此方法简单易行，但不耐久，同防火涂料一样，在使用过程中需要注意对其进行定期检查、修补或更新。此外，还可采用塑料保护层、沥青保护层及搪瓷保护层等。

（2）合金化法：

钢材的化学成分对钢材的耐锈蚀性有很大影响。在炼钢过程中，通过加入铬、镍、钛、铜等合金元素而制成不锈钢，可以大大提高钢材的耐锈蚀能力。

（3）改善环境：

改善环境能减少和有效防止钢材的锈蚀。例如，减少周围介质的浓度、除去介质中的氧、降低环境温湿度等。同时也可以采用在介质中添加阻锈剂等来防止钢材的锈蚀。

（4）电化学保护法：

电化学保护法是根据电化学原理，在钢材上采取措施使之成为锈蚀微电池中的阴极，从而防止钢材锈蚀的方法。这种方法主要用于不易和不能覆盖保护层的位置。一般用于海船外壳、海水中的金属设备、巨型设备以及石油管道等的防护。

2）钢筋混凝土结构的钢筋防腐

防止钢筋混凝土结构钢筋腐蚀，最经济而有效的方法是提高混凝土的密实度以及保证钢筋有足够的保护层厚度。在二氧化碳浓度高的地区，采用硅酸盐水泥或普通硅酸盐水泥，限制含氯盐外加剂的掺量并使用防锈剂。预应力混凝土应禁止使用含氯盐的集料和外加剂。另外一种有效的防锈措施可以在钢筋外涂敷双氧树脂或镀锌。

本章小结

本章介绍了钢的分类、钢材的主要技术性能、钢材的工艺性能、化学成分对钢材性能的影响、钢材的防火与防锈。通过本章的学习，应能掌握钢材的力学性能和工艺性能；掌握碳素结构钢、低合金高强度结构钢牌号的表示方法及技术要求；理解化学成分对钢材性能的影响；了解钢材防火防锈的方法。

思考与练习

1. 常用的炼钢方法有哪几种？其各自优缺点如何？

2. 低碳钢拉伸时的应力-应变曲线，分为哪几个阶段？各阶段的特征及指标如何？

3. 钢筋拉伸试验所确定的三项重要技术指标是什么？其设计强度取值的依据是什么？硬钢的屈服点应如何取定？

4. 什么是屈强比？屈强比大小对钢材的使用有何影响？

5. 钢材的伸长率与试件原始标距长度有何关系？同一种钢材，其 σ_5 与 σ_{10} 是否相同？

6. 钢材的冲击韧性与哪些因素有关？何谓钢材的冷脆性、脆性临界温度及时效敏感性，在负温下使承受冲击荷载作用的钢材应如何选取？

7. 何谓钢材的冷加工强化及时效处理？经冷加工及时效处理后，钢材的性能有何变化？规律如何？

8. 何谓钢材的可焊性？影响可焊性的主要因素是什么？焊接质量应如何保证？

9. 钢材的两大缺点是什么？钢材锈蚀的原因与防锈措施有哪些？

第七章 墙体材料

本章提要

【知识点】砌墙砖、墙用砌块以及墙用板材。

【重点】烧结砖的技术要求、非烧结砖的技术要求与应用、普通混凝土小型空心砌块、蒸压加气混凝土砌块、泡沫混凝土砌块以及石膏砌块。

【难点】砖及砌块的生产工艺和性能特点。

墙体材料具有承重、分隔、挡风、绝热、吸声和隔断光线等作用。在建筑上用于墙体的材料主要有砖、砌块和板材三大类。

第一节 砌墙砖

砌墙砖是一种人造小型块材。外形多为直角六面体，也有各种异型的，其长度一般不超过 315mm，高度不超过 115mm。

一、烧结砖

烧结砖包括烧结普通砖、烧结多孔砖和烧结空心砖。

1. 烧结普通砖

GB 5101—2003《烧结普通砖》规定，凡以黏土、页岩、煤矸石和粉煤灰等为主要原料，经成型、焙烧而成的实心或孔洞率不大于 15% 的砖，称为烧结普通砖。按主要原料砖分为黏土砖（N）、页岩砖（Y）、煤矸石砖（M）和粉煤灰砖（F），其中黏土砖使用最为广泛。

（1）烧结普通砖的主要技术要求：

① 尺寸偏差。烧结普通砖的标准尺寸为 240mm×115mm×53mm，为保证砌筑质量，尺寸偏差必须符合 GB 5101—2003《烧结普通砖》的要求。

② 外观质量。两条面高度差、弯曲、杂质凸出高度、缺棱掉角、裂缝长度、完整面和颜色等应符合规范要求。

③ 强度等级。烧结普通砖的强度等级根据 10 块砖的抗压强度平均值、标准值或最小值划分，共分为 MU30、MU25、MU20、MU15、MU10 五个等级，在评定强度等级时，若强度变异系数 $\delta \leqslant 0.21$ 时，采用平均值-标准值方法；若强度变异系数 $\delta > 0.21$ 时，则采用平均值-最小值方法。各等级的强度标准应符合表 7-1 规定值。

表 7-1　烧结普通砖的强度等级

强度等级	抗压强度平均值≥	变异系数 δ≤0.21	变异系数＞0.21
		强度标准值≥	单块最小值≥
MU30	30.0	22.0	22.5
MU25	25.0	18.0	22.0
MU20	20.0	14.0	16.0
MU15	15.0	10.0	12.0
MU10	10.0	6.5	7.5

④ 抗风化性能。抗风化性能是烧结普通砖重要的耐久性指标之一，对砖的抗风化性能要求应根据各地区的风化程度而定（风化程度的地区划分详见 GB/T 5101—2003）。砖的抗风化性能通常用抗冻性、吸水率及饱和系数三项指标划分。抗冻性是指经 15 次冻融循环后不产生裂纹、分层、掉皮、缺棱、掉角等冻坏现象；且重量损失率小于 2%，强度损失率小于规定值。吸水率是指常温泡水 24h 的重量吸水率。饱和系数是指常温 24h 吸水率与 5h 沸煮吸水率之比。严重风化区中的 1、2、3、4、5 等 5 个地区所用的普通黏土砖，其抗冻性试验必须合格，其他地区可不做抗冻试验。

⑤ 石灰爆裂。生产烧结普通砖的原料中含有石灰石或内燃料（粉煤灰、炉渣）中带入石灰石，在高温熔烧过程中生成过火石灰，过火石灰在砖体内吸水膨胀，导致砖体膨胀破坏，这种现象称为石灰爆裂。GB/T 5101—2003 规定，优等品不允许出现最大破坏尺寸大于 2mm 的爆裂区域；一等品不允许出现最大破坏尺寸大于 10mm 的爆裂区域；合格品中每组砖样 2～15mm 的爆裂区不得大于 15 处，其中 10mm 以上的区域不多于 7 处，且不得出现大于 15mm 的爆裂区。

⑥ 泛霜。是指砖内可溶性盐类随着砖内水分的蒸发而在砖表面产生的盐析现象，一般在砖的表面析出一层白霜。这些结晶的白色粉状物不仅影响建筑物的外观，而且结晶的体积膨胀也会引起砖表层的疏松，同时破坏砖与砂浆层之间的粘结。轻微泛霜就会对清水墙建筑外观产生较大的影响。GB/T 5101—2003 规定，优等品不允许有泛霜现象，合格品中不允许出现严重泛霜，且不得夹杂欠火砖、酥砖和螺旋纹砖。

⑦ 质量等级。GB/T 5101—2003《烧结普通砖》规定，强度和抗风化性能合格的砖，根据尺寸偏差、外观质量、泛霜和石灰爆裂分为优等品（A）、一等品（B）和合格品（C）3 个等级。

（2）烧结普通砖的应用：

烧结普通砖可用于建筑围护结构，砌筑柱、拱、烟囱、窑身、沟道及基础等；可与轻集料混凝土、加气混凝土、岩棉等隔热材料配套使用，砌成两面为砖、中间填以轻质材料的轻体墙；也可在砌体中配置适当的钢筋或钢筋网成为配筋砌筑体，代替钢筋混凝土柱、过梁等。其优等品可用于清水墙和墙体装饰，一等品、合格品可用于混水墙，中等泛霜的砖不能用于潮湿部位。

2. 烧结多孔砖和烧结空心砖

（1）烧结多孔砖：

烧结多孔砖是以黏土、页岩或煤矸石为主要原料烧制而成的孔洞率超过 25%，孔尺寸小而多，且为竖向孔的砖，多孔砖使用时孔洞方向平行于受力方向，常用作六层以下的承重砌体。如图 7-1 所示。

国家规范 GB 13544—2000《烧结多孔砖》规定，多孔砖根据抗压强度平均值和抗压强度标准值或抗压强度最小值分为 MU30、MU25、MU20、MU15、MU10、MU7.5 共 6 个强度等级。强度和抗风化性能合格的砖按照强度等级、尺寸偏差、外观质量和耐久性指标划分为优等品（A）、一等品（B）和合格品（C）。GB 13544—2000《烧结多孔砖》对烧结多孔砖的尺寸允许偏差、外观质量、强度等级、泛霜、石灰爆裂和抗风化性能等的要求和 GB/T 5101—2003《烧结普通砖》一致，其中，

图 7-1 烧结多孔砖

其尺寸规格分为 M 型规格（190mm×190mm×190mm）和 P 型规格（240mm×115mm×190mm）两种。

（2）烧结空心砖：

烧结空心砖是以黏土、页岩或煤矸石为主要原料烧制而成的孔洞率大于 35%，孔尺寸大而少，且为水平孔的砖，孔洞垂直于受力方向，常用于非承重砌体。如图 7-2 所示。

国家规范 GB 13545—92《烧结空心砖与空心砌块》根据大面和条面抗压强度将烧结空心砖分为 5.0、3.0 以及 2.0 三个强度等级，同时按表观密度分为 800、900 以及 1100 三个密度级别，并根据尺寸偏差、外观质量、强度等级和耐久性等分为优等品（A）、一等品（B）和合格品（C）三个等级。

用烧结多孔砖和烧结空心砖代替烧结普通砖，可使建筑物自重减轻 30% 左右，节约黏土 20%～30%，节省燃料 10%～20%，墙体施工功效提高 40%，并改

图 7-2 烧结空心砖

善砖的隔热隔声性能。通常在相同的热工性能要求下，用空心砖砌筑的墙体厚度比用实心砖砌筑的墙体减薄半砖左右。

烧结多孔砖一般用于砌筑六层以下建筑物的承重墙；烧结空心砖主要用于非承重的填充墙和隔墙。

二、非烧结砖（蒸压砖）

非烧结砖属硅酸盐制品，是以砂子、粉煤灰、煤矿石、炉渣、页岩和石灰加水拌合成型，经蒸压而制得的砖。根据所采用的原材料不同，有煤渣砖、蒸压矿渣砖、蒸压粉煤灰砖以及蒸压铁尾矿砖等。非烧结砖采用的设备简陋，工艺简单，投资很少，生产能源消耗少，相对节能，这使得非烧结砖成为一种大有前景的新型建筑材料。

1. 蒸压灰砂砖

蒸压灰砂砖（简称灰砂砖），是以砂和石灰为主要原料，允许掺入颜料和外加剂，经坯料制备、压制成型、经高压蒸气养护而成的普通灰砂砖。

（1）灰砂砖的技术性质：

其规格尺寸与烧结普通砖相同。《蒸压灰砂砖》GB 11945—1999 规定，其强度等级根据浸水 24h 后的抗压强度和抗折强度分为 MU25、MU20、MU15、MU10 四个等级，根据尺寸偏差和外观质量、强度及抗冻性分为：优等品（A）、一等品（B）和合格品（C）。

（2）灰砂砖的应用：

灰砂砖强度较高，蓄热能力较强，隔声性能优越，属于不可燃建筑材料，MU15、MU20、MU25 的砖可用于基础及其他建筑；MU10 的砖仅可用于防潮层以上的建筑。灰砂砖不得用于长期受热 200℃以上，受急冷急热和有酸性介质侵蚀的建筑部位。

2. 蒸压（养）粉煤灰砖

以粉煤灰、石灰为主要原料，掺加适量石膏和集料经坯料制备，压制成型，高压或常压蒸汽养护而成的实心粉煤灰砖。

（1）蒸压灰砂砖的技术性质：

尺寸与烧结普通砖完全一致，为 240mm×115mm×53mm，所以用粉煤灰可以直接代替实心黏土砖。

蒸压粉煤灰砖的抗压强度一般均较高，可达到 20MPa 或 15MPa，至少可达到 10MPa，能经受 15 次冻融循环的抗冻要求。另外，粉煤灰砖是一种有潜在活性的水硬性材料，在潮湿环境中能继续产生水化反应而使砖的内部结构更为密实，有利于强度的提高。

（2）蒸压粉煤灰砖的应用：

粉煤灰砖可用于工业与民用建筑的墙体和基础。但用于基础或用于易受冻融和干湿交替作用的建筑部位必须使用一等砖与优等砖。同时，粉煤灰不得用于长期受热，受急冷急热和有酸性介质侵蚀的部位。为避免或减少收缩裂缝的产生，用粉煤灰砖砌筑的建筑物应适当增设圈梁及伸缩缝。

3. 煤渣砖

煤渣砖以煤渣为主要原料，掺入适量石灰、石膏，经混合、压制成型、蒸养或蒸压而成的实心煤渣砖。

（1）煤渣砖的技术性质：

JC 525—93《煤渣砖》中根据抗压强度和抗折强度将强度级别分为 20、15、10 和 7.5 四级，根据尺寸偏差、外观质量和强度等级分为：优等品（A）、一等品（B）和合格品（C）。

（2）煤渣砖的应用：

煤渣砖可用于一般工程的内墙和非承重外墙，但不得用于长期受热（200℃以上）、受高温、受急冷急热交替作用或有酸性介质侵蚀的部位。煤渣砖与砂浆的粘结性较差，施工时应根据气候条件和砖的不同湿度，及时调整砂浆的稠度。用于基础或用于易受冻融和干湿交替作用的建筑部位必须使用 15 级与 15 级以上的砖。

第二节　墙用砌块

砌块是利用混凝土、工业废料（炉渣、粉煤灰等）或地方材料制成的人造块材，外形尺寸比砖大，具有设备简单及砌筑速度快的优点。

砌块按尺寸和质量的大小不同分为小型砌块、中型砌块和大型砌块。砌块系列中主规格的高度大于 115mm 而小于 380mm 的称作小型砌块；高度为 380～980mm 称为中型砌块；

高度大于 980mm 的称为大型砌块。工程使用中以中小型砌块居多。

砌块按空心率的大小分为实心砌块和空心砌块。空心率大于等于 25％的砌块为空心砌块，其空洞形状有单排方孔、单排圆孔和多排扁孔三种形式。

砌块按其主要原料分为普通混凝土小型空心砌块、轻集料混凝土小型空心砌块、蒸压加气混凝土砌块、泡沫混凝土砌块和石膏砌块等。吸水率较大的砌块不能用于长期浸水、经常受干湿交替或冻融循环的建筑部位。

一、普通混凝土小型空心砌块

普通混凝土小型空心砌块是以水泥、工业废渣、粗细集料，加水搅拌、成模、振动（或加压振动或冲压）成型，并经养护而成，其空心率不小于 25％，如图 7-3 所示。

1. 普通混凝土小型空心砌块的技术要求

普通混凝土小型空心砌块的主规格尺寸为 390mm×390mm×190mm，辅助规格有 290mm、190mm 和 90mm 三种长度尺寸，宽和高均为 190mm，最小外壁厚大于等于 30mm，最小肋厚大于等级 25mm。GB 8239—1997《普通混凝土小型空心砌块》规定，按其抗压强度平均值和最小值，分为 MU3.5、MU5.0、MU7.5、MU10.0、MU15.0

图 7-3　普通混凝土小型空心砌块

和 MU20.0 六个等级；按其尺寸允许偏差和外观质量分为：优等品（A）、一等品（B）及合格品（C）；其相对含水率根据地区的不同分为三个级别，潮湿、中等及干燥地区应分别不低于 45％、40％和 35％；用于清水墙的试块，应满足抗渗性的要求；用于非采暖地区时，其抗冻性不做规定，用于采暖地区时，一般环境下，抗冻标号应达到 D15，干湿交替环境下，抗冻标号应达到 D25；普通水泥混凝土小型空心率为 50％时，其导热系数约为 0.26（W/m·K）左右。

混凝土小型空心砌块产品标记按产品名称（代号 NHB）、强度等级、外观质量等级和标准编号的顺序，如强度等级为 MU7.5，外观质量为优等品（A）的砌块，其标记为：NHB MU7.5A GB 8239。

2. 普通混凝土小型空心砌块的应用

该种砌块自重轻，热工性能好，抗震性能好，砌筑方便，墙面平整度好，施工效率高，不仅可以用于非承重墙，较高强度等级的砌块也可用于多层建筑的承重墙。砌块在砌筑时一般不宜浇水，但在气候特别干燥炎热时，可在砌筑前稍喷水湿润。

二、轻集料混凝土小型空心砌块

用炉渣、粉煤灰陶粒、膨胀珍珠岩等轻集料制成，空心率等于或大于 25％的小型砌块称为轻集料混凝土小型空心砌块。按所用轻集料的不同，可分为陶粒混凝土小砌块、火山渣混凝土小砌块、煤渣混凝土小砌块等。

1. 空心砌块技术要求

根据 GB/T 15229—2011《轻集料混凝土小型空心砌块》规定：主砌块和辅助砌块的规格尺寸与普通混凝土小型空心砌块相同，承重砌块最小外壁厚不应小于 30mm，肋厚不应小于 25mm；保温砌块最小外壁厚和肋厚不宜小于 20mm。非承重砌块最小外壁厚和肋厚不应小于 20mm；按砌块孔的排数分为五类：实心（0）、单排孔（1）、双排孔（2）、三排孔（3）和四排孔（4）；按砌块密度等级分为八级：500、600、700、800、900、1000、1200 和 1400；按砌块强度等级分为六级：2.5、3.5、5.0、7.5 和 10.0。用于非承重内隔墙时，强度等级不宜低于 3.5；按砌块尺寸允许偏差和外观质量，分为两个等级：合格品与不合格品。产品的强度等级和密度等级，实施双控指标要求，即不同强度等级的砌块，其最大密度值有限制要求，具体为：MU2.5 的最大密度等级不大于 800kg/m^3，MU3.5 的最大密度等级不大于 1000kg/m^3，MU5.0 的最大密度等级不大于 1200kg/m^3，MU7.5 的最大密度等级为 1200kg/m^3（掺自然煤矸石放宽至 1300kg/m^3），强度达标、密度超标时，砌块将被判定为不合格。

2. 空心砌块的应用

轻集料混凝土小型空心砌块自重轻，保温、抗震、防火及隔音性能均较好，适用于多层或高层的非承重和承重保温墙、框架填充墙及隔墙。在绝热要求较高的围护结构上使用广泛。

三、蒸压加气混凝土砌块

蒸压加气混凝土砌块是用钙质材料（如水泥、石灰）、硅质材料（如砂子、粉煤灰、矿渣）、加气剂（多为脱脂铝粉）、少量调节剂，经搅拌、浇筑、发气、切割、蒸养而成的多孔硅酸盐砌块。如图 7-4 所示。

图 7-4　蒸压加气混凝土砌块

1. 加气混凝土砌块的技术要求

根据 GB 11968—2006《蒸压加气混凝土砌块》的规定，按尺寸偏差、外观质量、干密度、抗压强度和抗冻性将其分为优等品（A）、合格品（B）两个等级；按强度分为 A1.0、A2.0、A2.5、A3.5、A5.0、A7.5、A10 七个级别；按干密度分为 B03、B04、B05、B06、B07、B08 六个级别；常用规格尺寸为：长度：600mm，宽度：100、120、125、150、180、200、240、250、300mm，高度：200、240、250、300mm。

2. 加气混凝土砌块的应用

蒸压加气混凝土砌块的单位体积重量是黏土砖的三分之一，保温性能是黏土砖的 3～4 倍，隔声性能是黏土砖的 2 倍，抗渗性能是黏土砖的一倍以上，耐火性能是钢筋混凝土的 6～8 倍，不仅可以在工厂内生产出各种规格，还可以像木材一样进行锯、刨、钻、钉，又由于它的体积比较大，施工速度非常快，可作为各种建筑的填充材料。主要用于建筑地面（±0.000）以上的内外填充墙、非承重内隔墙和地面以下的内填充墙（有特殊要求的墙体除外），也可与其他材料组合成为具有保温隔热功能的复合墙体，但不宜用于最外层，不应直接砌筑在楼面、地面上。

蒸压加气混凝土砌块不得使用在下列部位：①建筑物±0.000 以下（地下室的室内填充墙除外）部位；②长期浸水或经常干湿交替的部位；③受化学侵蚀的环境，如强酸、强碱或高浓度二氧化碳等的环境；④砌体表面经常处于 80℃以上的高温环境；⑤屋面女儿墙。

四、泡沫混凝土砌块

泡沫混凝土砌块是用物理方法将泡沫剂水溶液制成泡沫，再将泡沫加入到胶凝材料、集料、掺合料、外加剂和水制成的料浆中，经混合搅拌、浇筑成型、自然养护所形成的一种含有大量封闭气孔的新型轻质保温材料，又名发泡混凝土砌块，其外观质量、内部气孔结构、使用性能等均与蒸压加气混凝土砌块基本相同。泡沫混凝土砌块内部气孔不相通，而蒸压加气块内部气孔连通，所以相对来说泡沫混凝土砌块保温性能更好，渗水率更低，隔声效果更好。

1. 泡沫混凝土砌块的技术要求

根据 JC/T 1062—2007《泡沫混凝土砌块》，泡沫混凝土砌块按立方体抗压强度分为 A0.5、1.0、A1.5、A2.5、A3.5、A5.0 以及 A7.5 七个强度等级；按干表观密度分为 B03、B04、B05、B06、B07、B08、B09 以及 B10 八个等级，按尺寸偏差和外观质量分为一等品（B）和合格品（C）两个等级；根据工程需要和环境条件的不同，需满足各自不同的抗冻性要求，泡沫混凝土碳化系数一般不小于 0.8，如图 7-5 所示。

2. 泡沫混凝土砌块的应用

泡沫混凝土砌块能减轻建筑物负荷，具有良好的隔热、隔声性能，其导热系数为 0.06～0.16（W/m·K），

图 7-5　泡沫混凝土砌块

24cm 厚的墙体隔音量为 58dB，满足建筑外墙、分户墙隔热以及隔声要求；抗震性好，不开裂、使用寿命长；抗水性能好，泡沫混凝土材料吸水率低于 10%，明显区别于其他墙体自保温材料。

五、石膏砌块

石膏砌块是以天然石膏、磷石膏等为主要原材料与多种无机材料复合而成的砌块。具有轻质高强、防火隔热、隔声保温、可锯可刨、破碎率低，便于安装、施工速度快、不受墙高限制、降低劳动强度、减少湿作业等特点。

1. 石膏砌块的技术要求

根据 JC/T 698—2010《石膏砌块》的规定，按其结构特性可分为石膏实心砌块（S）和石膏空心砌块（K）；按石膏来源，可分为天然石膏砌块（T）和化学石膏砌块（H）；按防潮性能，可分为普通石膏砌块（P）和防潮石膏砌块（F）；按成型制造方式，可分为手工石膏砌块和机制石膏砌块；其表征机械强度的断裂荷载值应不小于 1.5kN，软化系数应不低于 0.6。常用石膏砌块如图 7-6 所示。

2. 石膏砌块的应用

石膏砌块在建筑中做内隔墙可减轻建筑物自重、节约钢材、水泥、增加使用面积、降低工程造价，提高建筑物抗震等级。

图 7-6　石膏砌块

第三节　墙用板材

随着建筑结构体系的改革，装配式大板体系，框架轻板体系和大开间多功能框架结构的发展，与之相适应的各种轻质和复合墙用板材也蓬勃兴起。以板材为墙体的建筑体系具有质轻、节能、施工方便、快捷、使用面积大以及开间布置灵活等特点，因此，墙用板材具有广阔的发展前景。

一、水泥类墙用板材

1. 蒸压加气混凝土板

（1）蒸压加气混凝土板的技术性质：

蒸压加气混凝土板是由钙质材料（水泥加石灰或水泥），硅质材料（石英砂或粉煤灰）、石膏、铝粉、水和钢筋等制成的轻质墙体材料。蒸压加气混凝土板分外墙板和隔墙板。外墙板长度为 1500～2000mm、厚度为 150mm、170mm、180mm、200mm、240mm 及 250mm；隔墙板的长度按设计要求，宽度为 500～600mm，厚度为 75mm、100mm 及 120mm。

蒸压加气混凝土板含有大量微小的、非连通的气孔，孔隙率达 70%～80%，因而具有自重轻、隔热性好［热导率 0.12W/（m·K）］、隔声、吸声以及耐火等特性，并具有一定的承载能力。

（2）蒸压凝土板的应用：

蒸压凝土板可用作单层或多层工业的外墙，也可以作公共建筑及居住建筑的内隔墙和外墙。

2. 轻料混凝土墙板

（1）轻料混凝土墙板的技术性质：

轻集料混凝土配筋板墙是以水泥为胶凝材料，陶粒或天然浮石等为粗集料，陶砂、膨胀珍珠岩、浮石等为细集料，经搅拌、成型以及养护面制成的一种轻质墙板。其品种有浮石全轻混凝土墙板、页岩陶粒炉下灰混凝土墙板、煤灰陶粒珍珠岩砂混凝土墙板。以上三种墙板规格（宽×高×厚）分别为：3300mm×2900mm×32mm、3300mm×2900mm×30mm 及 4480mm×2430mm×22mm。

（2）轻料混凝土墙板的应用：

轻集料混凝土墙板生产工艺简单、墙的厚度减小、自重轻、强度高、绝热性能好，耐火、抗振性能优越，施工方便。

（3）轻集料混凝土墙板的作用：

浮石全轻混凝土墙板和页岩陶粒炉下灰混凝土墙板适用于装配式民用住宅大板建筑。粉煤灰陶粒珍珠岩混凝土墙板适用于整体预应力装配式板柱结构。

3. 玻璃纤维增强水泥板（GRC 板）

（1）玻璃纤维增强水泥板的技术性质：

玻璃纤维增强水泥板是以耐碱玻璃纤维、低碱度水泥、轻集料水泥、轻集料与水为主要原料制成的，有 GRC 轻质多孔条板和 GRC 平板。GRC 轻质多孔条板按板的厚度为 90 型、120 型，各型号规格（长×宽×厚）分别为（2500～3000mm）×600mm×90mm、（2500～3500mm）×600mm×120mm。GRC 平板根据制作工艺不同，分为 S-GRC 板和雷诺平板。

S-GRC 板规格尺寸：长度为 1200mm、2400mm 与 2700mm，宽度为 600mm、900mm 与 1200mm，厚度为 10mm、12mm、15mm 与 20mm；雷诺平板规格尺寸：长度为 1200mm、1800mm 与 2400mm，宽度为 1200mm，厚度 8mm、10mm、12mm 与 15mm。

（2）玻璃纤维增强水泥板的应用：

GRC 多孔板性能较好，安装方便，适用于民用与工业建筑的分室、分户、厨房、厕浴间及阳台等非承重的内外墙体部位；若抗压强度大于 10MPa 的板材，也可用于建筑加层和两层以下建筑的内外承重墙体部位。GRC 平板具有密度低、韧性好耐水、不燃、易加工等特点，可用作建筑物的内隔墙与吊顶板，经表面压花，被覆涂层后，也可用作外墙的装饰板。

4. 水泥刨花板

（1）水泥刨花板的技术性质：

水泥刨花板是以水泥和刨花（木材加工剩余物、小茎材以及树桠材等）为主要原材料生产的板材。规格尺寸：长度为 2600～3200mm、宽度为 1250mm、厚度为 8～40mm。

（2）水泥刨花板的应用：

水泥刨花板具有轻质、隔声、隔热、防火、抗虫蛀以及可钉、可锯、可钻、可胶合、可装饰等性能，适用于建筑物的隔热板、吊顶板、地板以及门芯等。

二、石膏类墙用板材

石膏类板材具有轻质、绝热、吸声、防火、尺寸稳定及可钉、可刨施工安装方便等性能，在建筑工程中得到广泛的应用，是一种很有发展前途的新型建筑材料。

1. 纸面石膏板

（1）纸面石膏板的技术性质：

纸面石膏板是以建筑石膏为主要原料，掺入纤维、外加剂等作为板芯，以特质的护面纸作为面层的一种轻质板材，分为普通纸面石膏板（P）、耐水纸面石膏板（S）、耐火纸面石膏板（H）三类，规格：长度为 1800mm、2100mm、2400mm、3000mm、3300mm 和 3600mm，宽度为 900mm 和 1200mm，厚度为 9.5mm、15mm、18mm、21mm 和 25mm。

普通纸面石膏板具有质轻、抗弯和抗冲击性高，防火、保温隔热、抗振性好，并具有较好的隔声性和可调节室内湿度等优点。当与钢龙骨配合使用时，可作为 A 级不燃性装饰材料使用。普通纸面石膏板的耐火极限一般为 5～15min。板材的耐水性，受潮后强度明显下降且会产生较大变形或较大的挠度。耐水纸面石膏板具有较高的耐水性。耐火纸面石膏板属于难燃性建筑材料（B1），具有较高的遇火稳定性，其遇火稳定时间大于 20～30min。GB 50222—95《建筑内部装修设计防火规范》规定，当耐火纸面石膏板安装在钢龙骨上时，可作为 A 级装饰材料使用，其他性能与普通纸面石膏板相同。

（2）纸面石膏板的应用：

普通纸面石膏板适用于办公楼、影剧院、饭店、宾馆、候车室、候机楼及住宅等建筑的室内吊顶、墙面、隔断、内隔墙等的装饰。普通纸面石膏板适用于干燥环境中，不宜用于厨房、卫生间、厕所以及空气相对湿度大于 70% 的潮湿环境中。普通纸面石膏板的表面还需要进行饰面处理。普通纸面石膏板与轻钢龙骨构成的墙体体系称为轻钢龙骨石膏板体系（简称 QST）。该体系的自重仅为同厚度红砖的 1%，并且墙体薄、占地面积小，可增大房间的有效使用面积。墙体内的空腔还可方便管道、电线等的埋设。

耐水纸面石膏板主要用于厨房、卫生间、厕所等潮湿场合的装饰。其表面也需再处理以提高装饰性。耐火纸面石膏板主要用作防火等级要求高的建筑物的装饰材料，如影剧院、体育馆、幼儿园、展览馆、博物馆、候机（车）大厅、售票厅、商场、娱乐厅、商场、娱乐场所及其通道、楼梯间、电梯间等的吊顶、墙面和隔断等。

2. 纤维石膏板

（1）纤维石膏板的技术性质：

纤维石膏板是由建筑石膏、纤维材料（废纸纤维、木纤维或有机纤维）、多种添加剂和水经特殊工艺制成的石膏板。其规格尺寸与纸面石膏板基本相同。强度高于纸面石膏板。此种板材具有较好的尺寸稳定性和防火、防潮、隔声性能以及可钉、可锯、可装饰的二次加工性能，也可调节室内空气湿度，不产生有害人体健康的挥发性物质。

（2）纤维石膏板的应用：

纤维石膏板可用作工业与民用建筑中的隔墙、吊顶及预制石膏复合墙板，还可用来代替木材制作家具。

3. 石膏空心条板

（1）石膏空心条板的技术性能：

石膏空心条板是以建筑石膏为胶凝材料，适量加入各种轻质集料（膨胀珍珠岩、膨胀蛭石等）和改性材料（粉煤灰、矿渣、石灰、外加剂等），经搅拌，浇筑、振捣成型、抽芯、脱模、干燥而成，孔数为 7～9，孔洞率为 30%～40%。

石膏空心条按原材料分为石膏珍珠岩空心条板、石膏粉煤灰硅酸盐空心条板和石膏空心条板；按防水性能分为普通空心条板和耐水空心条板；按强度分为普通型空心条板和增强型空心条板；按材料结构和用途分素板、网板、钢埋件网板。石膏空心条板。石膏空心条板的长度为 2100～3300mm、宽度为 250～600mm、厚度为 60～80mm。该板生产时不用纸、不用胶，安装时不用龙骨。

（2）石膏空心条板的应用：

石膏空心条板适用于工业与民用建筑的非承重内隔墙。

三、植物纤维类墙用钢材

1. 纸面草板

纸面草板是用植物秸秆——稻草或麦草做原料，不需切割粉碎，直接再成型机内以挤压加热的方式形成板芯，并再表面粘以护面纸制成的。

（1）纸面草板的技术性质：

纸面草板按原材料分纸面草板和纸面麦草板；按板边形式分直角边板和楔形边板；按其性能和外观质量分优等品、一等品和合格品三个等级，纸面草板规格有：长度为 1800mm、2400mm、2700mm、3000mm 和 3300mm，宽度为 1200mm，厚度为 58mm，纸面草板自重轻、保温隔声性能好，抗弯强度较高，有较强的耐燃性和良好的大气稳定性，具有可锯、可钉以及可钻等加工性。

（2）纸面草板的应用：

主要用于建筑物的内墙墙、外墙的内衬、门板、风景屏风、屋面板、活动房等，经表面防水或装饰处理后可用于各种环境的装饰，是一种成本低廉的伐木材料。

2. 麦秸人造板

麦秸人造板是以麦秸为原料，加入少量无毒、无害的胶黏剂。经切割、锤碎、分级、拌胶、铺装成型、加压、锯边、砂光等工序制成的环保型建筑钢板，不需护面纸。使用麦秸人造板，对保护森林资源，维持自然界生态平衡有重要意义。

（1）麦秸人造板的技术性质：

其规格尺寸：长度为 1000～4000mm、宽度为 1220mm、厚度为 6～28mm。

麦秸人造板具有轻质、坚固耐用、防蛀、抗水、阻燃、不散发甲醛以及机械加工性能好等特点，可广泛应用于建筑物的隔墙、外墙内衬、吊顶、屋顶、建筑装饰以及建筑模板、地板等。麦秸人造板与轻钢龙骨等材料配套使用，可以构成轻质复合墙体，这种墙体具有优良的绝热性能。

（2）麦秸人造板的应用：

麦秸人造板用于外墙保温和隔墙保温隔声以及屋顶的绝热。

四、复合墙板

复合墙板是由两种或两种以上不同功能材料组合而成的墙板。以单一材料制成的板材，常因其材料本身的局限性而使其应用受到限制。如质量较轻、保温、隔声效果较好的石膏板，如加气混凝土板、纸面草板、麦秸板等，因其耐水差或强度较低所限，通常只能用于非承重墙，而水泥类板材虽有足够的强度、耐久性，但其自重大、隔声保温性能较差。目前，国内外尚没有单一材料既满足建筑节能要求又能满足防水、强度等技术要求。因此，墙体材料常用复合技术生产出各种复合板材来满足墙体多功能的要求，并已取得良好的技术经济效果。常用的复合墙板主要结构层（承重或传递外力）、保温层及面层组成。

1. 钢丝网架水泥夹心板

钢丝网架水泥夹心板是以两片钢丝网将聚氨酯、聚苯乙烯、脲醛树脂等泡沫塑料、轻质岩棉或玻璃等芯材夹在中间，两片钢丝网间以斜穿过芯材的之字形钢丝相互连接，形成稳定的三维结构，经施工现场喷抹水泥砂浆而成。

（1）钢丝网架水泥夹心板的技术性质：

常用的钢丝网架水泥夹心板品种有多种，但基本结构相近。按所用钢丝直径的不同，可分为承重和非承重板材。钢丝直径全部为 2mm，一般做非承重用；网架钢丝直径在 2～4mm 之间，插筋直径在 4～6mm 之间，可做承重板墙。其规格尺寸如表 7-2 所示。

表 7-2 钢丝网架夹心板规格

品　种		规格尺寸（mm）		
		长　度	宽　度	厚　度
钢丝网架泡沫塑料夹心板		2140 2440 2740 2950	1220	76（50）
钢丝网架岩棉夹心板	GY2.0-40 GY2.5-50 GY2.5-60 GY2.8-60	3000 以内	1200、900	65（40） 75（50） 85（60） 85（60）

注：厚度为钢丝框架名义厚度，不是抹灰厚度（如 76mm 厚框架抹灰后的厚度为 102mm 或以上），括弧内尺寸为保温芯材厚度。

　　钢丝网架水泥夹心板具有质量轻、保温、隔声、抗冻融性能好，抗振能力强和能耗低等优点。为改善这种板材的耐高温性，可以矿棉代替泡沫塑料，制成纯无机材料的复合板材，使其耐火极限达 2.5h 以上。

　　（2）钢丝网架水泥夹心板的应用：

　　钢丝网架水泥夹心板适用于做墙板、屋面板、各种保温板材，适当加筋后具有一定的承载能力，用于屋面，是集保温、防水和自承重为一体的多功能材料。

　　2. 金属夹心板

　　金属夹心板材是以泡沫塑料或人造无机棉为芯材，在两侧粘上压型金属钢板而成。

　　（1）金属夹心板材的技术性质：

　　金属钢板分彩色喷涂钢板、彩色喷涂镀铝锌板、镀锌钢板、不锈钢板、铝板、钢板。金属夹心板具有质量轻、强度高、高效绝热性；施工方便、快捷；可多次拆卸、可变换地点重复安装使用，有较高的耐久性；带有防腐涂层的彩色金属面板夹心板有较高的耐候性和抗腐蚀能力。

　　（2）金属夹心板材的应用：

　　金属夹心板材普遍用于冷库、仓库、工厂车间、仓贮式超市、商场、办公楼、洁净室、旧楼房加层、活动房、战地医院、展览场馆和体育馆及候机楼等的墙体和屋面。目前，彩色喷涂钢板的应用较普遍。

　　3. 建筑节能墙板

　　建筑节能墙板是采用粉煤灰、稻壳和其他配件，经无机化学反应冷挤压成型，内夹聚苯乙烯保温层的新型墙板。

　　（1）建筑节能墙板的技术性质：

　　建筑节能墙板具有自重轻，可锯裁，工业化生产，现场装配、施工速度快、安装方便、节能效果好等特点，可满足不同部位、不同节能要求的节能建筑需要，且具有承重、保温双重功能，材料抗压强度可达到 C20 混凝土的强度值。该墙板保温隔热性能超过 1m 以上砖墙的保温性能，$\lambda = 0.4 \sim 0.6 W/（m \cdot K）$。

　　（2）建筑节能墙板的应用：

　　建筑节能墙板主要用于高层建筑外围护结构，也可以用于有结构体系的工业厂房及其他建筑的外围护结构，其性能优于彩钢板等同类产品。

本章小结

　　本章介绍了砌墙砖、墙用砌块主要技术要求及应用；水泥类墙用板材、石膏类墙用板材、植物纤维类墙用板材的主要技术性质及应用。通过本章学习，应能理解砌墙砖、墙用砌块、墙用板材的技术要求；掌握砌墙砖、墙用砌块、墙用板材的应用。

思考与练习

　　1. 烧结普通砖的主要技术性质有哪些？

　　2. 何为烧结砖的泛霜和爆裂？它们对建筑物有何影响？

3. 建筑上常用的非烧结砖有哪些？

4. 某工地备用的储存在贮存一个月后，部分砖自裂成碎块，请解释原因。

5. 常用的建筑砌块有哪些？砌块与烧结普通黏土砖相比，有哪些优势？

6. 目前所用的墙体材料有哪几类？举例说明它们各自的优缺点。

第八章　防水材料

本章提要

【知识点】石油沥青、防水卷材、防水涂料、密封材料。

【重点】石油沥青的组分、主要技术性质；常用防水卷材、防水涂料。

【难点】石油沥青的组分对技术性质的影响。

防水材料是建筑工程不可缺少的主要材料之一，它在建筑物中起到防止雨水、地下水或其他水分渗透的作用。建筑工程的防水技术按其构造做法可分为两大类，即结构构件自身防水和采用不同材料的防水层防水。采用不同材料的防水层做法又可分为刚性防水和柔性防水，前者采用涂抹防水的砂浆、浇筑渗入外加剂的混凝土或预应力混凝土等做法，后者采用铺设防水卷材、涂敷各种防水材料等做法。多数建筑采用柔性材料防水做法。目前国内外最常用的主要是沥青类防水材料。随着科学技术的进步，防水材料的品牌、质量都有了很大的发展。一些防水效果好，寿命还长且不污染环境的新型防水材料，如高聚物改性沥青防水卷材、涂料和合成高分子类防水卷材、涂料不断涌现并得到推广。

第一节　沥青材料

沥青是一种憎水性的有机胶结材料，不仅本身构造致密，且能与石料、砖、混凝土等材料牢固地黏结在一起。以沥青或以沥青为主要组成的材料和制品，都具有良好的隔潮、防水、抗渗及耐化学腐蚀、电绝缘等性能，主要用于屋面、地下室以及其他防水工程、防腐工程和道路工程。

一、石油沥青

石油沥青是石油原油经蒸馏提炼出各种石油产品（如汽油、煤油、柴油和润滑油等）以后的残留物，或再经加工而制得的产品。它能溶于二硫化碳、氯仿、苯等有机溶剂中，在常温下呈褐色或黑褐色的固体、半固体或黏稠液，受热后变软，甚至具有流动性。建筑工程中主要使用石油沥青。

1. 石油沥青的组成

石油沥青是由碳及氢组成的多种碳氢化合物及其衍生物的混合物，其组分及主要特性见表 8-1。

表 8-1　石油沥青各组分的主要特性和作用

组分	含量	分子量	碳氢比	密度	特性	作用
油分	45%～60%	100～500	0.5～0.7	0.7～1.0	淡黄色至红褐色，黏性液体，可溶于大部分溶剂，不溶于酒精	是决定沥青流动性的组分，油分多，流动性大，而黏性小，温度敏感性大

续表

组分	含量	分子量	碳氢比	密度	特性	作用
树脂	15%～30%	600～1000	0.7～0.8	1.0～1.1	红褐色至黑褐色的黏稠半固体，多呈中性，少量酸性	是决定沥青塑性的主要组分。含量增加，沥青塑性增大，温度敏感性增大
地沥青质	10%～30%	1000～6000	0.8～1.0	1.1～1.5	深褐色至黑褐色的硬而脆的固体粉末微粒，加热后不溶解，而分解为坚硬的焦炭，使沥青带黑色	是决定黏性和耐热性的组分。含量高，沥青黏性大，温度敏感性小，塑性降低，脆性增加

2. 石油沥青的技术性质

石油沥青的技术性质主要包括黏性、塑形、温度敏感性、大气稳定性及其耐热性等。

（1）黏性（黏滞性）：

黏性是指石油沥青在外力作用下，抵抗变形的能力，是沥青的主要技术性质之一。黏性大小与组分含量及温度有关。地沥青质含量多，同时有适量的树脂，而油分的含量较少时黏性大，在一定的温度范围内，温度升高，黏度降低，反之，黏度提高对于液态沥青，或在一定的温度下具有流动性的沥青，用标准黏度仪测定黏度。对于半固态或固态的黏稠石油沥青的黏度是用针入度仪测定其针入度值来表示，以 1/10mm 为单位表示，每 $\frac{1}{10}$ 为 1 度。针入度值越小，表明沥青黏度越大。

（2）塑性：

塑性是指石油沥青受到外力作用时，产生不可恢复的变形而不破坏的性质，是沥青的主要技术性质之一。石油沥青中油分和地沥青质适量时，树脂含量愈多，沥青膜层越厚塑性越大，温度升高塑性增大。沥青之所以能制出性能良好的柔性防水材料，很大程度上取决于沥青的塑性，塑性大的沥青防水层能随建筑物变形而变形，防水层不致破裂，若一旦破裂，由于其塑性较大，具有较强的自愈合能力。

石油沥青的塑性用延度表示，以 cm 为单位。延度越大，表明沥青的塑性越大。

（3）温度敏感性：

温度敏感性是指石油沥青的黏性和塑性随温度的升降而变化的性能，是评价沥青质量的重要性能之一。变化程度小，即温度敏感性小；反之温度敏感性大。用于防水工程的沥青，要求具有较小的温度敏感性，以免高温下流淌，低温下脆裂。

沥青的温度敏感性用软化点表示，采用"环球"法，以℃为单位，软化点越高，沥青温度敏感性越小。

（4）大气稳定性：

大气稳定性是指石油在大气综合因素长期作用下抵抗老化的性能，也是沥青材料的耐久性。大气稳定性好的石油沥青可以在长期使用中保持其原有性质；反之，由于大气长期作用，某些性能降低，使石油沥青使用寿命减少。

造成大气稳定性差的主要原因是在热、阳光、氧气和水分等因素的长期作用下，石油沥青中低分子组分向高分子组分转化，即沥青中油分和树脂相对含量减少，地沥青质逐渐增多，从而使石油沥青的塑性降低，黏度提高，逐渐变得脆硬，直至脆裂，失去使用功能，这个过程称为"老化"。

沥青的大气稳定性以加热损失的百分率为指标，通常用沥青材料在160℃保温5h损失的质量百分率表示。如损失少，则表示性质变化小，耐久性好。也可以用沥青材料加热前后针入度的比值表示。

以上四种性质是石油沥青材料的主要性质，针入度、延度、软化点是评价沥青质量的主要指标，是决定沥青牌号的主要依据。此外，石油沥青在施工中安全操作的温度用闪电燃点表示。

闪电是指沥青加热至挥发出可燃气体，与火焰接触闪火时的最低温度。燃点是表示若继续加热，一经引火，燃烧就将继续下去的最低温度。施工熬制沥青的温度不得超过闪点。

（5）耐蚀性：

耐蚀性是石油沥青抵抗腐蚀介质侵蚀的能力。石油沥青对于大多数中等浓度的酸、碱和盐类都有较好的抵抗能力。

（6）防水性

石油沥青是憎水性材料，几乎完全不溶于水，它本身的构造致密，与矿物材料表面有很好的黏结力，能紧密粘附于矿物表面，形成致密膜层。同时，它还有一定的塑性，能适应材料或构件的变形，所以石油沥青具有良好的防水性，广泛用作建筑工程的防潮、防水、抗渗材料。

3. 石油沥青的分类及选用

根据我国现行标准，石油沥青分为道路石油沥青、建筑石油沥青和普通石油沥青，各种品种按技术性质划分为多种牌号，各种牌号石油沥青的技术要求列于表8-2和表8-3。

表8-2　道路石油沥青技术性能（NB/SH/T 0522—2010）

项目	质量指标				
	200号	180号	140号	100号	60号
针入度25℃，100g，5s/（1/10mm）	200～300	150～200	110～150	80～110	50～80
延度①（25℃/cm）　≥	20	100	100	90	70
软化点（℃）	30～48	35～48	38～51	42～55	45～58
溶解度（%）　≥	99.0				
闪点（开口）/℃　≥	180	200	230		
密度（25℃）/（g/cm²）	报告				
蜡含量（%）　≤	4.5				
薄膜烘箱试验（163℃，5h）质量变化（%）≤	1.3	1.3	1.3	1.2	1.0
针入度比（%）	报告				
延度（25℃/cm）	报告				

① 如25℃延度达不到，15℃延度达到时，也认为是合格的，指标要求与25℃延度一致。

表8-3　建筑石油沥青技术指标 GB/T 494—2010

项目	技术指标		
	10号	30号	40号
针入度（25℃，100g，5s）/（1、10mm）	10～25	26～35	36～50
针入度（46℃，100g，5s）/（1、10mm）	报告①		
针入度（0℃，200g，5s）/（1、10mm）　≥	3	6	6

续表

项目		技术指标		
		10 号	30 号	40 号
延度（25℃，5cm/min）（cm）	≥	1.5	2.5	3.5
软化点（环球法）（℃）	≥	95	75	60
溶解度（三氯乙烯）（%）	≥	99		
蒸发后质量变化（163℃，5h）（%）	≤	1		
蒸发后 25℃针入度比② （%）	≥	65		
闪点（开口杯法）（℃）	≥	260		

①报告应为实测值。

②测定蒸发损失后样品的 25℃针入度与原针入度之比乘以 100 后，所得的百分比，称为蒸发后针入度比。

从表 8-2 和表 8-3 可以看出，石油沥青是按针入度指标划分牌号的，同时保证相应的延度和软化点等。针入度、延度和软化点是衡量沥青材料性能的三项重要指标。同一品种石油沥青中，牌号越大，材料越软，针入度越大（即黏度越小），延度越大（即塑性越大），软化点越低（即温度敏感性越大）。

选用沥青材料时，应根据工程性质（房屋、道路、防腐）及当地气候条件，所处工作环境（屋面、地下）来选择不同牌号的沥青（或选用两种牌号沥青混合使用）。在满足使用要求的前提下，尽量选用较大牌号的石油沥青，以保证在正常使用条件下，石油沥青有较长的使用年限。

一般情况下，屋面沥青防水层不但要求黏度大，以使沥青防水层与基层牢固黏结，更主要的是按其温度敏感性选择沥青牌号。由于屋面沥青层蓄热后的温度高于气温，因此选用时要求其软化点要高于当地历年来达到的最高气温 20℃以上。对于夏季气温高，而坡度又大的屋面，常选用 10 号、30 号石油沥青，或者 10 号与 30 号或 60 号掺配调整性能的混合沥青。但在寒冷地区一般不宜直接使用 10 号石油沥青，以防冬季出现冷脆破裂现象。

用于地下防潮、防水工程时，一般对软化点要求不高，但其塑性要好，黏性较大，使沥青层能与建筑物黏结牢固，并能适应建筑物的变形，而保持防水层完整，不遭到破坏。

建筑石油沥青多用于建筑工程和地下防水工程以及作为建筑防腐材料。道路石油沥青多用于拌制沥青砂浆和沥青混凝土，用于道路路面及厂房地面等。普通石油沥青含蜡量高，性能较差，在建筑工程中一般不使用。如果用于一般或次要的路面工程，可与其他沥青掺配使用。

二、改性沥青

建筑上使用的沥青要求具有一定的物理性质和黏附性，即低温下有弹性和塑性；高温下有足够的强度和稳定性；加工和使用条件下有抗"老化"能力；与各种矿料和结构表面和较强的黏附力；对构件变形的适应性和耐疲劳性。通常石油加工厂制备的沥青不能满足。对于要求，常采用以下方法对石油沥青进行改进。

1. 橡胶改性沥青

橡胶是以生胶为基础加入适量的配合剂组成的具有高弹性的有机高分子化合物。即使在常温下它也具有显著的高弹性能，在外力作用下产生很大的变形，除去外力后能很快恢复原来的状态。橡胶在阳光、热、空气或机械力的反复作用下，表面会出现变色、变硬、龟裂或变软发黏，同时机械强度降低，这些现象叫老化。橡胶是沥青的重要改性材料，它和沥青有很好的混溶性，并能使沥青具有橡胶的优点，如高温变形性小，低温柔性好等，沥青中掺入橡胶后，可使其性能得到很好的改善，如耐热性、耐腐蚀性、耐候性等得以提高。

沥青改性沥青可制成卷材、片材、胶粘剂、密封材料和涂料等，用于道路路面工程、密封材料和防水材料等。常用的品种有：防止橡胶老化，一般加入防老化剂，如蜡类等。

橡胶是沥青的重要改性材料，它和沥青有很好的混溶性，并能使沥青具有橡胶的优点，如高温变形性小，低温柔性好等，沥青中掺入橡胶后，可使其性能得到很好的改善，如耐热性、耐腐蚀性、耐候性等得以提高。

沥青改性沥青可制成卷材、片材、胶粘剂、密封材料和涂料等，用于道路路面工程、密封材料和防水材料等。常用的品种有：氯丁橡胶改性沥青、丁基橡胶改性沥青和再生橡胶改性沥青等。

2. 树脂改性沥青

用树脂对石油沥青进行改进，使沥青的耐寒性、耐热性、粘结性和不透气性提高，如石油沥青加入聚乙烯树脂改性后可制成冷粘贴防水卷材等。常用的品种有：古马隆树脂改性沥青、聚乙烯树脂改性沥青、聚丙烯树脂改性沥青、酚醛树脂改性沥青等。

3. 橡胶和树脂改性沥青

橡胶和树脂同时用于改善沥青的性质，使沥青具有橡胶和树脂的特性，如耐寒性，且树脂比橡胶便宜，橡胶和树脂又有较好的混溶性，故效果较好。橡胶和树脂改性沥青主要有卷材、片材、密封材料和防水材料等。

4. 稀释沥青（冷底子油）

冷底子油是用稀释剂对沥青稀释的产物，它是将沥青溶化后，用汽油或煤油、轻柴油、苯等溶剂（稀释剂）溶合而配成的沥青涂料。由于它多在常温下用于防水工程的底层，故名冷底子油。它的流动性好，便于喷涂，将冷底子油涂刷在混凝土、砂浆或木材等基面后，能很快渗透进基面，溶剂挥发后，便与基面牢固结合，并使基面有憎水性，为黏结同类防水材料创造了有利条件。

冷底子油通常随用随配，若贮存时，应使用密闭容器，以防止溶剂挥发。

5. 沥青玛琋脂

沥青玛琋脂是在沥青中掺入适量粉状或纤维状矿物质填充料经均匀混合而制成，它与沥青相比，具有较好的黏性、耐热性和柔韧性，主要用于粘贴卷材、嵌缝、街头、补漏及做防水层的底层。沥青玛琋脂中掺入填充料，不仅可以节省沥青，更主要的是为了提高沥青玛琋脂的粘结性、耐热性和大气稳定性，填充料主要有粉状的，如滑石粉、石灰粉、普通水泥和白云石粉等；还有纤维状的，如石棉粉、木屑粉等。填充料假如量一般为 $10\% \sim 30\%$，由试验决定。

沥青玛琋脂有热用及冷用两种。在配制热沥青玛琋脂时，应待沥青完全熔化脱水后，再慢慢加入填充料，同时应不停的搅拌至均匀为止，要防止粉状填充料沉入锅底。填充料在掺入沥青前应干燥并宜加热。冷用沥青玛琋脂是将沥青熔化脱水后，缓慢地加入稀释剂，再加入填充料搅拌而成，它可在常温下施工，改善劳动条件，同时减少沥青用量，但成本较高。

6. 沥青的掺配

某一种牌号的石油沥青往往不能满足工程技术要求，因此需用不同牌号沥青进行掺配。

进行两种沥青掺配时，首先按下述公式计算，然后再进行适配调整：

$$较软沥青掺量(\%) = \frac{较硬沥青软化点 - 要求的软化点}{较硬的沥青软化点 - 较软沥青软化点} \times 100\%$$

$$较硬沥青掺量(\%) = 100\% - 较软沥青掺量$$

[例 8-1]　某工程需用软化点为 85℃的石油沥青，现有 10 号及 60 号两种，由试验测得，10 号石油沥青软化点为 95℃；60 号石油沥青软化点为 45℃。应如何掺配以满足工程需要？

解：计算掺配用量：

$$60 号石油沥青用量(\%) = \frac{95-85}{95-45} \times 100\% = 20\%$$

$$10 号石油沥青用量(\%) = 100\% - 20\% = 80\%$$

调整将应根据计算的掺配比例和其邻近的比例（±5%～10%）进行适配（混合热制均匀），测定掺配后沥青的软化点，然后绘制"掺配比-软化点"曲线，即可从曲线上方确定所要求的掺配比例。

如用三种沥青时，可先求出两种沥青的配比，再与第三种沥青进行配比计算，然后再试配，同样也可对针入度指标按上法进行计算及试配。

第二节　防水卷材

一、沥青防水卷材

凡用厚纸和玻璃纤维布、石棉布等浸渍石油沥青制成的卷材，称为浸渍卷材（有胎卷材）；将石棉、橡胶粉等掺入石油沥青材料中，经碾压制成的卷材称为辊压卷材（无胎卷材）。这两种卷材统称为沥青防水卷材，是建筑工程中常用的柔性防水卷材。

1. 石油沥青纸胎油毡

石油沥青纸胎油毡是用低软化点的石油沥青浸渍原纸，然后用高软化点的石油沥青涂盖油纸两面，再撒或涂隔离材料所制成的一种纸胎防水卷材。石油沥青纸胎油毡具有良好的防水性能和抗老化性能，施工简便、无污染、使用寿命长，但易腐烂、抗拉强度低、优质纸源消耗量大。油毡按卷重和物理性能分为Ⅰ型、Ⅱ型和Ⅲ型，其物理性能见表 8-4。Ⅰ型、Ⅱ型油毡适用于用辅助防水、保护隔离层、临时性建筑防水、防潮及包装等；Ⅲ型油毡用于屋面工程的多层防水施工。

表 8-4　石油沥青纸胎油毡物理性能（GB 326—2007）

项目			指标		
			Ⅰ型	Ⅱ型	Ⅲ型
单位面积浸涂材料总量（g/m²）		≥	600	750	1000
不透水性	压力（MPa）	≥	0.02	0.02	0.01
	保持时间（min）	≥	20	30	30
吸水率（%）		≤	3.0	2.0	1.0
耐热度			（85±2）℃，2h 涂盖层无滑动、流淌和集中性气泡		
拉力（纵向）（N/50mm）			240	270	340
柔度			（18±2）℃，绕 ϕ20mm 棒或弯板无裂纹		

石油沥青纸胎油毡各型号幅宽标准为 1000mm，产品型号按名称、类型和标准号顺序标注。例如，Ⅲ型号石油沥青纸胎油毡标记为：油毡Ⅲ型。

2. 石油沥青玻璃布胎油毡

石油沥青玻璃布油毡是以玻璃纤维布为胎基涂盖石油沥青，并在两面撒布粉状隔离材料所制成的。油毡幅宽为 1000mm，其抗拉强度和耐热性好，耐磨性和耐腐蚀性强，其技术指标应符合 JC/T 84—1996《石油沥青玻璃布油毡》的规定。

3. 石油沥青玻璃纤维胎油毡

石油沥青玻璃纤维胎油毡采用玻璃纤维薄毡为胎基，浸涂石油沥青，在其表面涂撒以矿物材料或覆盖聚乙烯膜等隔离材料所制成的一种防水卷材。按上表面材料分为 PE 膜、砂面，也可按设计要求采用其他材料；产品按单位面积质量分为 15 号、20 号，按力学性能分为 Ⅰ、Ⅱ型；卷材公称宽度 1m，公称面积为 $10m^2$、$20m^2$。其物理性能指标应符合 GB/T 14686—2008《石油沥青玻璃纤维胎防水卷材》的规定

4. 铝箔面石油沥青油毡

铝箔面石油沥青油毡采用玻璃纤维毡为胎基，浸涂氧化沥青，在其表面用压纹铝箔贴面，底面撒以细颗粒矿物材料或覆盖乙烯（PE）膜所制成的一种具有热反射和装饰功能的防水卷材。油毡幅面宽为 1000mm，根据油毡每卷标称质量（kg）分为 30 号、40 号两个标号，30 号油毡厚度不小于 2.4mm，40 号厚度不小于 3.2mm，其质量要求应符合 JC/T 504—2007《铝箔面石油沥青防水材料》的规定。

常用的沥青防水卷材的特点和适用范围如表 8-5 所示。

表 8-5　沥青防水卷材的特点及适用范围

卷材名称	特　点	适用范围
石油沥青纸胎油毡	低温柔性差，防水耐用年限较短，价格较低	二毡四油、二毡三油铺设的屋面工程
玻璃布沥青油毡	柔韧性较好，抗拉强度较高，胎体不易腐烂，耐久性比纸胎油毡提高 1 倍以上	地下水管及金属管道（热管道除外）的防腐保护层、防水层、屋面防水层
玻璃纤维胎沥青油毡	耐水性、耐久性、耐腐蚀性较好，柔韧性优于纸胎油毡	屋面或地下防水工程、包扎管道（热管道除外）作防腐保护层，其中 35 号可采用热熔法施工用于多层或单层防水
铝箔胎沥青油毡	防水功能好，有一定的抗拉强度，阻隔蒸汽渗透能力高	可以单独使用或与玻璃纤维毡配合用于隔气层，30 号油毡多用于多层防水工程的面层，40 号油毡适用于单层或多层防水工程的面层

二、高聚物改性沥青防水卷材

高聚物改性沥青防水卷材是以聚合物改性沥青为涂盖层，纤维织物或纤维毡为胎体，粉状、粒状、片状或薄膜材料为覆盖面材料制成的防水卷材。与传统沥青防水卷材相比，改性沥青防水卷材具有良好的不透水性和低温柔性，同时还具有高温不流淌、低温不脆裂、拉伸强度高、延伸率大、耐腐蚀性及耐热性好等优点，当前已经在很大程度上取代了传统的石油沥青纸胎油毡。

1. 弹性体改性沥青防水卷材

弹性体改性沥青防水卷材，是用热塑性弹性体改性沥青（简称弹性体沥青）涂盖在经沥

青浸渍后的胎基两面而成的防水卷材。目前主要生产以苯乙烯-丁二烯-苯乙烯（SBS）热塑性弹性体作石油沥青改性剂的弹性体沥青防水卷材。

（1）分类：

弹性体改性沥青防水卷材按胎基材料不同分为聚酯毡（PY）、玻璃纤维毡（G）、玻璃纤维增强聚酯毡（PYG）三类；按上表面隔离材料分为聚乙烯膜（PE）、细砂（S）、矿物粒料（M），下表面隔离材料为细砂（S）、聚乙烯膜（PE）；按材料性能又分为Ⅰ型和Ⅱ型。目前国内生产的弹性体沥青防水卷材主要是 SBS 改性沥青防水卷材。

（2）规格：

弹性体改性沥青防水卷材公称宽度为 1000mm。聚酯毡卷材公称宽度为 3mm、4mm 和 5mm。玻璃纤维毡卷材公称厚度为 3mm、4mm。玻璃纤维增强聚酯毡卷材公称厚度为 5mm。每卷卷材公称面积为 7.5m²、10m² 和 15m²。弹性体改性沥青防水卷材的单位面积质量、面积及厚度应符合表 8-6 的规定。

表 8-6　单位面积质量、面积及厚度

规格（公称厚度）（mm）		3			4			5		
上表面材料		PE	S	M	PE	S	M	PE	S	M
下表面材料		PE	PE、S		PE	PE、S		PE	PE、S	
面积（m²/卷）	公称面积	10.15			10、7.5			7.5		
	偏差	±0.10			±0.10			±0.10		
单位面积质量（kg/m²）　≥		3.3	3.5	4.0	4.3	4.5	5.0	5.3	5.5	6.0
厚度（mm）	平均值　≥	3.0			4.0			5.0		
	最小单值	2.7			3.7			4.7		

（3）主要技术性质：

弹性体改性沥青防水卷材，具有良好的不透水性和低温柔性，在−15～−20℃下仍能保持其韧性；同时还具有抗拉强度高、延伸绿率大、耐腐蚀性及耐热性好等优点。其物理力学性质应满足表 8-7 的规定。

表 8-7　弹性体改性沥青防水卷材的主要技术性质

项　目		指　标				
		Ⅰ		Ⅱ		
		PY	G	PY	G	PYG
耐热性	℃	90		105		
	mm　≤	2				
	试验现象	无流淌、滴落				
低温柔性（℃）		−20		−25		
		无裂缝				
不透水性（30min）/MPa		0.3	0.2	0.3		
拉力	最大峰拉力（N/50min）≥	500	350	800	500	900
	次高峰拉力（N/50min）≥	—	—	—	—	800
	试验现象	拉伸过程中试件中部无沥青涂盖层开裂或与胎基分离现象				

续表

项 目		指　标				
		Ⅰ		Ⅱ		
		PY	G	PY	G	PYG
延伸率	最大峰时延伸率（%）　≥	30	—	40	—	—
	第二峰时延伸率（%）　≥	—				15
接缝剥离强度（N/mm）		1.5				
人工气候加速老化	外观	无滑动、流淌、滴落				
	拉力保持率/%	80				

（4）型号标记：

弹性体改性沥青防水卷材按名称、型号、胎基、上表面材料、下表面材料、厚度、面积和所执行的标准序号的顺序标记。

如 $10m^2$，3mm 厚，上表面为矿物粒料，下表面为聚乙烯膜聚酯毡Ⅰ型弹性体改性沥青防水卷材标记为：SBS I PY M PE 3 10 GB 18242—2008。

（5）用途：

弹性体改性沥青防水卷材，适用于工业与民用建筑的屋面、地下及卫生间等的防水、防潮以及游泳池、隧道、蓄水池等的防水工程，尤其适用于寒冷地区建筑物防水，并可用于Ⅰ级防水工程。玻璃纤维增强聚酯毡卷材可用于机械固定单层防水（需通过抗风荷载试验）；玻璃纤维毡卷材适用于多层防水中的底层防水；屋面等外露部位采用上表面隔离材料为不透明的矿物粒料的防水卷材；地下防水工程则多采用表面隔离材料为细砂的防水卷材。

弹性体沥青防水卷材施工时可用热熔法施工。也可用胶黏剂进行冷粘贴施工。包装、储运基本与石油沥青油毡相似，

2. 塑性体改性沥青防水卷材

塑性体改性沥青防水卷材，是热塑性树脂改性沥青（简称塑性体沥青）涂盖在经沥青浸渍后的胎基两面，在上表面撒以细砂（S）、矿物粒料（M）或覆盖聚乙烯膜（PF）。下表面撒以细砂（S）或覆盖聚乙烯膜（PE）研制成的一种沥青防水卷材．目前主要生产以无规聚丙烯（APP），或聚烯烃类聚合物（APAO，APO）等用作石油沥青改性剂的塑性体沥青防水卷材。

（1）分类：

塑性体沥青防水卷材按胎基材料不同分为玻璃纤维毡（G）、聚酯毡（PY）及玻璃纤维增强聚酯毡（PYG）三类。按材料性能不同，塑性体沥青防水卷材也分为Ⅰ型和Ⅱ型两种。

（2）规格：

塑性体沥青防水卷材公称宽度为 1000mm。聚酯毡卷材公称厚度为 3mm，4mm，5mm。玻璃纤维毡卷材公称厚度为 3mm，4mm。玻璃纤维增强聚酯毡卷材公称厚度为 5mm。每卷卷材公称面积为 $7.5m^2$，$10m^2$，$15m^2$。塑性体改性沥青防水卷材的单位面积质量、面积及厚度要求同弹性体改性沥青。

（3）主要技术性质：

与弹性体沥青防水卷材相比，塑性体防水卷材具有更高的耐热性，但低温柔韧性较差。其主要技术性质见表8-8。

表 8-8　塑性体改性沥青防水卷材的主要技术性质（GB 18243—2008）（节选）

项　目			指　标				
			Ⅰ		Ⅱ		
			PY	G	PY	G	PYG
耐热性	℃		110		130		
	mm　≤		2				
	试验现象		无流淌、滴落				
低温柔性（℃）			−7		−15		
			无裂缝				
不透水性（30min）（MPa）			0.3	0.2	0.3		
拉力	最大峰拉力（N/50min）≥		500	350	800	500	900
	次高峰拉力（N/50min）≥		—	—	—	—	800
	试验现象		拉伸过程中试件中部无沥青涂盖层开裂或与胎基分离现象				
延伸率	最大峰时延伸率（%）　≥		30		40		
	第二峰时延伸率（%）　≥		—		—		15
接缝剥离强度（N/mm）			1.0				
人工气候加速老化	外观		无滑动、流淌、滴落				
	拉力保持率（%）		80				

（4）型号标记：

弹性体改性沥青防水卷材按名称、型号、胎基、上表面材料、下表面材料、厚度、面积和所执行的标准序号的顺序标记。

如 10m²，3mm 厚，上表面为矿物粒料，下表面为聚乙烯膜聚酯毡Ⅰ型塑性体改性沥青防水卷材标记为：APPⅠPYMPE3 10 GB18243—2008。

（5）用途：

塑性体沥青防水卷材，通用于工业与民用建筑的屋面和地下防水工程；玻璃纤维增强聚酯毡卷材可用于机械固定单层防水但需通过抗风荷载试验；玻璃纤维毡卷材适用于多层防水中的底层防水；屋面等外露部位采用上表面隔离材料为不透明的矿物粒料的防水卷材；地下工程防水应采用表面隔离材料为细砂的防水卷材。

3. 其他改性沥青防水卷材

高聚物改性沥青防水卷材除上述两类主要的防水卷材外，还有许多其他品种，它们因高聚物品种和胎体品种的不同而性能各异，在建筑防水工程中的使用范围也各不相同。常见的几种高聚物改性沥青防水卷材的特点如表 8-9 所示。在防水设计时可参考选用。

表 8-9　常用高聚物改性沥青防水卷材的特点及适用范围

卷材名称	特点	适用范围	施工工艺
SBS 改性沥青防水卷材	耐高、低温性能有明显提高，弹性和耐疲劳性明显改善	单层铺设或复合使用，适用于寒冷地区和结构变形频繁的建筑	冷施工或热熔铺贴
APP 改性沥青防水卷材	具有良好的强度、延伸性、耐热性、耐紫外线照射及耐老化性能	单层铺设，适合于紫外线辐射强烈及炎热地区屋面使用	冷施工或热熔铺贴

续表

卷材名称	特点	适用范围	施工工艺
再生胶改性沥青防水卷材	有一定的延伸性和防腐蚀能力，低温柔韧性较好，价格低廉	变形较大或档次较低的防水工程	热沥青粘贴
聚氯乙烯改性焦油防水卷材	有良好的耐热及耐低温性能，最低开卷温度为−18℃	有利于在冬季负温度下施工	可热作业，也可冷施工
废橡胶粉改性沥青防水卷材	比普通石油沥青纸胎油毡的抗拉强度、低温柔韧性均有明显改善	叠层使用于一般屋面防水工程，宜在寒冷地区使用	热沥青粘贴

三、合成高分子防水卷材

合成高分子防水卷材是以合成橡胶、合成树脂或两者的共混体为基料，加入适量的化学助剂和填充料等，经不同工序（混炼、压延或挤出等）加工而成的可弯曲的片状防水材料。目前的品种主要有橡胶系列（聚氨酯、三元乙丙橡胶、丁基橡胶等）防水卷材、塑料系列（聚乙烯、聚氯乙烯等）和橡胶塑料共混系列防水卷材三大类，其中又可分为加筋增强型与非加筋增强型两种。

合成高分子防水卷材具有拉伸强度和抗撕裂强度高、断裂伸长率大、耐热性和低温柔性好、耐腐蚀、耐老化等一系列优良的性能，是新型的高档防水卷材。该类卷材一般为单层铺设，可采用冷粘法或自粘法施工。

1. 塑性树脂基防水卷材

（1）聚氯乙烯（PVC）防水卷材：

聚氯乙烯防水卷材是由聚氯乙烯、软化剂或增塑剂、填料、抗氧化剂和紫外线吸收剂等经过混炼、压延等工序加工而成的弹塑性卷材。软化剂的掺入增大了聚氯乙烯分子间距，提高了卷材的变形能力；同时也起到了稀释作用，有利于卷材的生产。常用的软化剂为煤焦适量的增塑剂能降低聚氯乙烯分子间力，使分子链的柔顺性提高。由于软化剂和增塑剂的掺入，使聚氯乙烯防水卷材的变形能力和低温柔性大大提高。

卷材分类按有无复合层确定，无复合层的为 N 类，用纤维单面复合的为 L 类，织物内增强的为 W 类。每类产品按理化性能又分为Ⅰ型和Ⅱ型。

聚氯乙烯（PVC）防水卷材的主要技术性能有不透水性、拉伸强度．断裂伸长率、低温弯折性等。N 类无复合层的卷材理化性能应符合表 8-10 中的要求，L 类纤维单面复合及 W 类织物内增强的卷材理化性能应符合表 8-11 的要求。

表 8-10　N 类卷材理化性能（GB 12952—2003）

项　目		Ⅰ型	Ⅱ型
拉伸强度（MPa）	≥	8.0	12.0
断裂伸长率（%）	≥	200	250
热处理尺寸变化率（%）	≤	3.0	2.0
低温弯折性		−20℃无裂纹	−25℃无裂纹
抗穿孔性		不渗水	
不透水性		不透水	

续表

项　目		Ⅰ型	Ⅱ型
剪切状态下的黏合性（N/mm）　≥		3.0 或卷材破坏	
热老化处理	外观	无起泡、裂纹、粘接和孔洞	
	拉伸强度变化率（%）	±25	±20
	断裂伸长率变化率（%）		
	低温弯折性	−15℃无裂纹	−20℃无裂纹

表 8-11　L 类及 W 类卷材理化性能（GB 12952—2003）

项　目		Ⅰ型	Ⅱ型
拉力（N/cm）　≥		100	160
断裂伸长率（%）　≥		150	200
热处理尺寸变化率（%）　≤		1.5	1.0
低温弯折性		−20℃无裂纹	−25℃无裂纹
抗穿孔性		不渗水	
不透水性		不透水	
剪切状态下的黏合性（N/mm）　≥	L 类	3.0 或卷材破坏	
	W 类	6.0 或卷材破坏	
热老化处理	外观	无起泡、裂纹、粘接和孔洞	
	拉力变化率（%）	±25	±20
	断裂伸长率变化率（%）		
	低温弯折性	−15℃无裂纹	−20℃无裂纹

聚氯乙烯防水卷材产品型号标记按产品名称（代号 PVC 卷材），外露或非外露使用、类型、厚度、长×宽和标准顺序标记．如长度 20m、宽度 1.2m、厚度 1.5mm。Ⅱ型 L 类外露使用聚氯乙烯防水卷材标记为：PVC 卷材外露 L Ⅱ 1.5/20×1.2 GB 12952—2003。

聚氯乙烯防水卷材的性能大大优于沥青防水卷材其抗拉强度、断裂伸长率、撕裂强度高、低温柔性好、吸水率小、卷材的尺寸稳定，防腐蚀性好，使用寿命为 10～15 年以上，属于中档防水材料。聚氯乙烯防水卷材主要用于屋面防水要求高的工程。

（2）氯化聚乙烯（CPE）防水卷材：

氯化聚乙烯防水卷材是以含氯量为 30%～40% 的氯化聚乙烯为主加入适量的填料和其他的化学添加剂后经混炼，压延等工序加工而成。含氯量为 30%～40% 的氯化聚乙烯除具有热塑性树脂的性质之外，还具有橡胶的弹性。

氯化聚乙烯防水卷材按有无复合层分类，无复合层的为 N 类，用纤维单面复合的为 L 类，阻止内增强的为 W 类、每类产品按理化性能又分为Ⅰ和Ⅱ型，氯化聚乙烯防水卷材物理化学性能 N 类无复合层的卷材应满足表 8-12 的要求，L 类纤维单面复合及 W 类织物内增强的卷材物理化学性能应符合表 8-13 的要求。

表 8-12　N 类卷材理化性能（GB 12953—2003）

项　目		Ⅰ型	Ⅱ型
拉伸强度（MPa）　≥		5.0	8.0
断裂伸长率（%）　≥		200	300

续表

项　目		Ⅰ型	Ⅱ型
热处理尺寸变化率（%）　　≤		3.0	纵向2.5，横向1.5
低温弯折性		−20℃无裂纹	−25℃无裂纹
抗穿孔性		不渗水	
不透水性		不透水	
剪切状态下的黏合性（N/mm）　≥		3.0或卷材破坏	
热老化处理	外观	无起泡、裂纹、粘接和孔洞	
	拉伸强度变化率（%）	+25 −20	±20
	断裂伸长率变化率（%）	+50 −30	±20
	低温弯折性	−15℃无裂纹	−20℃无裂纹

表 8-13　L 类及 W 类卷材理化性能（GB 12953—2003）

项　目		Ⅰ型	Ⅱ型
拉力（N/cm）　　　≥		100	160
断裂伸长率（%）　　≥		150	200
热处理尺寸变化率（%）　≤		1.5	1.0
低温弯折性		−20℃无裂纹	−25℃无裂纹
抗穿孔性		不渗水	
不透水性		不透水	
剪切状态下的黏合性（N/mm） 　　≥	L类	3.0或卷材破坏	
	W类	6.0或卷材破坏	
热老化处理	外观	无起泡、裂纹、粘接和孔洞	
	拉力变化率（%）	±25	±20
	断裂伸长率变化率（%）		
	低温弯折性	−15℃无裂纹	−20℃无裂纹

氯化聚乙烯防水卷材的技术要求主要有不透水性，断裂伸长率、低温弯折性、拉伸强度等，卷材具有拉伸强度高、不透水性好。耐老化耐酸碱。断裂伸长率高。低温柔性好等特点，使用寿命为 15 年以上，属于中高档防水卷材。

（3）聚乙烯丙纶防水卷材：

聚乙烯丙纶防水卷材又称丙纶无纺布双负面聚乙烯防水卷材，是由聚乙烯树脂，填料、增塑剂、抗氧化剂等经混炼，压延。并双面热覆丙纶无纺布而成。

聚乙烯防水卷材抗拉强度和不透水性好，耐老化，断裂伸长率高（40%～150%），低温柔性好，与基层的黏结力强，尤其与水泥材料在凝固过程中直接粘合，其综合性能良好，是一种无毒，无污染的绿色环保产品。丙纶纤维无纺不表面粗糙，纤维呈无规则交叉结构，形成立体网孔，适合与多种材料黏合，使用寿命为 15 年以上，属于中高档防水卷材。可用于屋面、地下等防水工程，特别适合于寒冷地区的防水工程。

2. 橡胶基防水卷材

(1) 三元乙丙橡胶防水卷材：

三元乙丙橡胶防水卷材是以三元乙丙橡胶为主，加入交联剂、软化剂、填料等，经密炼、压延或挤出、硫化等工序而成的一种高弹性防水卷材。三元乙丙橡胶防水卷材的主要技术要求应符合表 8-14 的规定。此外，其他技术性质也必须满足标准的要求。

表 8-14　三元乙丙橡胶防水卷材的主要技术要求

项　目			一等品	合格品
拉伸强度（MPa）		≥	8	7
扯断伸长率（%）		≥	450	
直角形断裂强度（N/cm）	常温	≥	280	245
	−20℃	≤	490	
	60℃	≥	74	
脆性温度（℃）		≤	−45	−40
热老化（80℃×168h），伸长率100%			无裂纹	
不透水性，保持 30min	0.3MPa		合格	
	0.1MPa			合格
加热伸缩量（mm）	延伸	＜	2	
	收缩	＜	1	

三元乙丙橡胶防水卷材的拉伸强度高。耐高低温性能很好，断裂伸长率很高。能适应防水基层伸缩与开裂变形的需要，耐老化性能好，使用寿命为 20 年以上，属于高档防水材料。三元乙丙橡胶防水卷材最适合于屋面防水工程的单层外露防水，严寒地区及有较大变形的部位，也可用于其他防水工程。

(2) 氯丁橡胶防水卷材：

氯丁橡胶防水卷材具有拉伸强度高、断裂伸长率高、耐油、耐臭氧及耐候性好等特点。与三元乙丙防水卷材相比，氯丁橡胶防水卷材除耐低温性能稍差外，其他性能两者基本相同。使用寿命为 15 年以上的属于中档防水卷材。

此外还有氯磺化聚乙烯橡胶防水卷材，丁基橡胶防水卷材和聚异丁烯橡胶防水卷材等，均属中档防水卷材。

3. 树脂-橡胶共混防水卷材

为进一步改善防水卷材的性能，生产时将热塑性树脂与橡胶共混作为主要原料，由此生产出的卷材称为树脂-橡胶共混防水卷材。此类防水卷材既具有热塑性树脂的高强度和耐候性，又具有橡胶的良好的低温弹性，低温柔性和伸长率，属于中高档防水卷材，主要有以下两种。

(1) 氯化聚乙烯-橡胶共混防水卷材：

由含氯量为 30%～40% 的热塑性弹性体氯化聚乙烯和合成橡胶为主体，加入适量的交联剂、稳定剂、填充料等，经混炼，压延或挤出，硫化等工序制成的高弹性防水卷材。

氯化聚乙烯-橡胶共混防水卷材的主要技术要求有拉伸强度、断裂伸长率、冷脆温度等。

氯化聚乙烯-橡胶共混防水卷材具有断裂伸长率高、耐候性及严寒地区或有较大变形的部位，也适合用于有保护层的屋面或地下室、储水池等防水工程。

(2) 聚乙烯-三元乙丙橡胶共混防水卷材：

以聚乙烯（或聚丙烯）和三元乙丙橡胶为主，加入适量的稳定剂，填充料等，经混炼，压延或挤出，硫化而成的热塑性弹性防水卷材，具有优异的综合性能，而且价格适中。

聚乙烯-三元乙丙橡胶共混防水卷材适用于屋面作单层外露防水，也适用于有保护层的屋面、地下室以及储水池等防水工程。

第二节　防水涂料和密封材料

防水涂料（胶黏剂）是以高分子合成材料、沥青等为主体，在常温下呈无定型流态或半流态，经涂布能在结构物表面结成坚韧防水膜的物料的总称。密封材料是嵌入建筑物缝隙中，能承受位移且能达到气密，水密目的的材料，又称嵌缝材料。

一、防水涂料

防水涂料按液态类型可分为溶剂型，水乳型和反应型三种；按成膜物质的主要成分分为沥青类、高聚物改性沥青类和合成高分子类。

1．沥青防水涂料

（1）冷底子油：

冷底子油是用建筑石油沥青加入汽油、煤油以及苯等溶剂（稀释剂）融合，或用软化点为50%～70%的煤沥青加入苯融合而匹配的沥青涂料。由于它一般在常温下用于防水工程的底层，故名冷底子油。冷底子油流动性能好，便于喷涂。施工时将冷底子油涂刷在混凝土砂浆或木材等基面后，能很快渗透进基面表面的毛细孔隙中，待溶剂挥发后，便与基地牢固结合，并是基面具有憎水性，为粘接同类防水材料创造了有利条件。若在这种冷底子油上面铺热沥青胶贴卷材时，可使防水层与基层粘贴牢固。

冷底子油常用30%～40%的石油沥青和60%～70%的溶剂（汽油或煤油）混合而成，施工时随用随配，首先将沥青加热至108～200℃，脱水后冷却至130～140℃。并加入溶剂量10%的煤油，待温度降至70℃时，再加入余下的溶剂搅拌均匀为止。储存是应采用密闭容器，以防溶剂挥发。

（2）沥青胶：

沥青胶是用沥青材料加入粉状或纤维的矿质填充料均匀混合制成。填充料主要有粉状的，如滑石粉、石灰石粉、白云石粉等；还有纤维状的，如石棉粉、木屑粉等；或用两者的混合物。填充料加入量一般为10%～30%，由试验确定。可以提高沥青胶的粘接性、耐热性和大气稳定性，增加韧性，降低低温韧性，节省沥青用量。沥青胶主要用于粘贴各层石油沥青油毡、涂刷面层油、绿豆砂的铺设、油毡面层补漏以及做防水层的底层等，它与水泥砂浆或混凝土都具有良好的粘接性。

沥青胶的技术性能，要符合耐热度、柔韧度和粘结力三项要求，见表8-15。

表8-15　沥青胶的质量要求（GB 50207—1994）

名称指标 \ 标号	S-60	S-65	S-70	S-75	S-80	S-85
耐热度	用2mm厚的沥青玛琋脂粘贴两张沥青油纸，在不低于下列温度（℃）中，在1：1坡度上停放5h的玛琋脂不应流淌，油纸不应滑动					
	60	65	70	75	80	85

续表

名称指标 \ 标号	S-60	S-65	S-70	S-75	S-80	S-85
柔韧度	涂在沥青油纸上的 2mm 厚的沥青玛琋脂层，在 18℃±2℃时，围绕下列直径（mm）的圆棒，用 2s 的时间以均衡速度弯成半周，沥青玛琋脂不应有裂纹					
	10	15	15	20	25	30
粘结力	将两张用沥青胶粘贴在一起的油纸慢慢地一次撕开，油纸和沥青玛琋脂的粘接面的任何一面的撕开部分，应不大于粘贴面积的 1/2					

沥青胶的配置和使用方法分为热用和冷用两种。热用沥青胶（热沥青玛琋脂），是将 70%～90% 的沥青加热至 180～200℃，使其脱水后，与 10%～30% 干燥填料加热混合均匀后，热用施工；冷用沥青胶（冷沥青玛琋脂）是将 40%～50% 的沥青熔化脱水后，缓慢加入 25%～30% 的溶剂，在渗入 10%～30% 的填料，混合均匀制成，在常温下施工。冷用沥青胶比热用沥青胶施工方便、涂层薄、节省沥青，但耗费溶剂。

（3）水乳性沥青防水涂料：

水乳性沥青防水涂料即水性沥青防水涂料，系以乳化沥青为基料的防水涂料。是借助于乳化剂作用，在机械强力搅拌下，将熔化的沥青微粒（小于 $10\mu m$）均匀地分散在溶剂中，使其形成稳定的悬浮体。沥青基本未改性或改性作用不大。

与其他类型的防水涂料相比，乳化沥青的主要特点是可以在潮湿的基础上使用，而且还具有相当大的粘结力。乳化沥青的最主要优点是可以冷施工，不需要加热，避免了采用热沥青施工可能造成的烫伤、中毒事故等，可以减轻施工人员的劳动强度，提高工作效率。而且，这一类材料价格便宜，施工机具容易清洗，因此在沥青基涂料中占有 60% 以上的市场。乳化沥青的另一优点是与一般的橡胶乳液、树脂乳液具有良好的互溶性，而且混溶以后的性能比较稳定，能显著地改善乳化沥青的耐高温性能和低温柔性。

乳化沥青的储藏期不宜过长（一般不超过 3 个月），否则容易引起凝聚分层而变质、储存温度不得低于 0℃，不宜在 0℃以下施工。以免水分结冰而破坏防水层；也不宜在夏季烈日下施工，因水分蒸发过快，乳化沥青结膜快，会导致膜内水分蒸发不出而产生气泡。

2. 高聚物改性沥青防水涂料

高聚物改性沥青防水涂料是以沥青为基料，用合成高分子聚合物进行改性，制成的水乳型或者溶剂型防水涂料。这类涂料在柔韧性、抗裂性、拉伸强度、耐高低温性能、使用寿命等方面比沥青防水涂料有更大的改善。

（1）再生橡胶改性沥青防水涂料：

溶剂性再生橡胶改性沥青防水涂料是以再生橡胶为改性剂、汽油为溶剂再添加其他填料（滑石粉、碳酸钙等）经加热搅拌而成。该产品改善了沥青防水涂料的柔韧性和耐久性，原材料来源广泛、生产工艺简单、成本低。但由于以汽油为溶剂，虽然固化速度快，但生产、储存和运输时都要特别注意防火、通风及环境保护、而且需多次涂刷才能形成较厚的涂膜溶剂性再生橡胶改性沥青防水涂料在常温和低温下都能施工，适用于建筑物的屋曲、地下室、水池、冷库、涵洞、桥梁的防水和防潮。

如果用水代替汽油，就形成水乳性再生橡胶改性沥青防水涂料。它具有水乳性防水涂料的优点，而无溶剂性防水涂料的缺点（易燃、污染环境）、但固化速度稍慢，储存稳定性差一些。水乳性再生橡胶改性沥青防水涂料可在潮湿但无积水的基层上施工，适用于建筑混凝土基层屋面及地下混凝土、防潮、防水。

（2）氯丁橡胶改性沥青防水涂料：

氯丁橡胶改性沥青防水涂料是把小片的丁基橡胶加到溶剂中搅拌成浓溶液，同时将沥青加热脱水熔化成液体状沥青水涂料具有优异的耐分解，并具有良好的低温抗裂性和耐热性。名溶剂采用汽油（或甲苯），可制成溶剂性氯丁橡胶改性沥青防水涂料；若以水代替汽油（或甲苯），则可制成水乳性氯丁橡胶改性沥青与防水涂料，成本相应降低，且不燃、不爆、无毒、操作安全。氯丁橡胶改性沥青防水涂料适用于各类建筑物的屋面、室内地面、地下室、水厢、涵洞等的防水和防潮也可在渗漏的卷材或刚性防水层上进行防水修补施工。

（3）SBS 改性沥青防水涂料：

SBS 改性沥青防水涂料是以 SBS（苯乙烯-丁二烯-苯乙烯）树脂改性沥青，再加表面活性剂及少量其他树脂等制成水乳性的弹性防水涂料。SBS 改性沥青防水涂料具有良好的低温柔性、抗裂性、粘接性、耐老化性和防水性，可采用冷施工，操作方便，具有良好的适应防水基层的变形能力适用于工业及民用建筑屋面防水、防腐蚀地坪的隔离层及水池、地下室、冷库等的抗渗防潮施工。

3. 合成高分子防水涂料

合成高分子防水涂料是以合成橡胶或合成树脂为主要成膜物质，加入其他辅料配置成的单组或多组分防水涂料，属于高档防水涂料。它与沥青及改性防水涂料相比具有更好的弹性和塑性、更高的耐久性、优良的耐高低温性能，更能适应防水基层的变形，从而能进一步提高建筑防水效果，延长防水涂料的使用寿命。

（1）聚氨酯防水涂料：

聚氨酯防水涂料是现代建筑工程中广泛使用的一种防水材料，按组分为分（S）和多组分（M）两种，按产品拉伸性能又分为 1、2 两类。传统的多组分聚氨酯防水涂料中 A 组分为预聚体。B 组分为交联剂及填充料，使用是按比例混合均匀涂刷在基层的表面上经交联成为整体弹性涂膜，新型的单组分聚氨酯防水涂料则大大简化了施工工艺，使用时可以直接涂刷，提高施工效率。聚氨酯防水涂料的主要技术要求有拉伸强度、断裂伸长率、低温弯折性、不透水性等，两种组分聚氨酯防水涂料的技术性能应分别满足 GB/T 19250—2013《聚氨酯防水涂料》的要求。

聚氨酯防水涂料的弹性高、延伸率大（可达 350%～500%）、耐高低温性能好、耐油及耐腐蚀性强，涂膜没有接缝，能适应任何复杂形状的基层，使用寿命为 10～15 年。主要用于屋面、地下建筑、卫生间、水池、游泳池、地下管道等的防水。

（2）丙烯酸酯防水涂料：

丙烯酸酯防水涂料是以丙烯酸树脂乳液为主，加入适量的填充料、颜料等配制而成的水乳型防水涂料。具有耐高低温性能好、不透水性强、无毒、操作简单等优点，可在各种复杂的基层表面上施工，并具有白色、多种浅色、黑色等，使用寿命为 10～15 年。广泛用于外墙防水装饰及各种彩色防水层。丙烯酸酯涂料的缺点是延伸率较小。

（3）有机硅憎水剂：

有机硅憎水剂是由甲基硅醇钠或乙基硅醇钠等为主要原料而制成的防水涂料。在固化后形成一层肉眼觉察不到的透明薄膜层，该薄膜层具有优良的憎水性和透气性、并对建筑材料的表面起到防污染、防风化等作用。有机硅憎水剂主要用于外墙防水处理、外墙装饰材料的罩面涂层。使用寿命一般为 3～7 年。

　　在生产或配制建筑防水材料时也可将有机硅憎水剂作为一种组成材料掺入、如在配制防水砂浆或防水石膏时即可掺入有机硅憎水剂，从而使砂浆或石膏具有憎水性。

二、密封材料

1. 沥青嵌缝油膏

　　沥青嵌缝油膏是以石油沥青为基料，加入改性材料，稀释剂及填充剂混合制成的冷用膏状材料，改性材料有废橡胶粉和硫化鱼油，稀释剂有重松节油和机油，填充料有石棉绒和滑石粉等。

　　沥青嵌缝油膏粘接性好、耐热、耐寒、耐酸碱、造价低、施工方便，但耐溶性差。主要用于预制屋面板的接缝及各种大型墙板拼缝处的防水处理。

　　使用油膏嵌缝时，要保证板缝洁净干燥，先刷冷底子油一道，待干燥后浸填油膏。油膏表面可加石油沥青油毡砂浆等为覆盖层。

2. 氯丁橡胶油膏

　　氯丁橡胶油膏是以氯丁橡胶和丙烯系塑料为主体材料，掺入少量增塑剂、硫化剂、增韧剂防老化剂，溶剂填料配制成的一种黏稠膏状体。氯丁橡胶油膏具有良好的粘结力，优良抗老化耐热和低温性能良好。能适应由于工业厂房振动、沉降、冲击及温度升降所引起的各种变化，氯丁橡胶油膏适用于屋面及墙板的嵌缝、也可用于垂直面纵向缝，水平缝和各种异型变形缝等。

3. 聚氯乙烯膏

　　聚氯乙烯膏是以煤焦油和聚氯乙烯（PVC）树脂粉为基料，按一定比例加入增塑剂、稳定剂及填充剂等，在140℃温度下塑化而成的膏状密封材料，简称PVC油膏。PVC油膏具有良好的粘接性，防水性，弹塑性，耐热，耐寒，耐腐蚀和抗老化性能。适用于各种屋面嵌缝、大型墙板嵌缝和表面涂布作为防水层，也可用于水渠管道等接缝部位。

4. 聚氨酯密封膏

　　聚氨酯密封膏是以聚氨酯为主要组分，加入固化剂、助剂等其他组分而成的高弹性建筑密封膏。聚氨酯密封膏分单组分和双组分两种规格，一般多采用双组分配制，甲组分是含有氰酸剂的预聚体，乙组分为固化剂、稀释剂及填充剂等，使用按比例将甲乙两组分混合经固化反应成弹性体。

　　聚氨酸酯密封膏的弹性、粘接性和耐老化性能特别好，并且延伸率大、耐酸碱、低温柔性好、使用年限长。聚氨酸酯膏适用于屋面板、墙板、门窗帘、阳台以及卫生间等部位的接缝及舫密封、还可用于混凝土裂缝的修补、游泳池、引水渠、公路、机场跑道的补缝和接缝玻璃和金属材料的嵌缝等聚氨酯密封施工时不需要打底，但要求接缝干净和干燥。

5. 硅酮密封膏

　　硅酮密封膏是以聚二甲基硅氧烷为主要成分的单组分或双组分室温固化密封材料，目前多为单组分型。硅酮密封膏为高档密封膏，具有优异的耐热耐寒性，耐水性和耐候性，与各种部位均有良好的粘接性能。能适应基层较大的变形，外观装饰效果好。

　　硅酮密封膏分为F类和G类两种类别。F类为建筑接缝用密封膏，适用于预制混凝土、墙板、水泥板、大理石板的外墙接缝，混凝土和金属框架的粘接、卫生间和公路接缝的防水密封等G类为镶装玻璃用密封膏，主要用厂镶嵌玻璃和建筑门、窗的密封。

本章小结

本章介绍了石油沥青的组分及各组成在沥青中相对含量的大小对沥青的性质的影响；石油沥青主要技术性质；建筑工程中常用的防水卷材有沥青防水卷材、高聚物改性沥青防水卷材和合成高分子防水卷材。常用的防水涂料有沥青防水涂料、高聚物改性沥青防水涂料和合成高分子防水涂料。通过本章的学习，应掌握石油沥青的主要技术性质；掌握常用防水卷材、防水涂料的应用。

思考与练习

1. 什么是防水材料？建筑防水工程按所用材料不同分为哪两种类型？
2. 石油沥青的组分有哪些？各组分相对含量的变化对石油沥青的性质有何影响？
3. 石油沥青有哪些主要技术性质？各用什么指标表示？
4. 什么是沥青的老化？如何延缓沥青的老化？
5. 如何选用石油沥青材料的牌号？
6. 建筑石油沥青主要应用于哪些方面？
7. 为什么要对石油沥青进行改性？常用的改性沥青有哪些种类？
8. 目前建筑工程所用的防水卷材有哪三大类型？
9. 沥青防水卷材按胎基材料不同有哪些种类？各适用于哪些地方？
10. 与传统的沥青防水卷材相比较，改性沥青防水卷材和合成高分子防水卷材有什么突出的优点？

第九章 其他建筑材料

本章提要

【知识点】建筑节能材料、建筑玻璃、陶瓷、塑料、涂料。

【重点】建筑玻璃、塑料、建筑节能材料的主要技术性质及应用。

【难点】建筑节能材料的节能原理。

第一节 建筑节能材料

建筑能耗约占全社会总能耗的 30% 以上，发展建筑节能是建筑界贯彻落实"节约型社会"的具体举措和责任体现。建筑节能材料是实现建筑节能的物质基础和手段，在不断降低建筑使用能耗的过程中发挥至关重要的作用。

一、基本知识

1. 保温机理

保温材料一般为轻质多孔材料。多孔以及其他孔隙结构改变了热的传递路程和形式，从而使传热速度大大减缓。

例如，聚苯乙烯泡沫塑料板的空气含量达 97% 以上。保温机理为固体导热转化为不同孔的空气导热，孔中的对流和辐射传热在传热所占比例很小，以空气导热为主，而静止空气的导热系数 λ 在 $(0.017\sim0.029)$ W/$(m \cdot K)$ 之间，远远小于固体的导热系数，最终使整体的保温材料导热能力大大降低。保温材料只有在干燥的状态下才能发挥其保温作用，选用的保温材料吸水率应低。

2. 保温材料分类

（1）无机保温材料：为矿物质原料制成，呈散粒状、纤维状或多孔构造，可制成板、片、卷材或套管等形式的制品，包括石棉、岩棉、矿渣棉、玻璃棉、膨胀珍珠岩、膨胀蛭石以及多孔混凝土等；

（2）有机保温材料：由有机原料制成的保温隔热材料，包括软木、纤维板、刨花板、聚苯乙烯泡沫塑料、脲醛泡沫塑料、聚氨酯泡沫塑料、聚氯乙烯泡沫塑料等。

二、聚苯乙烯保温板

（1）结构性能特点：

聚苯乙烯泡沫塑料是用低沸点液体的可发性聚苯乙烯树脂为基料及其他原料和防火剂，经加工进行预发泡后，再放在模具中加压成型。

聚苯乙烯泡沫塑料是由中心层构成的蜂窝状结构，孔隙率可达 98%，表皮不含气孔，而中心层含大量微细封闭气孔。聚苯乙烯泡沫塑料具有质轻、保温、吸音、防振、吸水性小、耐低温性能好等特点，并有较强恢复变形能力。聚苯乙烯泡沫塑料包括硬质、软质以及纸质等几种类型，其中硬质聚苯乙烯泡沫塑料强度大，硬度高。聚苯乙烯泡沫塑料高温下容易软化变形，安全使用温度只有 70℃，并且本身可燃，溶于苯、酯、酮等有机溶剂，且其强度不足以支撑面砖的铺贴。

（2）膨胀型聚苯乙烯（EPS），挤塑型聚苯乙烯（XPS）：

施工现场通常采用 XPS 板。XPS 和 EPS 的性能比较具体如表 9-1 所示：

表 9-1　XPS 和 EPS 性能比较

项目	具体情况
节能性	EPS 导热系数 0.041W/（m·K），XPS 导热系数为 0.030W/（m·K），相比 EPS，XPS 具有导热系数较低、轻质高强、抗湿性优越、不吸收水分等特点，长期在高湿环境中（两年）XPS 仍能保持 80% 以上的热阻
强度	EPS 容量（18～20）kg/m³，抗拉强度为（110～140）kPa。XPS 容量为（25～45）kg，强度为（150～700）kPa
吸水性	EPS 板与 XPS 相比吸水性较高，但其耐候性不如 XPS 板材
透气性	XPS 几乎没有透气性，但墙体本身透气性相比房屋换气系统可忽略不计
粘结强度	EPS 板抗压强度和抗剪切强度都低，板材破坏可能是在板材中间直接破坏，而 XPS 良好强度性能让系统安全性得到充分保证
共性	EPS 和 XPS 都以聚苯乙烯树脂为原料，经过两种不同的生产工艺加工而成的保温材料。保温材料常见厚度为（25、40、50、75）mm，长度为 2450mm，宽度为 60mm

三、聚氨酯材料

相同条件下聚氨酯厚度不到聚苯乙烯的 $\frac{1}{2}$。2007 年 8 月，住房和城乡建设部颁布《聚氨酯墙体材料应用导则》，明确将聚氨酯材料作为建筑墙体保温材料进行推广，聚氨酯必将成为主流的国内节能保温材料，其应用前景非常广阔。

1. 聚氨酯基础知识

以 A 组分料和 B 组分料混合反应形成的具有防水和保温隔热等功能的硬质泡沫材料，也称为聚氨酯硬质泡沫。

A 组分料：由组合多元醇（组合聚醚或聚酯）及发泡剂等添加剂组成的组合料，俗称白料。B 组分料：主要成分为异氰酸酯的原材料，俗称黑料。B 组分料应为聚合 MDI，即二苯基甲烷二异氰酸酯。发泡聚氨酯下料主要技术指标如表 9-2 所示。

表 9-2　发泡聚氨酯材料主要技术指标

技术参数	具体要求
密度	≥35kg/m³
导热系数	（23±2）℃，应小于 0.024W/（m·K）
拉伸粘接强度	喷涂法≥150kPa（与水泥基材料之间）
拉伸强度	≥200kPa
断裂延伸率	≥7%

技术参数	具体要求
吸水率	4%以下
尺寸稳定性	48h，80℃，≤2.0%；−30℃，≤1.0%
平均燃烧时间	≤30s
备注	测定拉伸粘接强度时，只有破坏界面位于聚氨酯硬泡本体，测试状态才有效

2. 聚氨酯施工方法

聚氨酯施工方法通常有 5 种，具体内容如表 9-3 所示。

表 9-3 聚氨酯施工方法

施工方法	具体内容
喷涂法施工聚氨酯硬泡保温复合板	采用专用的喷涂设备，使 A 组分料和 B 组分料按一定比例从喷枪口喷出后瞬间均匀混合，之后迅速发泡，在外墙基层上形成无接缝的聚氨酯硬泡体
浇注法施工聚氨酯硬泡保温复合板	采用专用的浇注设备，将由 A 组分料和 B 组分料按一定比例从喷枪口喷出后形成的混合料注入已安装于外墙的模板空腔中。之后混合料以一定速度发泡，在模板空腔中形成饱满连续的聚氨酯硬泡体
粘贴法施工聚氨酯硬泡保温复合板	将聚氨酯硬泡保温复合板粘贴于外墙基层表面形成保温层
干挂法施工聚氨酯硬泡保温复合板	采用专用的挂件将聚氨酯硬泡保温复合板固定于外墙基层表面形成保温层
免拆模板	聚氨酯硬泡浇注施工后，模板不拆除，作为外保温系统的组成部分

四、胶粉聚苯颗粒保温砂浆

胶粉聚苯颗粒保温砂浆作为浆料类保温材料，由于成本低廉，材料易得等优势，在起步阶段得到了很大的发展。保温砂浆的导热系数一般为 0.065W/（m・K），其导热能力至少为聚苯乙烯保温板的 2 倍，在设定节能标准值前提下所需保温层厚度往往超出设计允许范围，极易造成开裂脱落等质量事故。另外，胶粉聚苯颗粒保温砂浆结构松散、吸水率高、系统稳定性不足。在现场保温砂浆搅拌抹灰施工过程中，质量难控制。

五、墙体自保温材料

墙体自保温系统按基层墙体材料不同可分为砂加气混凝土砌块墙体自保温系统、节能型烧结页岩空心砌块墙体自保温系统、陶粒增强加气砌块墙体自保温系统。

1. 砂加气混凝土砌块

砂加气混凝土是一种以石英砂、石灰、铝化物和水为原材料按照特点配方用高温高压工艺制成的优质建筑保温产品。砂加气混凝土砌块具有众多优点：坚固耐用、密度小、质量轻、便于搬运施工；可锯可刨、易于加工；防火、防蛀、防腐、安全；保温隔热性能卓越，房屋冬暖夏凉、四季如春。砌块可分为承重砌块、非承重砌块和保温块，具有规格如表 9-4 所示。

表 9-4　砂加气混凝土砌块常用规格

规　格	尺寸（mm）
长度 L	600；625
厚度 B	50，75，100，120，150，200，240，250，300
高度 H	250
备注	非标规格的砌块一般可向工厂订购

2. 烧结页岩空心砌块

烧结页岩空心砌块，如图 9-1 所示，原料为页岩、石英砂的混合物，用天然气作燃料，经科学配比、精细研磨、高压成型、精密干燥之后，采用天然气高温烧结，生产过程无污染、无有害辐射物质。孔隙率高达 60%；保温隔热型好，分别是黏土多孔砖和混凝土砌块的 2 倍和 5 倍；强度高，为砂加砌块的 1.5 倍；重量轻，分别为黏土多孔砖 $\frac{1}{2}$、混凝土砌块 $\frac{1}{3}$，既可做建筑物外墙围护，又可作室内隔墙。烧结页岩空心砌块规格参数详见表 9-5，具体应用特点如表 9-6 所示。

图 9-1　烧结页岩多孔砖结构图

表 9-5　烧结页岩空心砌块规格参数

主砌块规格（mm）	抗压强度（MPa）	密度（kg/m³）	传热系数 W/（m²·K）	饱和系数
290×240×190	3.5～5.0	800～900	1.2	0.78
290×240×90	3.5～5.0	800～900	1.28	0.77
290×190×190	3.5～5.0	800～900	1.4	0.76
290×190×90	3.5～5.0	800～900	1.5	0.75

表 9-6　烧结页岩空心砌块具体应用特点

优势项目	具体内容
性价比高	高孔洞率大大降低了墙体重量，减少结构和基础的造价，产品尺寸的精准可减少砂浆的用量，增加建筑的实用面积
综合性能优良	力学性能、隔热保温性能、抗渗性能、防裂性能、安全性能、易操作性能
节约耕地资源	传统的黏土砖，浪费了大量的耕地资源。烧结页岩砖利用丰富的页岩资源，既改善产品性能，又节约耕地资源
环保生产	清洁燃料、环保原料
保温隔热性能优良	相比传统的黏土实心砖，降低了产品的热导率和居住成本，使住宅"冬暖夏凉"
隔声性能好	杜绝噪声污染

3. 陶粒增强加气砌块

陶粒增强加气砌块是以轻质陶粒和粉煤灰为主要原料，通过高效发泡、陶粒增强、蒸汽养护、全自动机械切割等工艺生产而成的一种新型自保温材料。作为墙体自保温材料，特别适用于高层建筑框架（剪）结构的外墙填充以及内隔墙。

第二节　建筑玻璃

一、基本知识

玻璃是关系到建筑节能的重要产品，为增加玻璃的节能性，可对普通白玻璃进行节能改造，主要有降低传导系数、反射太阳能集中光线、增加遮阳措施等。

1. 玻璃简介

玻璃是一种重要的建筑材料，其透明、透光、反射、多彩、光亮的特性，对建筑艺术起着不可估量的作用。

玻璃是以石英、纯碱、长石和石灰石等为主要原料，经熔融、成型、冷却固化而成的非结晶无机材料。

2. 玻璃基本性能及用途

传统的建筑玻璃只有三项功能，即遮风、避雨和采光。现代建筑玻璃品种繁多，功能各异。除具有传统的遮风、避雨和采光性能外，还具有透光性、反光性、隔热性、隔声性、防火性以及电磁波屏蔽性等。玻璃深加工制品具有控制光线、调节温度、防止噪声和装饰美化等特殊功能。

3. 玻璃的生产方法和工艺

（1）垂直引上法：有槽引上法和无槽引上法。

（2）浮法，运用最广泛的制作生产工艺，流程如下：投料（玻璃配合）→熔窑高温熔化→锡槽浮法成型→退火冷却→切割成品。

二、安全玻璃

安全玻璃是指与普通玻璃相比，具有力学强度高、抗冲击能力强的玻璃。安全玻璃被冲击时，其碎片不会伤人，并兼具防盗、防火、装饰等功能。主要品种有钢化玻璃、夹丝玻璃。

1. 钢化玻璃

钢化玻璃是普通平板玻璃的二次加工产品，即通过一定工艺在玻璃表面上形成一个压应力层，当玻璃受到外力作用时，这个压力层可将部分拉应力抵消，避免玻璃的脆性破裂。钢化玻璃的抗压强度比普通玻璃大4～5倍，受力后可发生较大的弹性变形。在遇超强冲击破坏时，碎片呈分散细小颗粒状，无尖锐棱角产生。

钢化玻璃在高层建筑物门窗、幕墙、隔墙以及桌面玻璃、汽车挡风玻璃等领域得到广泛应用。

2. 夹层玻璃

夹层玻璃是在两片或多片玻璃原片之间，用PVB（聚乙烯醇丁醛）树脂胶片，经过加热、加压黏合而成的平面或曲面的制品生产夹层玻璃的原片，可采用浮法玻璃，也可采用钢化玻璃、夹丝抛光玻璃、吸热玻璃、热反射玻璃或彩色玻璃等，厚度可为 2mm、3mm、5mm、6mm 和 8mm。夹层玻璃在碎裂的情况下将牢固地粘附在透明的粘接层上而不飞溅或散落（图 9-2）。

夹层玻璃的层数有 3 层、5 层、7 层，最多可达 9 层，达到 9 层时，则一般子弹不易穿透，成为防弹玻璃。夹层玻璃的抗冲击性能比平板玻璃高几倍，碎裂时只产生裂纹而不分离成碎片，不致伤人。它还具有耐久、耐热、耐湿、耐寒和隔声性能等，适用于有特色安全要求的建筑物的门窗、隔墙以及工业厂房的天窗和某些水下工程等。

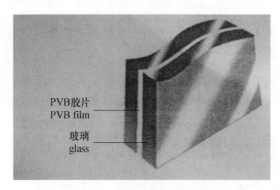

图 9-2　夹层玻璃结构示意图

3. 夹丝玻璃

夹丝玻璃也称为防碎玻璃或钢丝玻璃，当玻璃呈熔融状态时将经预处理的钢丝或钢丝网压入玻璃中间，经退火、切割而成。其性能特点如下：

（1）安全性

由于钢丝网的加强作用，不仅提高了玻璃的强度，而且当受到冲击或温度骤变而破坏时，产生的碎片不会飞散。

（2）防火性

当火焰蔓延时，夹丝玻璃受热炸裂，由于金属丝网的作用，玻璃仍能保持固定，隔绝火焰，故又称为防火玻璃。

三、建筑节能玻璃

建筑窗户是外围护结构的开口部，是人与自然沟通的渠道。尽管建筑窗户面积一般只占建筑外围护结构面积的 $\frac{1}{5} \sim \frac{1}{3}$，但在多数建筑中，通过窗户散失的采暖和制冷能量，占到整个建筑围护结构能耗的一半以上，因而窗户是建筑节能的关键部位。作为对窗户能量得失起主导作用的建筑玻璃则成为降低建筑能耗的关键。

1. 中空玻璃

（1）简介

中空玻璃又称密封隔热玻璃，它是由两片或多片性质与厚度相同或不相同的平板玻璃，切割成额定尺寸，中间夹充填干燥剂的金属隔离框，用胶粘剂压合后，四周边部再用胶接、焊接或熔接的方法密封，所制成的玻璃构件。

（2）原理

中空玻璃因其玻璃层间有干燥气体空间，其中干燥的、不对流的气体层阻断热传导的通道，从而有效降低其热传导系数，达到节能的目的。

（3）分类

中空玻璃的品种，按层数分，包括 2 层、3 层和多层数种；按所使用的玻璃原片种类分，除普通浮法玻璃外，还有夹层、钢化、镀膜以及压花玻璃等；按颜色分类，有无色、茶色、蓝色、灰色、紫色、金色、银色及复合式多种；按隔离框厚度分，又包括 6mm、9mm、12mm 和 16mm 等；按使用玻璃原片的厚度可包括 3～18mm 数种。

2. 真空玻璃

（1）简介

两块平板玻璃之间，造就一个真空层，最大程度消除该层间气体热传导和对流换热。

（2）原理

从原理上看，真空玻璃可比喻为平板形保温瓶，二者相同点是两层玻璃的夹层均为气压低于一定限值的真空，使气体传热可忽略不计；二者内壁都镀有低辐射膜，使辐射传热尽可能小。

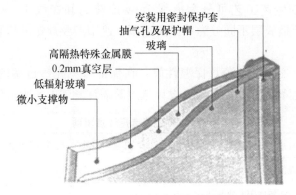

安装用密封保护套
抽气孔及保护帽
玻璃
高隔热特殊金属膜
0.2mm真空层
低辐射玻璃
微小支撑物

图 9-3　真空玻璃内部的结构示意图

（3）真空玻璃与中空玻璃的比较

真空玻璃与中空玻璃有相似结构，都由两块玻璃相间隔组成，具体结构区别如表 9-7 及图 9-3 所示。

表 9-7　真空玻璃与中空玻璃比较

玻璃种类	中空玻璃	真空玻璃
中间层状态	空气层	真空
原片玻璃	随机	至少有一片玻璃是 Low-E 玻璃
玻璃间隙	12mm	0.1～0.2mm

由于真空玻璃的特殊构造，它具有优异的保温隔热性能，其性能指标明显优于中空玻璃。据研究，一片只有 6mm 厚的真空玻璃，隔热性能相当于 370mm 的实心黏土砖墙，约是中空玻璃隔热性能的 2 倍。真空玻璃隔声性能很好，相当于四砖墙的水平。据统计，使用真空玻璃后空调节能就达 50％。与中空玻璃相比，真空玻璃具有更好的防结露结霜性能，

真空玻璃的内层玻璃由于有真空层的隔绝，冬天时温度不会降至过低，因此相对于中空玻璃，室内的水蒸气不太容易在玻璃上凝结，并且不会出现中空玻璃可能出现的内结露现象。另外由于真空层的隔绝，相对于中空玻璃，真空玻璃具有更好的隔绝噪声的能力。真空玻璃除具有良好的隔热、隔声、防露以及防雾性能外，还有很好的抗风压性能。真空玻璃中的两片玻璃，通过中间的支撑物牢固地压在一起，具有与同等厚度的单片玻璃相近的刚性。一般来说它的耐风压性能是中空玻璃的 1.5 倍。

3. 低辐射镀膜玻璃（Low-E）

（1）简介

Low-E 玻璃是在玻璃表面镀上多层金属或其他化合物组成的膜系产品，又称低辐射玻璃、低辐射镀膜玻璃。低辐射镀膜玻璃也可复合一定的阳光控制功能，成为阳光控制低辐射玻璃。

（2）原理

Low-E 玻璃是一种对波长范围 4.5～25nm 的中远红外线有较高的反射比的镀膜玻璃，同时期表面辐射率低，可见光透过率适中。

（3）分类及适用范围

低辐射镀膜玻璃按生产工艺可分为离线 Low-E 玻璃和在线 Low-E 玻璃。其中离线 Low-E 玻璃又可按照所镀膜层不同分为单银高透型、遮阳型及双银低辐射镀膜玻璃。

（4）选用要点

低辐射镀膜玻璃有较低的 K 值，保温性好，在保证可见光透过率的同时，可反射太阳中的热辐射，有选择地降低遮阳系数 Sc。设计选用时需注意表 9-8 所示相关事项。

表 9-8　Low-E 玻璃选择注意事项

1	北方严寒地区宜采用单银高透型低辐射镀膜玻璃，其遮阳系数 Sc 应尽量取大值
2	夏热冬冷地区应选用遮阳型低辐射镀膜玻璃
3	夏热冬暖地区应选择遮阳系数 Sc 较小的玻璃
4	双银低辐射镀膜玻璃适用于我国大部分地区
5	玻璃幕墙采用单片低辐射镀膜玻璃应采用在线喷涂低辐射镀膜玻璃；离线镀膜的低辐射镀膜玻璃宜加工成中空玻璃使用，且镀膜面应朝向中空气体层

4. 热反射玻璃

（1）简介

热反射玻璃是一种通过化学热分解、真空镀膜等技术，在玻璃表面形成一层热反射镀层的玻璃。

（2）原理

热反射玻璃对波长范围 350～1800nm 的太阳光具有一定的控制作用。有较强热反射性能，可有效地反射太阳光线，包括大量红外线，因此在日照时，可使室内的人感到清凉舒适。

（3）分类及适用范围

热反射玻璃与吸热玻璃的区别可用公式来表示，即 $S = \dfrac{A}{B}$

上式中 A 为玻璃整个光通量的吸收系数，B 为玻璃整个光通量的反射系数。若 $S>1$ 时，则为吸热玻璃；$S<1$ 时，则为热反射玻璃。

热反射玻璃从颜色上分有灰色、青铜色、茶色、金色、浅蓝色、棕色、古铜色和褐色等。从性能结构上分有热反射、减反射、中空热反射、夹层热反射玻璃等。

适用范围：用热反射玻璃与透明玻璃组成带空气层的隔热玻璃幕墙、建筑物的门窗；高层建筑幕墙；各种室内艺术装饰玻璃。

（4）选用要点

① 对太阳辐射热有较高的反射能力。普通平板玻璃的辐射热反射率为 7%～8%，热反射玻璃可达 30% 左右。

② 镀金属膜的热反射玻璃具有单向透像的特性。镀膜热反射玻璃表面金属层极薄，使它在迎光面具有镜子的特性，而在背光面则又如窗玻璃那样透明。这种奇异的性能给人们造成视觉上的多种可能性。当人们站在镀膜玻璃幕墙建筑物前，展现在眼前的是一幅连续的反映周围景色的画面，却看不到室内的景象，对建筑物内部起遮蔽及帷幕的作用，因此建筑物内可不设窗帘。但当进入内部，人们融合在一起看到的是内部装饰与外部景色，形成无限开阔的空间。由于热反射玻璃具有以上两种可贵的特性，所以为建筑设计的创新和立面设计的灵活性提供了优异的条件。

5. 吸热玻璃

（1）简介

吸热玻璃是能吸收大量红外线辐射能、并保持较高可见光透过率的平板玻璃。

（2）原理

吸热玻璃是在普通钠钙玻璃中引入起着色作用的氧化物，使玻璃着色而具有较高的吸热性能。采用各种颜色的吸热玻璃，不但能合理利用太阳光，调节室内或车船内的温度，节约能源费用，而且可以创造舒适优美的环境。

（3）分类及适用范围

按颜色分有灰色、茶色、蓝色、绿色、古铜色、青铜色、粉红色和金黄色等。按厚度有 2mm、3mm、5mm 和 6mm 四种。

吸热玻璃在建筑工程中广泛应用。尤其是炎热地区需设置空调、避免炫光的建筑物门窗或外墙体及火车、汽车、轮船风挡玻璃等，起隔热、空调、防眩作用。

此外，还可以按不同用途进行加工，制成夹层、中空玻璃等制品，隔热效果尤为显著。吸热玻璃还可以阻挡阳光和冷气，使房间冬暖夏凉。

① 吸收太阳辐射热。如 6mm 厚的透明浮法玻璃，在太阳光照下总透过热为 84%，而同样条件下吸热玻璃的总透过热量为 60%。

② 吸收太阳可见光，减弱太阳光的强度，起到反眩作用。

③ 具有一定的透明度，并能吸收一定的紫外线。

6. 泡沫玻璃

（1）简介

泡沫玻璃是一种以废平板玻璃和瓶罐玻璃为原材料，经高温发泡成型的多空轻质玻璃。

（2）原理

泡沫玻璃是一种性能稳定的建筑外墙和屋面隔热、隔声、防水材料，具有防水、防火、无毒、耐腐蚀、防蛀、不老化、无放射性、绝缘、防电磁波、防静电，机械强度高，与各类砂浆粘接性好的特性。

（3）分类及适用范围

泡沫玻璃根据用途可分为隔热泡沫玻璃、吸声泡沫玻璃、装饰泡沫玻璃和粒状泡沫玻璃；根据原材料，可分为普通泡沫玻璃、石英泡沫玻璃、熔岩泡沫玻璃等。泡沫玻璃有白色、各种不同程度的黄色、棕色及纯黑色等。在建筑行业，泡沫玻璃可用作建筑物的屋面、围护结构和地面的隔热材料、建筑物墙壁、顶棚的吸声装饰。

四、建筑装饰玻璃

1. 玻璃马赛克

玻璃马赛克又称作玻璃锦砖或玻璃纸皮砖，是一种小规格的彩色饰面玻璃，一般尺寸为 20mm×70mm、30mm×30mm、40mm×40mm 等，厚度为 4～6mm，有透明或半透明、带金色斑点、带银色斑点或条纹等品种。玻璃马赛克一般都制成一面光滑、另一面带有槽纹，以及提高施工时的粘结性。

玻璃马赛克具有色调柔和、朴实、典雅、美观大方、化学稳定性好、耐急冷急热性能好、不变色、不积尘、雨天自涤、经久常新、与水泥粘结性好、施工方便等优点，适用于宾馆、医院、办公楼、礼堂、住宅等建筑的外墙饰面装饰。

2. 镭射玻璃

镭射玻璃采用特殊工艺处理，使玻璃表面构成金属光栅或几何光栅，在光源的照耀下，产生物理衍射光并且在同一感光点或感光面随着光源入射角度或观察角度的变化会感受到光谱分光的颜色变化，给人以美妙神奇、变化无穷的感觉。镭射玻璃的反射率可在 10%～90% 的范围内按用户需求进行调整。其基本花型在光源照耀下具有彩虹、钻石般的质感。在有光源照射时，会出现星星点点、时隐时现的宝石光，各种美感交替出现，其装饰效果是其他材料所无法比拟的。

镭射玻璃可广泛用在宾馆、酒店、会议厅、歌舞厅等内墙贴面、幕墙、地面、吧台、屏风与装饰面基材等方面。

3. 减反射玻璃

减反射玻璃是对可见光具有极低反射比的玻璃。普通玻璃的可见光反射比为 4%～7%，用来做橱窗玻璃往往会反射出周围的景物而影响橱窗内陈设物品的展示效果。减反射玻璃的可见光反射比小于 0.5%，可消除玻璃表面反射的影响，提高玻璃的可见光透射比，因而能明显提高橱窗内陈设物品的展示效果。

减反射玻璃主要用于橱窗、画框以及其他需要低反射比的部位。

4. 釉面玻璃

釉面玻璃是指在按一定尺寸裁好的平板玻璃表面上涂敷一层彩色易熔的釉料，经过烧结、退火或钢化等处理，使釉层与玻璃牢固结合，制成的具有美丽的色彩或图案的玻璃。

特点和应用：图案精美，不褪色，不掉色，易于清洗。釉面玻璃具有良好的化学稳定性和装饰性，广泛应用于室内饰面层、一般建筑物门厅和楼梯层的饰面层及建筑物外饰面层。

5. 磨砂玻璃

磨砂玻璃又称毛玻璃，是用硅砂、金刚砂或刚玉砂等作为研磨材料，对玻璃表面进行研磨、喷砂加工而成的均匀粗糙的平板玻璃。该玻璃易产生漫射，只有透光性而不透视，作为门窗玻璃可使室内光线柔和，没有刺目之感。一般用于浴室、办公室等需要隐秘和不受干扰的房间。

6. 冰花玻璃

冰花玻璃是一种利用平板玻璃经特殊处理形成具自然冰花纹理的玻璃。

冰花玻璃对通过的光线有漫射作用，如用作门窗玻璃，犹如蒙上一层纱帘，看不清室内的景物，却有着良好的透光性能，具有良好的装饰效果。可用于宾馆、酒店等场所的门窗、隔断、屏风以及家庭装饰。

7. 刻花玻璃

刻花玻璃由平板玻璃经涂漆、雕刻、围蜡与酸蚀、研磨而成。刻花玻璃图案的立体感非常强，似浮雕一般，在室内灯光的照射下，更是熠熠生辉。刻花玻璃主要用于高档场所的室内隔断或屏风。

8. 压花玻璃

压花玻璃又称滚花玻璃、花纹玻璃。它是在玻璃硬化前，用刻有花纹的滚筒在玻璃单面或两面压出深浅不同的各种花纹图案的制品。可一面压花，也可两面压花。压花玻璃具有透光不透视的特点，其表面有各种花纹且凹凸不平，当光线通过时产生漫反射，因此从玻璃的一面看另一面时，物象模糊不清，可起到窗帘的作用。

压花玻璃由其表面有各种花纹，具有一定的艺术效果，用压花玻璃装饰卫生间的门和窗，不但阻隔了视线，同时也美化了环境。使用时应将花纹朝向室内。

9. 玻璃空心砖

玻璃砖有空心和实心两类，它们均具有透光而不透视的特点。

空心玻璃砖又有单腔和双腔两种。空心玻璃砖是由两块压铸成凹形的玻璃，经熔结或胶结而成的正方形玻璃砖块。中间会有一个空气腔，若在两个凹形半砖之间夹一层玻璃纤维网，可形成两个空气腔，可具有更高的绝缘热性能。玻璃空心砖的透光率为40％～80％。

玻璃空心砖主要用作建筑物的透光墙体。某些特殊建筑为了防火或严格控制室内温度、湿度等要求，不允许开窗，使用玻璃空心砖既可满足上述要求又解决了采光问题。玻璃空心砖不能切割。

第三节　陶　瓷

一、基本知识

现代建筑陶瓷制品，主要包括釉面内墙砖、陶瓷墙地砖、卫生陶瓷、园林陶瓷、琉璃制品等，其中以陶瓷墙地砖用量最大。

1. 陶瓷的概念

陶瓷通常以黏土为主要原料，是经处理、成型、焙烧而成的无机非金属材料，包括陶器、瓷器两大类产品。

2. 陶瓷的性质

陶瓷具有坚固耐用、色彩鲜艳、易于施工等优点，不但被广泛应用于民用建筑，更以其完美装饰效果应用于大型公共建筑。

二、建筑陶瓷制品

建筑陶瓷制品包括釉面砖、墙面砖、陶瓷锦砖以及琉璃制品，其中陶瓷墙地砖主要有彩色釉面陶瓷墙地砖、无釉瓷地砖，以及劈离砖、彩胎砖、麻面砖、渗花砖、玻化砖等新型墙地砖。由于目前这类砖的发展趋向为墙地两用，故称为墙地砖。

1. 釉面砖

釉面砖即釉面内墙砖，属于薄型精陶制品。采用瓷土、耐火黏土低温烧成，坯体以白色为主，表面施以各色釉而成。

应用特点：色彩图案丰富、极富装饰性；强度高、耐腐蚀、易清洗；坯体与釉层结合牢固，二者结合膨胀率不同（釉层膨胀率小），容易开裂，不宜用于室外，不耐冻融作用。釉面内墙砖主要技术指标要求和应用见表 9-9。

表 9-9　釉面内墙砖主要技术指标要求和应用

技术项目	指标要求
吸水率	不大于 21%
耐急冷急热性	经 130℃温差后釉面无破损、裂纹或剥落
抗龟裂性	在压力为（500±20）kPa，温度为（159±1）℃的蒸压釜中保持 1h 不发生龟裂
抗弯强度	不小于 16MPa
应用	要求耐污染、耐腐蚀、耐清洗的场所（浴室、卫生间、医院、厨房等）

2. 彩色釉面陶瓷墙地砖

彩色釉面陶瓷墙地砖简称彩釉砖，是可用于外墙面和地面的带彩色釉面的陶瓷质砖。

（1）技术要求

彩色釉面墙地砖吸水率应不大于 10%，用于寒冷地区时，吸水率应小于 3%；耐急冷急热性需经 3 次急冷急热试验合格，即无裂纹或炸裂。抗冻性应满足 20 次冻融循环；抗弯强度应不低于 24.5MPa；铺地彩釉砖耐磨性应满足相应要求。

（2）彩色釉面墙地砖的性质与应用

彩色釉面墙地砖的色彩图案丰富多样，表面光滑，且表面可制成平面、压花浮雕面、纹点面以及各种不同的釉饰，因而具有优良的装饰性。此外，彩色釉面墙地砖还具有坚固耐磨、易清洗、防水、耐腐蚀等优点。

彩色釉面墙地砖可用于各类建筑的外墙面及地面装饰。用于地面时应考虑彩色釉面砖的耐磨类别。

3. 无釉陶瓷地砖

无釉陶瓷地砖简称无釉砖，是表面无釉的耐磨陶瓷质地面砖。按表面情况分为无光和有光两种，后者一般为前者经抛光而成。

（1）技术要求

无釉砖吸水率为 3%～6%，能经受 3 次急冷急热循环不炸裂或开裂，抗冻性应满足 20 次冻融循环，抗弯强度不小于 25MPa。

（2）性质与应用

无釉陶瓷地砖一般以单色、色斑点为主。表面可制成平面、浮雕面、防滑面等。具有坚固、抗冻、耐磨、易清洗、耐腐蚀等特点。适用于建筑物地面、道路、庭院等的装饰。

4. 新型墙地砖

（1）劈离砖

劈离砖又名劈裂砖、双合砖，是将一定配比的原料，经粉碎、炼泥、真空挤压成型、干燥、高温烧结而成。由于成型时双砖背联坯体，烧成后以手工或机械方法将其沿筋条的薄弱连接部位劈开而成两片，故称劈离砖。

劈离砖种类很多，色彩丰富，颜色自然柔和，表面质感变幻多样。劈离砖坯体密实，强度高，其抗折强度大于30MPa；吸水率小；表面硬度大，耐磨防滑，耐腐抗冻，耐急冷急热。背面凹槽纹与粘接砂浆形成楔形结合，可保证铺贴砖时粘结牢固。劈离砖适用于各类建筑物的外墙装饰，也适用于楼堂馆所等室内地面铺设。

（3）手工艺术瓷砖

手工艺术瓷砖简称手工砖，其制作工序中手工占很大比例，生产出来的每一块瓷砖的表面纹理、颜色、形状都略有不同，甚至还能留下制作者的手纹，这是手工砖最大的特色。另外，砖与砖的拼缝通常是在3~5mm，当砖贴完之后，会发现勾缝之前是一个效果，勾缝之后又是另外一个效果，勾缝是对瓷砖艺术效果的有效补充，起到画龙点睛的作用。

手工砖最大的特点就是外形多样而不可复制性，艺术性更强，甚至可以说每一块手工砖都是世界上独一无二、不可复制的艺术品。其在色彩上的变化使得艺术表现力更强，使建筑更具艺术气息，更加活泼。手工砖在高档别墅和公寓的外立面得到广泛应用。

（4）麻面砖

麻面砖是采用仿天然岩石色彩的配料，压制成表面凹凸不平的麻面坯体后，经一次烧成的面砖，砖的表面酷似经人工修凿过的天然岩石面，纹理自然，粗犷雅朴。

麻面砖吸水率小于1%，抗折强度大于20MPa，防滑耐磨。薄型砖适用于建筑物外墙装饰，厚型砖适用于广场、停车场、人行道等地面铺设。

（5）陶瓷艺术砖

陶瓷艺术砖采用优质黏土和其他无机非金属为原料，经成型、干燥、高温焙烧而成。砖表面具有各种浮雕图案，艺术夸张性强，组合空间自由性大，可运用点、线、面等几何组合原理，配以适量的同规格彩釉砖或釉面砖，组合成各种抽象的或具象的图案壁画，给人以强烈的艺术感受。

陶瓷艺术砖吸水率小、强度高、抗风化、耐腐蚀、质感强，适用于宾馆、会议厅、艺术展览馆、酒楼、住宅、公园及公共场所的墙壁装饰。

（6）金属光泽釉面砖

金属光泽釉面砖采用钛的化合物，经真空离子溅射法，将釉面砖表面处理成金黄、银白、蓝、黑等多种色彩，光泽灿烂辉煌，给人以坚固、豪华的感觉。

这种面砖抗风化、耐腐蚀，适用于商店柱面和门面的装饰。

（7）渗花砖

渗花砖不同于坯体表面上釉的陶瓷砖，它的着色原料从坯体表面进入到坯体内1~3mm深，使陶瓷砖的表面呈现不同的彩点图案，最后经抛光或磨光表面而成，图案耐磨性好。渗花砖属于瓷质坯体，其硬度和耐磨性高于釉层。

渗花砖具有硬度大、耐磨、抗折强度高、耐酸碱腐蚀、吸水率低、抗冻性高、不褪色等特点，并具有多种色彩。渗花砖属于高档装饰材料，主要用于写字楼、酒店、饭店、娱乐场所、广场、停车场等的室内外地面、外墙面等的装饰。

（8）玻化砖

玻化砖又称全瓷玻化砖、玻化瓷砖，采用优质瓷土经高温焙烧而成，不上釉，有石材的质感。玻化砖的烧结程度很高。其坯体属于高度致密的瓷质坯体。玻化砖的结构致密、质地坚硬、耐磨性很高，同时玻化砖还具有抗折强度高（可达 46MPa）、吸水率低（小于0.5％）、抗冻性高、抗风化性强、耐酸碱性高、色彩多样、不褪色、易清洗、洗后不留污渍、防滑等优良特性。玻化砖分为抛光和不抛光两种。玻化砖属于高档装饰材料，适用于写字楼、酒店、饭店、广场等的室内外地面的装饰。

三、陶瓷锦砖

陶瓷锦砖俗称马赛克，是长边一般不大于 40mm、具有多种几何形状的小瓷片，可以拼成织锦似的图案，用于贴墙和铺地的装饰砖。小瓷片的形状一般为正方形、长方形、六角形以及五角形等。陶瓷锦砖分为无釉和有釉两种，目前国内主要生产无釉锦砖。

1. 技术要求

单块锦砖的尺寸一般为 15～40mm，厚度分为 4mm、4.5mm 和大于 4.5mm 三种。无釉锦砖的吸水率应不大于 0.2％，有釉锦砖的吸水率应不大于 1.0％。锦砖与牛皮纸的粘结应合格，不允许有脱落。

2. 拼花图案

为获得良好的装饰效果，成联时常将大小、形状、颜色不同的小瓷片拼成一定图案。常用于墙面、围墙等装饰。

工序：反贴于砂浆基层之上，把牛皮纸湿润，在水泥初凝前将其撕下，经调整，嵌缝，即可获得连续美观的饰面。

3. 性质与应用

陶瓷锦砖砖薄面小，质地坚实、经久耐用、色泽多彩、美观，广泛用于工业与民用建筑的洁净车间、餐厅、厕所、盥洗室、浴室以及化验室等处的地面装饰。

四、琉璃制品

1. 基础知识

采用难溶黏土制坯成型后经干燥，素烧，施釉，烧釉而成，是一种带釉套子，其坯体泥质细净坚实，烧成温度较高。琉璃制品耐久性好，不易剥釉，不易褪色，表面光滑，不易沾污，色泽丰富多彩。

2. 种类

琉璃制品主要有琉璃瓦、琉璃砖、琉璃兽以及琉璃花窗、栏杆等，还有陈设用的建筑工艺品。琉璃瓦品钟繁多，造型各异，主要有板瓦、筒瓦以及滴水沟头等。

3. 应用

琉璃瓦主要用于具有民族色彩的宫殿式建筑的屋面，以及少数纪念性建筑物上，也常用以建造园林中的亭、台、楼、阁以增加园林的景色。目前，常用琉璃点缀建筑物立面，以美化建筑造型。

五、陶瓷洁具

1. 陶瓷洁具的分类

陶瓷洁具主要有浴缸，便器，洗面器，水箱等。

（1）浴缸：用于洗浴的有釉瓷瓦卫生设备。

（2）便器：包括小便器和大便器等。

（3）洗面器：供洗脸，洗手用的釉陶瓷卫生设备。有壁挂式洗面器、托架式洗面器、立柱式洗面器、台式洗面器之分。

（4）水箱：与大便器配套，用以盛装冲洗水的有釉陶瓷质容器。按安装方式有挂式和坐式之分。

2. 陶瓷洁具的选购方法

（1）颜色：洗面器，坐便器，浴缸的颜色要一致，颜色不宜过深，地砖色调要和墙砖相协调。

（2）质量：釉面及搪瓷面应光洁，平滑，色泽晶莹，没有明显缺陷，不可有针眼，缺釉等。轻击瓷件发出清脆悦耳而无破裂声为好，没有裂缝，商标清晰，配件齐全，外观无变形。

3. 陶瓷洁具的保养

保养时不能用含氨、丙酮、甲酸以及甲醛类洗涤剂消毒和清洗。

第四节　塑　　料

塑料是由高分子合成树脂和掺入其中的各种辅助材料，经加工形成的塑形材料或固化交联形成的刚性材料，具有许多优良的物理学性能和装饰性。

一、基本常识

1. 组成

塑料的组成部分、含量及作用如表 9-10 所示。

表 9-10　塑料的组成分析

组成	含量	主要作用
合成树脂	30%～60%	起胶粘剂作用
填充料	40%～70%	可提高塑料的强度、硬度、耐热性、耐老化性、抗冲击性等
增塑剂	—	提高塑料加工时的可塑性、流动性，以及塑料制品的弹性和柔软性
固化剂	用于热固化树脂中	调节固化速度和效果
着色剂	染料、颜料	使塑料制品具有鲜艳的色彩和光泽
其他助剂	—	改善和调节塑料的其他性能

2. 塑料的特性

塑料作为设计材料使用，具有很多优良的特性。它不仅可部分代替传统材料，而且还能生产出具有独特性能的各种制品。

（1）塑料的优点：

① 质量轻：密度约为铝的 $\frac{1}{2}$、钢的 $\frac{1}{5}$。

② 经济性：塑料制品在安装使用过程中，施工和维修保养费用。

③ 导热性低：密实塑料的导热系数一般为 0.12～0.80。

④ 比强度高：塑料及制品单位密度的强度高。

⑤ 装饰性好：塑料能制成线条清晰、色彩鲜艳、光泽鲜明的图案。

⑥ 多功能性：塑料制品可兼多种性能，如装饰性、隔热、隔声。

⑦ 耐腐蚀性好：塑料对酸、碱、盐类的侵蚀，具有较强的抵抗性。

⑧ 电绝缘性好：塑料是良好的电绝缘材料。

（2）塑料的缺点：

① 易燃：塑料一般可燃，且在燃烧时产生大量烟雾和有毒气体。

② 刚度小：相比钢材，塑料的弹性模量小，刚度小。

③ 易老化：塑料制品在阳光、空气、热及环境介质中的酸、碱、盐等作用下，其机械性能差，易发生硬脆、破坏等现象，称为"老化"。

④ 耐热性差：塑料的耐热性毕竟差。

3. 塑料在建筑中的应用

塑料在建筑中的具体应用如图 9-4 所示。

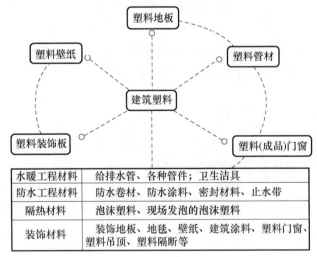

图 9-4　塑料在建筑中的应用

二、塑料管材

新型环保塑料管材与传统的金属管和水泥管相比，具有质量轻，一般仅为金属管的 $\frac{1}{10}$～$\frac{1}{6}$，有较好的耐腐蚀性，抗冲击和抗拉强度，塑料管内表面比铸铁管光滑的多、摩擦系数小、流体阻力小、可降低输水能耗 5％以上，综合节能好，制造能耗降低 75％，运输方便，安装简单，使用寿命长达 30～50 年。

塑料管材目前广泛应用于建筑给排水、城镇给排水以及燃气管等领域。

1. 硬质聚氯乙烯（UPVC）管

硬质聚氯乙烯（UPVC）管是指未加或加少量增塑剂的聚氯乙烯管。UPVC 管是使用最普遍的一种塑料管，约占全部塑料管材的 80％。UPVC 管的特点有较高的硬度和刚度，许用应力一般在 10MPa 以上，价格比其他塑料管低，故硬质聚氯乙烯管在产量中居第一位。

硬聚氯乙烯管的使用范围很广，可用作给水、排水、灌溉、供气、排气等管道，住宅生活用管道，工矿业工艺管道以及电线、电缆套管等。

2. 氯化聚氯乙烯（CPVC）管

CPVC 系对 PVC 进行氯化改性，有效提高 PVC 使用温度、耐化学稳定性、抗老化性及阻燃消烟性。综合性能超过了一般工程塑料 ABS 的性能。由于 CPVC 优良的阻燃性及消烟性，使得这一材料成为具有严格消防要求的塑料产品的首选，它包括建筑装潢、交通设施等领域。其具体性能如下。

（1）高效保障水纯净度

在最恶劣的条件下，CPVC 管道也不会破裂，不必担心管道破裂污染水的问题。CPVC 管具有非常平滑的表面，细菌很难附着和增生。

（2）防腐性能优良

浸于较低 pH 值的酸性水中、暴露在海岸附近含盐量较高的空气中和埋于腐蚀性的土壤中，CPVC 管道仍不会被腐蚀。

（3）安装方便

CPVC 用黏合剂连接，有着一整套完善的管道系统，无需用其他材料的管件（如黄铜）来连接，安装极为方便。

（4）不会因氧化而引致腐蚀

CPVC 不透氧，不会因氧化而引致腐蚀。

（5）良好阻燃性：

CPVC 的厌氧指数达 60，不自燃、不助燃，也不产生火滴和有毒气体。

3. 聚乙烯（PE）管

以聚乙烯树脂为主要原料，挤出成型的给水管材。管件按连接方式分为三类熔接连接管件、机械连接管件、法兰连接管件。其中熔接连接管件分为三类电熔管件、插口管件、热熔承插连接管件。PE 管性能如下：

（1）聚乙烯具有优良耐腐蚀性、较好卫生性能和较长使用寿命。

（2）聚乙烯具有独特的柔韧性和优良的耐刮痕的能力。

（3）耐低温性能非常突出。PE 管的低温脆化点为−70℃，优于其他管道。

（4）聚乙烯具有良好的防快速裂纹增长断裂韧性。

（5）聚乙烯管道安装连接方便、可靠。

聚乙烯（PE）管由于其自身独特的优点被广泛应用于室内外低温给水管道等建筑排水，埋地排水管，建筑采暖、输气管，电工与电讯保护套管、工业用管、农业用管等方面。

4. 交联聚乙烯（PE-X）管

PE-X 是由高密度聚乙烯加入交联剂或在射线辐照下，在一定的条件下大分子链形成游离基相互连接形成平面或立体网状结构而形成的。PE-X管材作为低温地板辐射采暖系统的加热管得到了应用，尤其在高温流体输送领域中应用更广。其主要特点如下：

(1) 耐温性能优良，使用为-70～90℃。

(2) 隔热性能优良，导热系数低。

(3) 使用寿命较长，可安全使用50年以上。

(4) 抗化学耐腐蚀性能优良。

(5) 环保性能良好，但不能回收。

(6) 恢复形状记忆性能良好。

PE-X管材没有热塑性能，不能用热熔焊接的方法连接和修复，如果加热管损坏，则应更换整个支路的加热管。若采用连接件进行修补，会增加整个系统的不安全性。

5. 三型聚丙烯（PP-R）管

PP-R管为无规共聚聚丙烯管，是目前家装工程中采用最多的一种供水管道。PP-R管采用无规管材，采用气相共聚工艺使5%左右PE在PP的分子链中随机地均匀聚合（无规共聚），经挤出成为新一代管道材料。

(1) PP-R管的优点：

PP-R管具有较好的抗冲击性能和长期蠕变性能，其接口采用热熔技术，管子之间完全融合到了一起，可靠度极高。

(2) PP-R管的缺点：

耐高温性，长期工作温度不能超过了0℃；耐压性不强每段长度有限，且不能弯曲施工，如果铺设距离长或者转角处多，在施工中就要用到大量接头管材便宜、配件价格相对较高长期受紫外线照射PP-R管易老化降解，一般不在户外使用。

从综合性能上来讲，PP-R管性价比较高，主要用途如下：

① 建筑物的冷热水系统，包括集中供热系统。

② 建筑物内的采暖系统，包括地板、壁板及辐射采暖系统。

③ 可直接饮用的纯净水供水系统。

④ 中央（集中）空调系统。

6. 聚丁烯（PB）管

聚丁烯管是1-T烯单体通过等规立构聚合反应而生成，管材性能与交联聚乙烯管相似，但相对强度和耐蠕变性更高，高温下的性能保持性较好，导热系数为0.24W/（m·K），保温性能好，在长期连续工作压力下，输送水温可达95℃。有"塑料黄金"的美誉。PB管不结垢，无需做保温，且可保护水质。

聚丁烯（PB）管质地柔软，适用于地暖、高温采暖铺设，多用于暖气热水系统。

7. 工程塑料（ABS）管

ABS管一般是不透明，外观呈浅象牙色无毒、无味，兼有韧、硬、刚的特性，燃烧缓慢，火焰呈黄色，有黑烟，燃烧后塑料软化、烧焦，发出特殊的肉桂气味，但无熔融滴落现象。

ABS管具有极好的抗冲击强度、尺寸稳定性好、电性能、耐磨性、抗化学药品性、染色性、成型加工和机械加工较好。耐腐蚀性优良，重量较轻，耐热性高于PE、PVC，在-40～100℃范围内仍能保持韧性、坚固性和刚度。ABS工程塑料的缺点热变形温度较低，可燃，耐候性较差，且价格昂贵。ABS管主要用于卫生洁具用下水管、输气管、污水管、地下电缆管等。

三、塑料装饰板材

以树脂为浸渍材料或以树脂为基材,采用一定工艺制成的具有装饰功能的 W 通或异型断面的板材,其特点为重量轻、装饰性强、生产工艺简单、施工简便、易于保养。

按原材料不同分为塑料金属复合板、硬质 PVC 板、三聚氰胺层压板、玻璃钢板、聚碳酸酯(PC)采光板、有机玻璃装饰板。

按结构和断面形式不同分为平板、波形板、实体异型断面板(异型板)、格子板、夹芯板。

1. 三聚氰胺层压板

以厚纸为骨架,浸渍酚醛树脂或一聚氰胺甲醛等热固性树脂,多层叠合热压固化而成,可贴面。

酚醛树脂成本低,但为棕黄色,因此常用三聚氰胺命名。其结构为表层纸、装饰纸和底层纸,其中底层纸提供刚度和强度。

2. 聚碳酸酯(PC)采光板

PC 是聚碳酸的简称,其是以聚氯乙烯为原料,用挤出成型的加工方法制成。具有质轻、透光、保温、可弯曲等优点而被广泛应用,某些方面可替代玻璃。

3. 有机玻璃

有机玻璃(PUMA),由甲基丙烯酸甲酯单体(MMA)聚合而成的有机高分子透明材料,是透光度好的热塑性塑料,主要用于室内高级装饰。

PMMA 具有机械强度高,耐热性、抗寒性及耐候性较好,耐腐蚀性及绝缘性能良好等优点;但也有易溶于有机溶剂、摩擦易起电等缺点。

4. 玻璃钢

玻璃钢(GRP),以合成树脂为基体,玻璃纤维或其制品增强材料,经成型、固化而成的固体材料。其中合成树脂可为不饱和树脂、酚醛树脂或环氧树脂。但由于不饱和树脂可制成透明材料,因此都用此材料印花。切片等工序而成。按材质分为硬质和半硬质,目前大多数为半硬质:按外观分为单色,复色、印花,压花;按结构分为单层和复层等。

5. 塑料卷材地板(俗称地板革)

属于软质塑料,可进行压花,印花、发泡等,生产一般需要带有基材。塑料卷材地板按外观分为印花、压花,并可有仿木纹、仿大理石及花岗石等多种图案。

四、塑料壁纸

以纸料为基材,聚氯乙烯塑料为面层,经压延、涂布、印刷,轧花、发泡等工艺制成的内墙装饰用材。

1. 应用特点

较好的变形性;良好的装饰效果;性能优越、粘贴方便、透气性好、使用寿命长,易维修保护。

2. 注意事项

燃烧性等级和防止基褪色、老化开裂及壁纸水密性或气密性。

3. 种类

(1)纸基塑料壁纸:以 $80\sim100g/m^2$ 的纸作基材,涂塑 $100g/m^2$ 左右的聚氯乙烯糊,经印花、压花而成，花色品种多，价格也低，是民用住宅和公共建筑墙面装饰应用最普遍的一种壁纸。

（2）发泡壁纸：以 $100g/m^2$ 的纸作基材，涂塑 $300\sim100g/m^2$ 掺有发泡剂的 PVC 糊，印花后再加热发泡而成。这类壁纸有高发泡印花。低发泡印花，低发泡印花压花等品种。

（3）特种壁纸：是指具有耐水、防火和特殊装饰效果的壁纸品种。

五、塑料制品

1. 开关

开关广泛应用于人类社会的各个领域关系着整个社会对电气生产与运用的安全。塑料是制造开关的最重要的材料。

2. 玩具

塑胶玩具由于它的亮丽的色彩，丰富的造型，同时随着 IC 技术的运用，使得塑料 IC 玩具市场变得日益丰富多彩。

3. 灯具

灯具是我们生活中比较常见的照明工具，在我们生活中所扮演的角色越加重要。灯具的材料也是随着每一次的技术革命而改变，因而所涉及的材料范围非常广泛。特别是塑料，在灯具设计制造中得到了广泛的应用

4. 家具

随着木材资源的减少，人们追求环保的意识也日益加强，色彩鲜艳、形状各异的塑料家具开始风行家具市场。

第五节　涂　　料

涂料又称涂膜或涂层，是指涂敷于物体表面，并能很好地粘结形成完整的保护膜的物件。涂料具有重量轻、色彩鲜明、附着力强、施工简便、省工省料、维修方便、质感丰富、价廉质好以及耐水、保色、耐污染及耐老化等特点。

按建筑部分分为外墙涂料、内墙涂料及地面涂料等。

一、基本知识

1. 涂料的组成

一般涂料的基本组成如表 9-11 所示。

表 9-11　涂料的基本组成

组　成	作　用
主成膜物质	将涂料中的其他组分粘结成为一体具有独立成膜能力，决定涂料的使用和所形成涂膜的主要技术性能，分为树脂和油料两类
次成膜物质	涂料中的各种颜料和填料，使得涂膜着色，并赋予涂膜良好的遮盖力，增加涂膜质感，改善涂膜性能，降低涂料成本
溶剂（稀释剂）	将油料，树脂稀释并将颜料和填料均匀分散，调节涂料黏度，如有机溶剂、水
助剂	改善涂料性能，提高涂膜质量的辅助材料

2. 涂料的主要功能

（1）保护功能：

涂饰在建筑物表面形成连续的膜层，一般为 $0.32kg/m^2$，且有一定的硬度和韧性，具有耐磨、耐候、耐化学侵蚀及抗污染等功能。

（2）装饰功能：

装饰涂料所形成的涂层能装饰美化建筑物。可在涂料中掺加粗细集料，再采用拉毛、喷点、滚花、复层喷涂等不同的施工方法，可以获得各种纹理、图案及质感，达到美化环境、建筑装饰的目的。

（3）调节建筑物的使用功能：

装饰涂料可提高室内的自然亮度，起到吸声和隔声的效果，保持其环境清洁。

（4）改善建筑物的特殊要求：

合理利用多种特殊涂料的性能，达到多功能的目的。如防水涂料可提高被涂物体的耐水功能，改善其耐水性。防火涂料能改善被涂饰部位耐燃、阻燃等性能，使建筑物提高防火等级等。

3. 主要技术性质

涂膜颜色、遮盖力、附着力、粘结强度、耐冻融性、耐沾污性、耐候性、耐水性、耐碱性及耐刷洗性。

二、内墙涂料

内墙涂料亦可用做顶棚涂料，起装饰和保护室内墙面（顶棚）的作用。

内墙涂料应色彩丰富，质地平滑细腻，并具有良好的透气性、耐碱、耐水、耐粉化、耐污染等性能。此外，还应便于涂刷、容易维修、价格合理等。

1. 溶剂型内墙涂料

溶剂型内墙涂料光洁度好，易于冲洗，耐久性好，但由于其透气性较差，容易结露，且易挥发对身体有害的气体，较少用于住宅内墙。一般用于厅堂、走廊等处。

2. 合成树脂乳液内墙涂料（乳胶漆）

合成树脂乳液内墙涂料是以合成树脂乳液为基料（成膜材料）的薄型内墙涂料。一般用于室内墙面装饰，但不宜使用于厨房、卫生间、浴室等潮湿墙面。

3. 水溶性内墙涂料

水溶性内墙涂料是以水溶性化合物为基料，加入一定量的填料、颜料和助剂，经过研磨、分散后而制成的，属于低档涂料，用于一般民用建筑室内墙面装饰，可分为Ⅰ类和Ⅱ类。Ⅰ类用于涂刷浴室、厨房内墙；Ⅱ类用于涂刷建筑物内的一般墙面。

（1）106 涂料：

聚乙烯醇水玻璃内墙涂料又称 106 涂料，是国内内墙涂料中用量最大的一种，其是以聚乙烯醇和水玻璃为基料，加入一定量的颜料、填料和适量助剂，经过溶解、搅拌、研磨而成的水溶性内墙涂料，聚乙烯醇水玻璃内墙涂具有原料丰富、价格低廉、工艺简单、无毒、无味、耐燃、色彩多样、装饰性较好；并与基础材料间有一定的粘结力，但涂层的耐水性及耐水洗刷性差，不能用湿布擦洗，且涂膜表面易产生脱粉现象。不适合用于潮湿环境。

（2）803 内墙涂料：

聚乙烯醇缩甲醛内墙涂料又称 803 内墙涂料，是以聚乙烯醇与甲醛进行不完全缩合醛化反应生产的聚乙烯醇缩甲醛水溶液为基料，加入颜料、填料及助剂经搅拌研磨等而成的水溶性内墙涂料。耐洗刷性可达成 100 次。

（3）改性聚乙烯醇系内墙涂料：

改性聚乙烯醇系内墙涂料具有较高的耐水性和耐洗刷性，耐洗刷性为 300～1000 次。改性聚乙烯醇系内墙涂料的其他性质与聚乙烯醇水玻璃内墙涂料基本相同，适用于建筑的内墙和顶棚，也适用于卫生间、厨房等的内墙、顶棚。

4．多彩花纹内墙涂料

多彩花纹内墙涂料，又称"多彩内墙涂料"，由不相混溶的连续相（分散介质）和分散相组成。其中，分散相有两种或两种以上大小不等的着色粒子，在含有稳定剂的分散介质中均匀悬浮着并呈稳定状态。在涂装时，通过喷涂形成多种色彩花纹图案，干燥后构成多彩花纹涂层。

三、外墙涂料

外墙涂料的功能主要是装饰和保护建筑物的外墙面。它应有丰富的色彩。使外墙的装饰效果好；耐水性和耐候性要好；耐污染性要强，易于清洗。其主要类型有乳液型涂料、溶剂型涂料、无机硅酸盐涂料。

1．合成树脂乳液外墙涂料

合成树脂乳液外墙涂料是以高分子乳液为基料，加入颜料、填料、助剂，经研磨而制成的薄型外墙涂料，主要用于各种基层表面装饰。常用醋酸乙烯丙烯酸乳液外墙涂料、苯乙烯丙酸乳液外墙涂料、丙烯酸酯乳液外墙涂料等。

2．真石漆

合成树脂乳液砂壁状建筑涂料，简称"真石漆"，是以合成树脂乳液作粘结料，砂粒和石粉为集料，通过喷涂施工形成粗面状的涂料。主要用于各种板材及水泥砂浆抹面的外墙装饰，装饰质感类似于喷黏砂、干黏石、水刷石，但粘接强度、耐久性比较好，适合于中、高档建筑物的装饰。

3．溶剂型外墙涂料

溶剂型外墙涂料是以合成树脂溶液为基料，有机溶剂为稀释剂，加入颜料、填料及助剂，经混合溶解、研磨而配制成的建筑涂料。溶剂型外墙涂料的涂膜比较紧密、具有较好的硬度、光泽、耐水性、耐酸碱性、耐候性、耐污染性等优点，但涂膜的透气性差。建筑上常用于外墙装饰。常用溶剂型外墙涂料品种有丙烯酸酯溶剂型涂料和丙烯酸—聚氨酯溶剂型涂料。

丙烯酸酯外墙涂料是由热塑性丙烯酸酯合成树脂溶液为基料配制成的，使用寿命在 10 年以上。丙烯酸—聚氨酯外墙涂料是一种以双组分为成膜物质的溶剂型外墙涂料，其耐水、耐酸、耐碱性能极好。

4．外墙无机建筑涂料

外墙无机建筑涂料是以碱金属硅酸盐及硅溶胶为基料，加入相应的固化剂或有机合成树脂乳液、色料、填料等配制而成，用于建筑外墙装饰。按基料种类，可分为碱金属硅酸盐涂料（八类）和硅溶胶涂料（B 类）。

5．复层建筑涂料

复层建筑涂料简称复层涂料，是以水泥硅溶胶和合成树脂乳液（包括反应型合成树脂乳液）等基料和集料为主要原料，用刷涂、滚涂或喷涂等方法，在建筑物墙面上涂布 2～3 层，形成厚度为 1～5mm 的凹凸花纹或平状的涂料。复层建筑涂料一般由底涂层、主涂层和面涂层组成。

底涂层用于封闭基层和增强主涂层与基层的粘结力；主涂层用于形成凹凸花纹立体质感面涂层用于装饰面层，保护主涂层，提高复层涂料的耐候性、耐污染性等。复层涂料一般作为内外墙、顶棚的中、高档的建筑装饰用。

6. 质感涂料

质感涂料是指色彩、光泽或纹理呈现千变万化的涂料，由精细分级的填料，纯丙烯酸胶粘剂及其他助剂组成。质感涂料可分为标准质感涂料、颗粒质感涂料、仿砂岩质感涂料，艺术质感涂料等。

质感涂料经过涂装后在建筑物表面形成具有一定厚度、柔韧性和硬度，以及具有耐磨蚀、耐污染、耐紫外光照射、耐气候变化、耐细菌侵蚀和耐化学侵蚀的连续的涂膜，从而起到减少或消除大气、水分、灰尘及微生物等对建筑物的损坏作用以及防止在使用过程中的油污等各种污染源的污染，能承受一定的摩擦及外力，延长建筑物使用年限。质感涂料能有效掩盖墙体的细小裂缝。质感涂料的外形不是简单的单色或平面，而是具有多彩或立体效果，这样的创意设计使产品提高了实用价值，增强欣赏和美观度。

四、地面涂料

地面涂料作用是装饰和保护楼地面，与室内其他部位装饰效果相适应。要求耐碱性强，粘结性能、耐水性、耐磨性、抗冲击性；施工方便。

1. 聚氨酯地面涂料

聚氨酯地面涂料分为以下两种：

（1）聚氨酯厚质弹性地面涂料：

聚氨酯厚质弹性地面涂料是以聚氨酯为基料的双组分溶剂型涂料。该涂料具有整体性好、色彩多样、装饰性好，并具有良好的耐油性、耐水性、耐酸碱性和优良的耐磨性，此外还具有一定的弹性，脚感舒适。聚氨酯厚质弹性地面涂料的缺点是价格高且原材料有毒。聚氨酯厚质弹性地面涂料主要适用于水泥砂浆或水泥混凝土的表面。

（2）聚氨酯薄质地面涂料：

与聚氨酯厚质弹性地面涂料相比，涂膜较薄，涂膜的硬度较大、脚感硬，其他性能与聚氨酯厚质弹性地面涂料基本相同。聚氨酯薄质地面涂料主要用于水泥砂浆、水泥混凝土地面，也可用于木质地板。

2. 环氧树脂地面涂料

环氧树脂地面涂料主要有以下两种：

（1）环氧树脂厚质地面涂料：

环氧树脂厚质地面涂料是以环氧树脂为基料的双组分溶剂型涂料。环氧树脂厚质地面涂料具有良好的耐化学腐蚀性、耐油性、耐水性和耐久性，涂膜与水泥混凝土等基层材料的粘结力强、坚硬、耐磨，且具有一定的韧性，色彩多样，装饰性好。环氧树脂厚质地面涂料的缺点是价格高、原材料有毒。环氧树脂厚质地面涂料主要用于高级住宅地面装饰、防腐、防水等。

（2）环氧树脂薄质地面涂料：

环氧树脂薄质地面涂料与环氧树脂厚质地面涂料相比，涂膜较薄、韧性较差，其他性能则基本相同。环氧树脂薄质地面涂料主要用于水泥砂浆、水泥混凝土地面，也可用于木质地板。

五、特种涂料

特种涂料对被涂物不仅具有保护和装饰的作用，还有其特殊功能。常见特种涂料如表 9-12 所示。

表 9-12　特种涂料

序号	涂料名称	功能作用和适用范围
1	防霉涂料	以氯乙烯-仿氯乙烯共聚物为基料加低毒高效防霉剂等配制而成，对普通霉菌的防菌效果甚佳，适用于易霉变的内墙装饰
2	防潮涂料	以高分子共聚乳液为基料，掺入高效防潮剂等助剂制成，具有耐水、防潮、无毒、无味、施工安全、装饰效果好等特点，适用于多雨潮湿的江南沿海各地室内墙面的装饰
3	防腐涂料	以丙烯酸过氯乙烯为基料配制而成，干燥快，漆膜平整光亮，保色保光性好，耐腐蚀性优良，较好的防湿热性和防盐雾、防霉作用，以及较好的耐候性，适用于厂房内外墙的防腐及装饰
4	芬香内墙涂料	以聚乙烯醇，添加合成香料、颜料及其他助剂配制，色泽鲜艳，气味芬香浓郁，无毒，清香持久，有清新空气，驱虫，灭菌的功能，可涂刷于混凝土墙面
5	建筑罩光乳胶漆	由苯丙乳液、交联剂和助剂等配制而成，并以水为稀释剂，安全无毒，漆膜色浅，保光性好，可用做涂料表面罩光
6	防锈涂料	以有机高分子聚合物为基料，加入防锈颜料、填充料等配制而成，具有干燥迅速、附着力强、防锈性能好等特点，适用于钢铁制品的表面防锈
7	防静电地面涂料	以聚乙烯醇缩甲醛为基料，掺入防静电剂，多种助剂加工制成，具有质轻层薄、耐磨、不燃、附着力强、有一定弹性等特点，适用于电子计算机房、精密仪器车间等地面涂饰
8	瓷釉涂料	以环氧-聚氨酯为基料，配以助剂加工而成，具有耐磨、耐沸水、漆膜坚韧等优异特点，可呈现饱满的搪瓷质感，可用于搪瓷浴缸翻新，也可用于仿瓷釉浴缸及特殊清洁清洗要求的墙面、内壁
9	发光涂料	该涂料在夜间具有指示标志作用，由成膜物质、填充料和荧光颜料等组成，具有耐候、耐油、透明、抗老化等特点，适用于标志牌、广告招牌、交通指示器、门窗把手、钥匙孔、电灯开关等需要发光的场所

本章小结

本章介绍了建筑节能材料、建筑玻璃、陶瓷、塑料、涂料的主要技术性质及应用。通过本章的学习，应了解各材料的定义、技术性质及应用。

思考与练习

1. 玻璃的性质有哪些？钢化玻璃的特点和用途是什么？
2. 建筑陶瓷主要有哪些品种？试举例说明。
3. 试述塑料的组成成分和它们的作用。
4. 试述涂料的种类和作用。
5. 试述建筑节能材料的分类和功能。

附录 建筑材料试验

建筑材料试验是建筑材料课程的重要组成部分，通过试验操作，可以加深学生对所学理论知识的理解，又可以让学生掌握常见建筑材料的检测方法，培养学生建筑材料检测的能力，从而实现职业核心能力培养的目标。

试验一 建筑材料的基本性质试验

一、密度试验

材料的密度是指材料在绝对密实状态下，单位体积的质量。了解材料的密度，可大致掌握材料的品质和性能，并可用于计算材料的孔隙率。

1. 主要仪器设备

李氏瓶、筛子（孔径 0.2mm）、量筒、烘箱、干燥器、天平、温度计、漏斗、小勺等。

2. 试样制备

（1）将试样研磨，用筛子筛去筛余物，并放到 105～110℃的烘箱中，烘至恒重。

（2）将烘干的粉料放入干燥器中冷却至室温，待用。

3. 试验方法及步骤

（1）在李氏瓶中注入与试样不起化学反应的液体至突颈下部，记下刻度。

（2）用天平称取 60～90g 试样，用小勺和漏斗小心地将试样徐徐送入李氏瓶中（不能大量倾倒，否则会妨碍李氏瓶中空气排出或使咽喉部位堵塞），直至液面上升至 20mL 刻度左右为止。

（3）用瓶内的液体将粘附在瓶颈和瓶壁的试样洗入瓶内液体中，转动李氏瓶使液体中气体排出，记下液面刻度（V）。

（4）称取未注入瓶内剩余试样的质量，计算出装入瓶内试样质量 m。

（5）将注入试样后的李氏瓶中液面读数减去未注前的读数，得出试样的绝对体积 V。

4. 结果计算及确定

按下式计算出密度 ρ（精确至 0.01g）

$$\rho = \frac{m}{V}$$

式中　m——装入瓶内试样的质量，g；

　　　V——装入瓶内试样的体积，cm³。

密度试验用两个试样平行进行，以其计算结果的算术平均值作为最后结果。但两次结果之差不应大于 0.02g/cm³，否则重做。

二、表观密度试验

表观密度是指材料在自然状态下，单位体积（包括材料的绝对密实体积与内部封闭孔隙体积）的质量。通过表观密度可以估计材料的强度、导热性及吸水性等性质，可用于计算材料的孔隙率、体积、质量及结构的自重。其试验方法有容量瓶法和广口瓶法，其中容量瓶法用来测试砂的表观密度，广口瓶法用来测试石子的表观密度。下面我们就以砂和石子为例分别介绍两种试验方法。

1. 砂的表观密度试验（容量瓶法）

1）主要仪器设备

（1）天平——称量1000g，感量1g；

（2）容量瓶——容量500mL；

（3）烘箱——温度控制范围为（105±5）℃；

（4）干燥器、浅盘、铝制料勺、温度计等。

2）试样制备

将缩分后不小于650g的样品装入浅盘，在温度为（105±5）℃的烘箱内至恒重，并在干燥器内冷却至室温。

3）试验方法及步骤

（1）称取烘干的试样300g（m_0），装入盛有半瓶冷开水的容器内。

（2）摇转容量瓶，使试样在水中充分搅拌以排除气泡，塞紧瓶塞，静置24h；然后用滴管加水至瓶颈刻度线平齐，再塞紧瓶塞，擦干容量瓶外壁的水分，称其质量（m_1）。

（3）倒出容量瓶中的水和试样，将瓶的内外壁洗净，再向容量瓶内加入冷开水至瓶颈刻度线，塞紧瓶塞，擦干容量瓶外壁水分，称其质量（m_2）。

注：在砂的表观密度试验过程中应测量并控制水的温度，试验的各项称量可在15～25℃的温度范围内进行。从试样加水静置的最后2h起直至试验结束，其温度相差不应超过2℃。

4）结果计算及确定

表观密度（标准法）应按下式计算，精确至10g/m³：

$$\rho' = \left(\frac{m_0}{m_0 + m_2 - m_1} - \alpha_t \right) \times 1000$$

式中　m_0——试样的烘干质量，g；

　　　m_1——试样、水及容量瓶总质量，g；

　　　m_2——水及容量瓶总质量，g；

　　　α_t——考虑称量时的水温对水相对密度影响的修正系数，如表1所示。

按规定，表观密度应两份试样测定两次，并以两次结果的算术平均值作为测定结果，如两次测定结果的差值大于20kg/m³时，应重新取样进行试验。

表1　不同水温下砂的表观密度温度修正系数

水温（℃）	15	16	17	18	19	20
α_t	0.002	0.003	0.003	0.004	0.004	0.005
水温（℃）	21	22	23	24	25	
α_t	0.005	0.006	0.006	0.007	0.008	

2. 石子的表现密度试验（广口瓶法）

1）主要仪器设备

（1）烘箱——温度控制范围为（105±5）℃；

（2）天平——称量 20kg，感量 20kg；

（3）广口瓶——容量 1000mL，磨口，并带玻璃片；

（4）试验筛——筛孔公称直径为 5.00mm 的方孔筛一只；

（5）毛巾、刷子等。

2）试样制备

试验前，筛除样品中公称粒径为 5.00mm 以下的颗粒，缩分至略大于表 2 所规定的量的两倍。洗刷干净后，分成两份备用。

表 2　表观密度试验所需的试样最少质量

最大公称粒径（mm）	10.0	16.0	20.0	25.0	31.5	40.0	63.0	80.0
试样最少质量（kg）	2.0	2.0	2.0	2.0	3.0	4.0	6.0	6.0

3）方法与步骤

（1）将试样浸水饱和后，装入广口瓶中，装试样时广口瓶应倾斜放置，然后注满饮用水，用玻璃片覆盖瓶口，以上下左右摇晃的方法排除气泡。

（2）气泡排尽后，向瓶内添加饮用水，直至水面凸出到瓶口边缘，然后用玻璃片沿瓶口迅速滑行，使其紧贴瓶口水面。擦干瓶外水分后，称取试样、水、瓶总质量（m_1）。

（3）将瓶中的试样倒入浅盘中，置于（105±5）℃的烘箱中烘干至恒重，取出来放在带盖的容器中冷却至室温，称出试样的质量（m_0）。

（4）将瓶洗净，重新注入饮用水，用玻璃片紧贴瓶口水面，擦干瓶外水分后称出质量（m_2）。

注：试验时各项称重可以在 15～25℃ 的温度范围内进行，但从试样加水静置的最后 2h 起直至试验结束，其温度相差不应超过 2℃。

4）试验结果的计算及确定

试样的表观密度，按下式计算（精确到 $0.01g/cm^3$）

$$\rho' = \left(\frac{m_0}{m_0 + m_2 - m_1} - \alpha_t \right) \times 1000$$

式中　m_0——试样的烘干质量，g；

　　　m_1——试样、水及容量瓶和玻璃片的总质量，g；

　　　m_2——水及容量瓶和玻璃片的总质量，g；

　　　α_t——考虑称量时的水温对水相对密度影响的修正系数，见表 3。

表 3　不同水温下碎石或卵石的表观密度温度修正系数

水温（℃）	15	16	17	18	19	20
α_t	0.002	0.003	0.003	0.004	0.004	0.005

水温（℃）	21	22	23	24	25
α_t	0.005	0.006	0.006	0.007	0.008

按规定，表观密度应两份式样测定两次，并以两次结果的算术平均值作为测定结果，如两次测定结果的差值大于 $20kg/m^3$ 时，应重新取样进行试验，对颗粒材质不均匀的试样，如两次试验结果之差超过 $20kg/m^3$，可取四次测定结果的算术平均值作为测定值。

三、体积密度试验

体积密度是指材料在自然状态下，单位体积（包括材料孔隙和材料绝对密度体积之和）的质量。体积密度的测试分规则几何形状试样的测定与不规则几何形状试样的测定，其测定方法如下：

1. 规则几何形状试样的测试（如砖等）

1）主要仪器设备

游标卡尺、天平、烘箱、干燥器等。

2）试样制备

将规则形状的试样放入 105～110℃ 的烘箱内烘干至恒重，取出放入干燥器中，冷却至室温待用。

3）试验方法与步骤

（1）用游标卡尺量出试样尺寸（试件为正方体或平行六面体时，以每边测量上、中、下三个数值的算术平均值为准；试件为圆柱体时，按两个互相垂直的方向量其直径，各方向上、中、下量三次，以六次的平均值为准确定直径），并计算出其体积（V_0）。

（2）用天平称量出试件的质量（m）。

4）试验结果计算

按下式计算出体积密度 ρ_0

$$\rho_0 = \frac{m}{V_0}$$

式中　m——试样的质量，g；

　　　V_0——试样体积（包括开口孔隙、闭口孔隙体积和材料绝对密度体积），cm^3。

2. 不规则几何形状试样的测试（如卵石等）

此类材料体积密度的测试仍采用排液法（即砂石表观密度的测定方法），不同之处在于应对其表面涂蜡，封闭开口孔后，再用容量瓶法进行测试。

四、堆积密度试验

堆积密度是指粉状或颗粒状材料，在堆积状态下，单位体积（包括组成材料的孔隙、堆积状态下的空隙和密实体积之和）的质量。堆积密度的测试是在测试原理相同的基础上，根据测试材料的粒径不同，而采用不同的方法。下面我们就以细集料和粗集料为例介绍两种堆积密度的测试方法。

1. 细集料堆积密度试验

1）主要仪器设备

（1）天平——称量 5kg，感量 5g；

（2）容量筒——金属制，圆柱形，内径 108mm，净高 109mm，壁厚 2mm，容积 1L，筒底厚度 5mm；

（3）漏斗或铝制料勺；

（4）烘箱——温度控制范围（105±5）℃；

（5）直尺、浅盘等。

2) 试样制备

先用公称直径 5.00mm 的筛子将试样过筛，然后取经缩分后的样品不少于 3L，装入浅盘，在温度为 (105±5)℃烘箱中烘干至恒重，取出并冷却至室温，分成大致相等的两份备用。试样烘干后若有结块，应在试验前先予捏碎。

3) 试验方法及步骤

取试样一份，用漏斗或铝制勺，将它徐徐装入容量筒（漏斗出料口或料勺距容量筒口不应超过 50mm）直至试样装满并超出容量筒筒口。然后用直尺将多余的试样沿筒口中心线向相反方向刮平，称其质量（m_2）。

4) 试验结果计算及确定

试样的堆积密度 $\rho_0{}'$ 按下式计算（精确至 $10kg/m^3$）

$$\rho_0{}' = \frac{m_2 - m_1}{V_0{}'}$$

式中 m_1——标准容器的质量，kg；

m_2——标准容器和试样总质量，kg；

$V_0{}'$——标准容器的容积，L。

堆积密度应用两份试样测定两次，并以两次结果的算术平均值作为测定结果。

2. 粗集料堆积密度试验

1) 主要仪器设备

容量筒、平头铁锹、烘箱、磅秤。

2) 试样制备

按规定方法取样、缩分，质量应满足试验要求，在 (105±5)℃的烘箱中烘干，也可以摊在洁净的地面上风干，拌匀后分成大致相等的两份待用。

3) 试验方法与步骤

(1) 称取容量筒质量 m_1。

(2) 取试样一份置于平整、干净的混凝土地面上或铁板上，用平头铁锹铲起试样，使石子在距容量筒上口 5cm 处自由落入容量筒内，容量筒装满后，除去凸出筒口表面的颗粒并以比较合适的颗粒填充凹陷空隙，应使表面凸起部分和凹陷部分的体积基本相等。

(3) 称出容量筒连同试样的总质量 m_2。

4) 试验结果计算及确定

试样的堆积密度 $\rho_0{}'$ 按下式计算（精确至 $0.01kg/m^3$）

$$\rho_0{}' = \frac{m_2 - m_1}{V_0{}'}$$

式中 m_1——标准容器的质量，kg；

m_2——标准容器和试样总质量，kg；

$V_0{}'$——标准容器的容积，L。

堆积密度应用两份试样测定两次，并以两次结果的算术平均值作为测定结果。

五、孔隙率、空隙率的计算

1. 孔隙率的计算

孔隙率是指材料体积内，孔隙体积所占的比例。孔隙率的大小及孔隙特征对材料的性能影响很大。通过孔隙率可以掌握材料的强度、吸水性、抗渗性及导热性。

材料的孔隙率 P 按下式计算

$$P=\frac{V_空}{V_0}=\frac{V_0-V}{V_0}=\left(1-\frac{\rho_0}{\rho}\right)\times100\%$$

式中　ρ——材料的密度，g/cm^3；

　　　ρ_0——材料的体积密度，g/cm^3。

2. 空隙率的计算

空隙率是指粉状或颗粒状材料的堆积体积中，颗粒间空隙体积所占的比例。

材料的空隙率 P' 按下式计算

$$P'=\frac{V_空}{V_0'}=\frac{V_0'-V_0}{V_0'}=\left(1-\frac{\rho_0'}{\rho_0}\right)\times100\%$$

式中　ρ_0——材料的体积密度（当测试混凝土用集料时，ρ_0 应取 ρ'），kg/m^3；

　　　ρ_0'——材料的堆积密度，kg/m^3。

六、吸水率试验

材料的吸水率是指材料吸水饱和时的吸水量与干燥材料的质量或体积之比。材料的吸水率大小对其强度、抗冻性、导热性等性能影响很大。通过材料的吸水率，可估计材料的各项性能。材料的含水率是指材料在潮湿的环境中，材料内部所含的水分与干燥材料的质量比。现介绍其测试方法。

1. 块体材料的吸水率试验

1）主要仪器设备

天平、游标卡尺、烘箱、玻璃（或金属）盆等。

将试样（如砖）置于不超过 110℃ 的烘箱中，烘干至恒重，再放到干燥器中冷却到室温。

2）试验方法及步骤

（1）从干燥器中取出试样，称其质量 m。

（2）将试样放在金属盆或玻璃盆中，并在盆底放些垫条（如玻璃管或玻璃杆，使试样底面与盆底不至紧贴，试件之间应留 $1\sim2cm$ 的间隔，使水能够自由进入）。

（3）加水至试样高度的 $\frac{1}{3}$ 处，过 24h 后再加水至高度 $\frac{2}{3}$ 处，再过 24h 加满水，并放置 24h。逐次加水的目的在于使试件孔隙中空气逐渐逸出。

（4）取出试样，用拧干的湿毛巾轻轻抹去表面水分（不得来回擦拭），称其质量 m_1。

（5）为检验试样是否吸水饱和，可将试样再浸入水中至高度 $\frac{3}{4}$ 处，过 24h 重新称量，两次质量之差不得超过 1%。

3）试验结果计算及确定

材料的吸水率 $\omega_质$ 或 $\omega_体$ 按下式计算

$$\omega_质=\frac{m_1-m}{m}\times100\%$$

$$\omega_体=\frac{m_1-m}{V_0}\times100\%$$

式中　$\omega_质$——质量吸水率，%；

$\omega_{体}$——体积吸水率（用于高度多孔材料），%；

m——试验干燥质量，g；

m_1——试样吸水饱和质量，g。

按规定，吸水率试验应用三个试样平行进行，并以三个试样吸水率的算术平均值作为测试结果。

2. 砂的含水率试验（标准法）

1）砂的含水率试验（标准法）应采用下列仪器设备：

（1）烘箱——温度控制范围为（105±5）℃；

（2）天平——称量 1000g，感量 1g；

（3）容器——如浅盘等。

2）含水率试验（标准法）应按下列步骤进行：

由密封的样品中取各重 500g 的试样两份，分别放入已知质量的干燥容器（m_1）中称重，记下每盘试样与容器的总重（m_2）。将容器连同试样放入温度为（105±5）℃的烘箱中烘干至恒重，称量烘干后的试样与容器的总质量（m_3）。

3）试验结果计算及确定

砂的含水率（标准法）按下式计算，精确至 0.1%：

$$\omega_{wc}=\frac{m_2-m_3}{m_3-m_1}\times100\%$$

式中　ω_{wc}——砂的含水率，%；

m_1——容器质量，g；

m_2——未烘干的试样与容器的总质量，g；

m_3——烘干后的质量与容器的总质量，g。

以两次试验结果的算术平均值作为测量值。

试验二　水泥试验

本试验执行标准：

《水泥细度检验方法　筛选法》（GB 1345—2005）

《水泥标准稠度用水量、凝结时间、安定性检验方法》（GB/T 1346—2001）

《水泥胶砂强度检验方法（ISO 法)》（GB/T 17671—1999）

一、水泥试验的一般规定

1. 检验批

使用单位在水泥进场后，应按批对水泥进行检验。根据国家标准《混凝土结构工程施工质量验收规范》（GB 50204—2002）规定，按同一生产厂家、同一等级、同一品种、同一批号且连续进场的水泥，袋装不超过 200t 为一批，散装不超过 500t 为一批，每批抽样不少于一次。

2. 水泥的取样

1. 取样单位：即按每一检验批作为一个取样单位，每检验批抽样不少于一次。

2. 取样数量与方法：为了使试样具有代表性，可在散装水泥卸料处或输送水泥运输机具上 20 个不同部位取等量样品，总量至少 12g。然后采用缩分法将样品缩分到标准要求的规定量。

3. 试样制备

试验前应将试样通过 0.9mm 方孔筛，并在（110±5）℃烘干箱内烘干，备用。

4. 试验室条件

试验室的温度为（20±2）℃，相对湿度不低于 50％；水泥试样、拌合水、标准砂、仪器和用具的温度应与试验室一致；水泥标准养护箱的温度为 20℃±1℃，相对湿度不低于 90％。

二、水泥细度检验

1. 目的

检验水泥细度，评定水泥质量。水泥的细度影响水泥的技术性能，相同矿物成分的熟料，水泥细度越细，强度越高。

2. 检验方法

根据《水泥细度检验方法　筛析法》GB/T 1345—2005 的规定采用筛析法。筛析法分为负压筛法，水筛法和手工干筛法。

1）负压筛法

（1）主要仪器设备：负压筛、筛座、天平等。

（2）试验方法步骤：

① 筛析试验前，应把负压筛放在筛座上，盖上筛盖，接通电源，检查控制系统。调节负压至 4000～6000MPa 范围内，喷气嘴上口平面应与筛网之间保持 2～8mm 的距离。

② 称取试样 25g，置于洁净的负压筛中。盖上筛盖，放在筛座上，开动筛析仪连续筛动 2min，在此期间如有试样附着在筛盖上，可轻轻的敲击，使试样落下，筛毕，用天平称量筛余物。当工作负压小于 4000MPa 时，应清理吸尘器内水泥，使负压恢复正常。

2）水筛法

（1）主要仪器设备筛子、筛座、喷头和天平等。

（2）试验方法步骤：

① 筛析试验前应检查水中无泥、砂，调整好水压及水筛架位置，使其能正常运转，喷头底面和筛网之间距离为 35～75mm。

② 称取水泥试样 50g，置于洁净的水筛中，立即用洁净水冲洗至大部分细粉通过，再将筛子置于筛座上，用水压为（0.05±0.02）℃的喷头连续冲洗 3min。

③ 筛毕取下，将筛余物冲至一边，用少量水把筛余物全部移至蒸发皿（或烘样盘）中，等水泥颗粒全部沉淀后将水倾出，烘干后称量其筛余物。

3）手工干筛法

（1）主要仪器设备：筛子（筛框有效直径为 150mm，高 50mm、方孔边长为 0.08mm 的铜布筛）、烘箱、天平等。

（2）试验方法步骤：称取烘干试样 50g 倒入筛内，用一手执筛往复摇动，另一手轻轻拍打，拍打速度约为 120 次/min，其间每 40 次向同一方向转动 60°，使试样均匀分布在筛网上，直至每分钟通量不超过 0.05g 时为止，称取筛余物质量。

3. 实验结果计算

水泥式样筛余百分数按下式计算（精确至 0.1％）。

$$F = \frac{R}{W} \times 100\%$$

式中　F——水泥式样的筛余百分数,%;

　　　R——水泥筛余物质的量,g;

　　　W——水泥试样的质量,g。

负压筛法与水筛法或手工筛法测定的结果发生争议时,以负压筛法为准。

三、水泥标准稠度用水量试验

1. 目的

标准稠度用水量是指水泥净浆以标准方法测试而达到统一规定的浆体可塑性所需加的用水量,而水泥的凝结时间和安定性都和用水量有关,因而此测试可消除试验条件的差异,有利于比较,同时为进行凝结时间和安定性试验做好准备。

2. 主要仪器设备

标准法维卡仪、代用法维卡仪。

3. 水泥净浆的搅拌

用水泥净浆搅拌机搅拌,搅拌锅和搅拌叶片先用湿布擦过,将拌和水倒入搅拌锅内,然后在5~10s内小心将称好的500g水泥加入水中,防止水和水泥溅出;拌合时,现将锅放在搅拌机的锅座上,升至搅拌位置,启动搅拌机。低速搅拌120s,停15s,同时将叶片和锅壁上的水泥浆刮入锅中间,接着高速搅拌120s停机。

4. 测定方法与步骤

1)标准法

(1)测定方法:

水泥净浆拌合结束后,立即将拌制好的水泥净浆装入已置于玻璃底板上的试模中,用小刀插捣,轻轻振动数次,刮去多余的净浆,抹平后迅速将试模和底板移到维卡仪上,并将其中心定在试杆下,降低试杆直至与水泥净浆表面接触,拧紧螺母1~2s后,突然放松,使试杆垂直地沉入水泥净浆中。在试杆停止沉入或释放试杆30s时记录试杆距底板之间的距离,升起试杆后,立即擦净;整个操作应在搅拌后1.5min内完成。

(2)实验结果就算与确定:

将试杆沉入净浆并距底板6±1mm的水泥净浆为标准稠度净浆。其拌合水量为该水泥的标准稠度用水量(P),按水泥质量的百分比计。

2)代用法

采用代用法测定水泥标准稠度用水量可用调整水量和不变水量两种方法的任一种测定。

(1)调整水量法:

采用调整水量法时拌合水量按经验找水。水泥净浆拌制结束后,立即将拌制好的水泥净浆装入锥模中,用小刀插捣,轻轻振动数次,刮去多余的净浆;抹平后迅速放到试锥下面的固定位置上,将试锥降至净浆表面,拧紧螺母1~2s后,突然放松,让试锥垂直自由地沉入水泥净浆中。到试锥停止下沉或释放试锥30s时记录试锥下沉深度。整个操作应在搅拌后1.5min内完成。

(2)不变水量法:

采用不变水量法时拌合水量用142.5mL。测定方法同调整水量法。

（3）试验结果计算与确定：

① 采用调整水量法测定时，以试锥下沉深度 28±2mm 时的净浆为标准稠度净浆。其拌合水量为该水泥的标准稠度用水量（P），按水泥质量的百分比计。如下沉深度超出范围需另取试样，调整水量，重新试验，直至达到 28±2mm 为止。

② 根据测得的试锥下沉深度 S（mm）按下式计算得到标准稠度用水量 P（%）。

$$P=33.4-0.185S$$

当试锥下沉深度小于 13mm 时，应改用调整水量法测定。

四、水泥净浆凝结时间试验

1. 目的

测定水泥加水至开始失去可塑性（初凝）和完全失去可塑性（终凝）所用的时间，可以评定水泥的技术性质。初凝时间可以保证混凝土施工过程（即搅拌、运输、浇筑以及振捣）的完成。终凝时间可以控制水泥的硬化及强度增长，以利于下一道施工工序的进行。

2. 测定方法

（1）测定前准备工作：调整凝结时间测定仪的试针接触玻璃时，指针对准零点。

（2）试件的制备：以标准稠度用水量按以上要求制定标准稠度净浆一次装满试模，振动数次刮平，立即放入养护箱中。记录水泥全部加入水中的时间作为凝结时的起始时间。

（3）测试时应注意：

① 每次测试完毕后，须将试模放回湿气养护箱内放置。

② 整个测试过程中，要防止试模受振。

③ 每次测定均应更换试针落下位置，不能落入同一针孔。每次测试完毕要将试针擦净。

（4）初凝时间的测定：

① 试件在湿气养护箱中养护至加水后 30min 时进行第一次测定。测定时，从湿气养取出试模放到试针下，降低试针与水泥净浆表面接触。拧紧螺丝 1~2s 后，突然放 1 针垂直地沉入水泥净浆中。观察试针停止沉入或释放试针 30s 时指针的读数。当试距底板 4±1mm 时，为水泥达到初凝状态。

② 在最初测定操作时，应注意轻轻扶持金属柱，使其徐徐下降，以防试针撞弯，但以自由下落为准。

③ 在整个测试过程中，试针沉入的位置至少要距试模内壁 10mm。

④ 临近初凝时，每隔 5min 测定一次。当达到初凝时应立即重复测一次，当两次结时才能定为达到初凝状态。

⑤ 终凝时间的测定：

a. 为了准确观测试针沉入的状况，在终凝针安装了一个环形附件。在完时间测定后，立即将试模连同浆体以平移的方式从玻璃板取下，翻转 180°，直径上，小端向下放在玻璃板上，再放入湿气养护箱中继续养护，临近终凝时间每隔测定一次，当试针沉入试体 0.5mm 时，即环形附件开始不能在试体上留下痕迹时，为水泥达到初凝状态。

b. 当达到终凝时应立即重复测一次，当两次结论相同时才能定为达到终凝状态。

3. 试验结果的确定及验定

初凝时间是指：自水泥全部入水时起，至净浆达到初凝状态的时间即为初凝时间，用"min"表示。

终凝时间是指：自水泥全部入水时起，至净浆达到终凝状态的时间即为终凝时间，用"min"表示，测得的初凝和终凝时间，对照国家规范对各种水泥的技术要求，从而判定是否合格。

五、安定性试验

安定性试验可采用饼法或雷氏夹法，当试验结果有争议时以雷氏夹法为准。

1. 目的

安定性是水泥硬化后体积变化的均匀性，体积的不均匀变化会引起膨胀、裂缝或翘曲等现象。

2. 主要仪器设备

沸煮箱、雷氏夹、雷氏夹膨胀值测量仪、水泥净浆搅拌机、玻璃板等。

3. 试验方法及步骤

（1）称取水泥试样 400g，用标准稠度需水量，按标准稠度测定时拌合净浆的方法制成水泥净浆，然后制作试件。

① 饼法制作。从制成的水泥净浆中取试样 150g，分成两等份，制成球形，放在涂过油的玻璃板上，轻轻振动玻璃板，并用湿布擦过的小刀，由边缘向饼的中央抹动，制成直径为 70～80mm，中心厚约 10mm，边缘渐薄，表面光滑的试饼，接着将试饼放入养护箱内，自成型时起，养护 24±2h。

② 雷氏夹法制作。将预先准备好的雷氏夹，放在已擦过油的玻璃板上，并将已制好的标准稠度净浆装满试模，装模时一只手轻轻抚摸，另一只手用宽约 10mm 的小刀插捣 15 次左右，然后抹平，盖上稍涂油的玻璃板，接着将试模移至养护箱内养护 24±2h。

（2）调整好沸煮箱的水位，使之能在整个沸煮过程中都没过试件，不需中途补试验用的水，同时又能保证在 30±5min 内升至沸腾。

（3）脱去玻璃板，取下试件。

① 当采用饼法时，先检查试饼是否完整，在试饼无缺陷的情况下，将取下之试饼置于沸煮箱内水中的箅板上，然后在 30±5min 内加热至沸，并恒沸 3h±5min。

② 当采用雷氏夹法时，先测量试件指针尖端间的距离（A），精确到 0.5mm，接着将试件放入水中箅板上，指针朝上，试件之间互不交叉，然后在 30±5min 内加热至沸，并恒沸 3h±5min。

煮毕，将水放出，待箱内温度冷却至室温时，取出检查。

4. 结果鉴定

饼法鉴定：目测试饼，若未发现裂缝，再用直尺检查也没有弯曲时，则水泥安定性合格，反之为不合格。当两个试饼有矛盾时，为安定性不合格。

雷氏夹法鉴定：测量试件指针尖端间的距离 C，精确至 0.5mm。当两个试件煮后增加距离（C-A）的平均值不大于 5.00mm 时，即安定性合格，反之为不合格。当两个试件的（C-A）值相差超过 4mm 时，应用同一样品立即重做一次试验。

六、水泥胶砂强度检验

1. 目的

根据国家标准要求，用胶砂法测定水泥各标准龄期的强度，从而确定或检验水泥的强度等级。

2. 试验室要求

（1）试件成型室的温度应保持在 20±2℃，相对湿度应不低于 50%。

（2）试件带模养护的养护箱或雾室温度保持在 20℃±1℃，相对湿度不低于 90%。

3. 主要仪器

行星式水泥胶砂搅拌机、水泥胶砂试模、水泥胶砂试件成型振实台、电动抗折试验机、抗压试验机、水泥抗压模具等。

4. 试验步骤

1）胶砂制备

（1）配料：

水泥、砂、水和试验用具的温度与试验室相同，称量用的天平精度应为 ±1g。当用自动滴管加水时，滴管精度应达到 ±1mL。水泥称量 450±2g；标准砂称量 1350±5g；水量 225±1mL。

（2）搅拌：

每锅胶砂用搅拌机进行机械搅拌。先使搅拌机处于待工作状态，然后按以下的程序进行操作：

把水加入锅里，再加入水泥，把锅放在固定架上，上升至固定位置。

然后立即开动机器，低速搅拌 30s 后，在第二个 30s 开始的同时均匀地将砂子加入。当各级砂是分装时，从最粗粒级开始，依次将所需的每级砂量加完。把机器转至高速再拌 30s。停拌 90s，在第 1 个 15s 内用一胶皮刮具将叶片和锅壁上的胶砂，刮入锅中间。在高速下继续搅拌 60s。各个搅拌阶段，时间误差应在 ±1s 以内。

2）试件制备

3）胶砂制备后立即进行成型

将空试模和模套固定在振实台上，用一个适当的勺子直接从搅拌锅里将胶砂分两层装入试模，装第一层时，每个槽里约放 300g 胶砂，用大播料器垂直架在模套顶部沿每个模槽来回一次将料层播平，接着振实 60 次。再装入第二层胶砂，用小播料器播平，再振实 60 次。移走，从振实台上取下试模，用一金属直尺以近似 90°的角度架在试模顶的一端，然后沿试模长度方向以横向锯割动作慢慢向另一端移动，一次将超过试模部分的胶砂刮去，并用同一直尺一近乎水平的情况下将试体表面抹平。

在试模上作标记或加字条标明试件编号和试件相对于振实台的位置。

4）试件养护

（1）脱模前的处理和养护。

（2）去掉留在模子四周的胶砂。立即将做好标记的试模放雾室或湿箱的水平架子上养护，湿空气应能与试模各边接触。养护时不应将试模放在其他试模上。一直养护到规定的脱模时间时取出脱模。脱模前，用防水墨汁或颜料笔对试体进行编号和做其他标记。两个龄期以上的试体，在编号时应将同一试模中的三条试体分在两个以上龄期。

5）脱模

脱模应非常小心，脱模时可采用塑料锤或橡皮榔头或专门脱模器防止脱模破损。对于 24h 龄期的，应在破型试验前 20min 内脱模。对于 24h 以上龄期的，应在成型后 20~24 之间脱模。

注：如经 24h 养护，会因脱模对强度造成损害时，可以延迟 24h 以后脱模、但在试验报告中应予说明。

已确定作为 24h 龄期试验（或其他不下水直接做试验）的已脱模试体，应用湿布覆盖至做试验时为止。

6）水中养护

将做好标记的试件立即水平或竖直放在 20±1℃ 水中养护，水平放置时刮平面应朝上试件放在不易腐烂的箅子上，并彼此间保持一定间距，以让水与试件的六个面接触。

养护期间试件间间隔或试体上表面的水深不得小于 5mm。

每个养护池只养护同类型的水泥试件。最初用自来水装满养护池（或容器），随后随时加水保持适当的恒定

5. 试验结果

（1）抗折强度以一组三个棱柱体抗折结果的平均值作为试验结果。当三个强度值中有超出平均值±10%时，应剔除后再取平均值作为抗折强度试验结果。（计算精确至 0.1Wa）。

（2）抗压强度以一组三个棱柱体上得到的六个抗压强度测定值的算术平均值为试验结果。如六个恒定值中有一个超出六个平均值的±10%，就应剔除这个结果。而以剩下五个的平均数为 23。如果五个测定值中再有超过它们平均数±10%的，则此组结果作废。

养护期间试件间间隔或试体上表面的水深不得小于 5mm。

注：不宜用木箅子。

每个养护池只养护同类型的水泥试件。

最初用自来水装满养护池（或容器），随后随时加水保持适当的恒定水位，不允许在养护期间全部换水。

除 24h 龄期或延迟至 48h 脱模的试件外，任何到龄期的试件应在试验（破型）前 15min 从水中取出。揩去试体表面沉积物，并用湿布覆盖至试验为止。

（3）强度试验试件的龄期

试体龄期是从水泥加水搅拌开始试验时算起。不同龄期强度试验在下列时间里进行。

$$-72h\pm45min$$

$$-28h\pm8h$$

（4）抗折强度测定：

将试体一个侧面放在试验机支撑圆柱上试体长轴垂直于支撑圆柱，通过加荷圆柱以 50±10N/s 的速率均匀地将荷载垂直地加在棱柱体相对侧面上，直至折断。

保持两个半截棱柱体处于潮湿状态直至抗压试验。

抗折强度 R_f 以牛顿每平方毫米（MPa）表示，按下式进行计算：

$$R_f = \frac{1.5F_f L}{b^3}$$

式中　R_f——折断时施加于棱柱体中部的荷载，N；

　　　L——支撑圆柱之间的距离，mm；

　　　b——棱柱体正方形截面的边长，mm。

各试体的抗折强度记录至 0.1MPa。

（4）抗压强度测定

抗压强度试验在半截棱柱体的侧面上进行。

半截棱柱体中心与压力机压板受压中心差应在 ±0.5mm 内,棱柱体露在抗压强度试件夹具压板外的部分约有 10mm。在整个加荷过程中以 2400±200N/s 的速率均匀地加荷直至破坏。抗压强度 R_c 以牛顿每平方毫米(MPa)为单位,按下式进行计算:

$$R_c = \frac{F_c}{A}$$

式中　F_c——破坏时的最大荷载,N;

　　　A——受压部分面积,mm²(40mm×40mm=1600mm²)。

各试体的抗压强度结果计算至 0.1MPa。

6. 结果评定

试验结果中各龄期的抗折和抗压强度的四个数值均应符合标准中数值要求。如有任一项低于规定值则应降低等级,直至全部满足规定值为止。

试验三　混凝土用集料试验

本试验执行标准:《普通混凝土用砂、石质量及检验方法标准》(JGJ 52—2006)

一、取样方法

1. 集料的取样方法

(1)分批方法:集料取样应按批取样,在料堆上取样一般以 400m³ 或 600t 为一批。

(2)抽取试样:在料堆上取样时,取样部位应均匀分布。取样前先将取样部位表层铲除,然后由各部位取样大致相等的砂 8 份、石子 16 份组成了各自一组样品。

(3)取样数量:对于每一单项检验项目,砂、石的每组样品取样数量应满足表 5 和表 6 的规定。当需要做多项检验时,可在确保样品经一项试验后不致影响其他试验结果的前提下,用同组样品进行多项不同的试验。

(4)样品的缩分:

砂的样品缩分方法可选择下列两种方法之一:

a. 用分料器缩分:将样品在潮湿状态下拌合均匀,然后将其通过分料器,留下两个接料斗中的一份,并将另一份再次通过分料器。重复上述过程,直至把样品缩分到试验所需量为止。

b. 人工四分法缩分:将样品置于平板上,在潮湿状态下拌合均匀,并堆成厚度约为 20mm 的"圆饼"状,然后沿互相垂直的两条直径把"圆饼"分成大致相等的四份,取其对角的两份重新拌匀,再堆成"圆饼"状。重复上述过程,直到把样品缩分后的材料量略多于进行试验所需量为止。

c. 碎石或卵石缩分时,应将样品置于平板上,在自然状态下拌均匀,并堆成锥体,然后沿互相垂直的两条直径把锥体分成大致相等的四份,取其对角的两份重新拌匀,再堆成锥体。重复上述过程,直至把样品缩分至试验所需量为止。

d. 砂、碎石或卵石的含水率、堆积密度、紧密密度检验所用的试样,可不经缩分,拌匀后直接进行试验。

表4 每一单项检验项目所需砂的最少取样质量

检验项目	最少取样质量（g）
筛分析	4400
表观密度	2600
吸水率	4000
紧密密度和堆积密度	5000
含水率	1000
含泥量	4400
泥块含量	20000
石粉含量	1600
人工砂压碎值指标	分成公称粒级 5.00～2.50mm；2.50～1.25mm；1.25mm～630μm；630～315μm；315～160μm 每个粒级各需 1000g
有机物含量	2000
云母含量	600
轻物质含量	3200
坚固性	分成公称粒级 5.00～2.50mm；2.50～1.25mm；1.25mm～630μm；630～315μm；315～160μm 每个粒级各需 1000g
硫化物及硫酸盐含量	50
氯离子含量	2000
贝壳含量	10000
碱活性	20000

表5 每一单项检验项目所需碎石或卵石的最小取样质量（kg）

试验项目	最大公称粒径（mm）							
	10.0	16.0	20.0	25.0	31.5	40.0	63.0	80.0
筛分析	8	15	16	20	25	32	50	64
表观密度	8	8	8	8	12	16	24	24
含水率	2	2	2	2	3	3	4	6
吸水率	8	8	16	16	16	24	24	32
堆积密度、紧密密度	40	40	40	40	80	80	120	120
含泥量	8	8	24	24	40	40	80	80
泥块含量	8	8	24	24	40	40	80	80
针、片状含量	1.2	4	8	12	20	40	—	—
硫化物及硫酸盐	1.0							

注：有机物含量、坚固性、压碎值指标及碱-集料反应检验、应按试验要求的粒级及质量取样。

（5）除筛分析外，当其余检验项目存在不合格时，应加倍取样进行复验。当复验仍有一项不满足标准要求时，应按不合格品处理。

二、砂的筛分析试验

1. 目的

测定砂的颗粒级配，计算细度模数，评定砂的粗细程度。

（1）试验筛——公称直径分别为 10mm、5.00mm、2.50mm、1.25mm、630μm、315μm 与 160μm 的方孔筛各一只，筛的底盘和盖个一只；筛框直径为 300mm 或 200mm。

（2）天平——称量 1000g，感量 1g；

（3）摇筛机；

（4）烘箱——温度控制范围为（105±5）℃；

（5）浅盘，硬、软毛刷等。

2. 试验设备

试验制备应符合下列规定；

用于筛分析的试验，其颗粒的公称粒径不大于 10.00mm。实验前应将来样通过公称直径 10.00mm 的方孔筛，并计算筛余。称取经缩分后样品不少于 550g 两份，分别装入两个浅盘，在（105±5）℃的温度下烘干到恒重。冷却至室温备用。

注：恒重是指在相邻两次称量间隔时间不少于 3h 的情况下，前后两次称量之差小于该试验所要求的称量精度。

3. 试验方法及步骤

筛分析试验应按下列步骤进行：

准确称取烘干试验 500g（特细砂可称 250g），置于按筛孔大小顺序排列（大孔在上、小孔在下）的筛套的最上一只筛（直径为 5.00mm 的方孔筛）上；将套筛装入摇筛机内固紧，筛分 10min；然后取出套筛，再按筛孔由大到小的顺序，在清洁的浅盘上逐一进行手筛，直至每分钟的筛出量不超过试验总量的 0.1% 时为止；通过的颗粒并入下一只筛子，并和下一只筛子中的试验一起进行手筛。按这样顺序依次进行，直至所有的筛子全部筛完为止。

注：1. 当试验含量超过 5% 时，应先将试样水洗，然后烘干至恒重，再进行筛分；

2. 无摇筛机时，可改用手筛；

3. 试验在各只筛子上的筛余量均不得超过按下式计算得出的剩留量，否则应将该筛余试验分成两份或数份，再进行筛分，并以其筛余量之和作为该筛的筛余量。

$$m_r = \frac{A\sqrt{d}}{300}$$

式中 m_r——某一筛上的剩余量，9g；

d——筛孔边长，mm；

A——筛的面积，mm。

称取各筛筛余试验的质量（精确至 1g），所有各筛的分计筛余量和底盘中的剩余量之和与筛分前的试验总量相比，相差不得超过 1%。

4. 试验计算结果

筛分析试验结果应按下列步骤计算：

（1）计算分析筛余（各筛上的筛余量除以试验总量的百分率），精确至 0.1%；

（2）计算累计筛余（该筛的分计筛余与筛孔大于该筛的各筛的分计筛余之和），精确至 0.1%；

（3）根据各筛两次试验累计筛余的平均值，评定该试验的颗粒级配分布情况，精确至 1%；

（4）砂的细度模数应按下列公式计算精确至 0.01：

$$\mu_f = \frac{(\beta_2 + \beta_3 + \beta_4 + \beta_5 + \beta_6) - 5\beta_1}{100 - \beta_1}$$

式中　　　　　　　μ_f——砂的细度模数；

β_1、β_2、β_3、β_4、β_5、β_6——分别为公称直径 5.00mm、2.50mm、1.25mm、630μm、315μm、160μm 方孔筛上的累计筛余。

5. 试验鉴定结果

（1）级配的鉴定：用各筛号的累计筛余百分率绘制级配曲线，或对照国家规范规定的级配区范围，判定其是否都处于一个级配区内。

注：除 4.75mm 和 630μm 筛孔外，其他各筛的累计筛余百分率允许略有超出，但超出总量不足 5%。

（2）细度程度鉴定：

根据细度模数的大小来确定砂的细度程度。

当 μ_f＝3.7～3.1 时为粗砂；

μ_f＝3.0～2.3 时为中砂；

μ_f＝2.2～1.6 时为细砂；

μ_f＝1.5～0.7 时为特细砂。

（3）以两次试验结果的计算平均值作为测定值，精确至 0.1。当两次试验所得的细度模数之差大于 0.20 时，应重新取试样进行试验。

试验四　普通混凝土试验

本试验执行标准　《普通混凝土拌合物性能试验方法》（GB/T 50080—2002）
　　　　　　　　《普通混凝土力学性能试验方法》（GB/T 50081—2002）

一、普通混凝土拌合物试验室拌合方法

1. 目的

学会普通混凝土拌合物的拌制方法，为测试和调整混凝土的性能，进行混凝土配合比设计打好基础。

2. 一般规定

（1）拌制时，原材料与拌合场所的温度宜保持在 20±5℃。

（2）原材料应符合技术要求，并与施工实际用料相同，水泥若有结块现象，需用筛孔为 0.9mm 的方孔筛将结块筛除。

（3）拌制混凝土的材料用量以重量计。混凝土试配最小搅拌量是：当集料最大粒径小于 31.5mm 以下时，拌制数量为 15L，最大粒径为 40mm 时取 25L；当采用机械搅拌时，搅拌量不应小于搅拌机额定搅拌量的 $\frac{1}{4}$。称料精确度为：集料±1%，水、水泥、混合材料、外

加剂±0.5%。

3. 主要仪器设备

搅拌机、磅秤、天平、拌合钢板、钢抹子、量筒、拌铲等。

4. 拌合方法

1) 人工拌合

(1) 按所定的配合比备料，以全干状态为准。

将拌板和拌铲用湿布润湿后，将砂倒在拌板上，然后加入水泥，用拌铲自拌板一端翻拌至另一端，如此反复，直至充分混合，颜色均匀，再放入称好的粗集料与之拌合，继续翻拌，直至混合均匀为止，然后堆成锥形。

(2) 将干混合物锥形堆的中间作一凹槽，将已称量好的水，倒一半左右到凹槽中（勿使水流出），然后仔细翻拌，并徐徐加入剩余的水，继续翻拌，每翻拌一次，用铲在混合料上铲切一次。至少翻拌6遍。

(3) 拌合时力求动作敏捷，拌合时间从加水时算起，应大致符合下列规定：

拌合物体积为30L以下时 4~5min

拌合物体积为31~50L时 5~9min

拌合物体积为51~75L时 9~12min

(4) 拌好后，立即做坍落度试验或试件成型，从开始加水时算起，全部操作须在30min内完成。

2) 机械搅拌法

(1) 按所定的配合比备料，以全干状态为准。

(2) 拌前先对混凝土搅拌机挂浆，即用按配合比要求的水泥、砂、水和少量石子，在搅拌机中涮膛，然后倒去多余砂浆。其目的在于防止正式拌合时水泥浆挂失影响混凝土配合比。

(3) 将称好的石子、砂、水泥按顺序倒入搅拌机内，干拌均匀，再将需用的水徐徐倒入搅拌机内一起拌合，全部加料时间不得超过2min，水全部加入后，再拌合2min。

(4) 将拌合物自搅拌机中卸出，倾倒在拌板上，再经人工拌合1~2min。

(5) 拌好后，根据试验要求，即可做坍落度测定或试件成型。从开始加水时算起，全部操作必须在30min内完成。

二、普通混凝土拌合物和易性试验

新拌混凝土拌合物的和易性是保证混凝土便于施工、质量均匀、成型密实的性能，它是保证混凝土施工和质量的前提。

1. 新拌混凝土拌合物坍落度试验

1) 适用范围

本试验方法适用于坍落度值不小于10mm，集料最大粒径不大于40mm的混凝土拌合物测定。

2) 主要仪器设备

坍落筒、捣棒、小铲、木尺、钢尺、拌板、镘刀以及喂料斗等。

3) 试验方法及步骤

(1) 每次测定前，用湿布把拌板及坍落筒内外擦净、润湿，并将筒顶部加上漏斗，放在拌板上，用双脚踩紧脚踏板，使坍落筒及捣棒位置固定。

（2）取拌好的混凝土拌合物 15L，用取样勺将拌合物分三层均匀装入筒内，每层装入高度在插捣后大致应为筒高的 $\frac{1}{3}$，每层用捣棒插捣 25 次，插捣应呈螺旋形由外向中心进行，各次插捣应在截面上均匀分布，插捣筒边混凝土时，捣棒应稍稍倾斜，插捣底测层时，捣棒应贯穿整个深度，插捣第二层和顶层时，捣棒应插透本层，并使之刚刚插入下一层。浇灌顶层时，混凝土应灌到高出筒口，插捣过程中，如混凝土沉落到低于筒口，则应随时添加，顶层插捣完后，刮去多余的混凝土，并用抹刀抹平。

（3）清除筒边底板上的混凝土后，垂直平稳地提起坍落筒，坍落筒的提离过程应在 5～10s 内完成，从开始装料到提起坍落筒整个过程应不断进行，并在 150s 内完成。

（4）当混凝土拌合物的坍落度大于 220mm 时，用钢尺测量混凝土扩展后最终的最大直径和最小直径在这两个直径之差小于 50mm 的条件下，用其算术平均值作为坍落度扩展值；否则，此次试验无效。

4）试验结果确定

提起坍落筒后，立即测量筒高于坍落后混凝土试体最高点之间的高度差，此值即为混凝土拌合物的坍落度值，单位毫米（mm）。

坍落筒提起后，如混凝土拌合物发生崩塌或一边剪切破坏，则应重新取样进行测定，如仍出现上述现象，则该混凝土拌合物和易性不好，并应记录备查。

2. 粘聚性和保水性的评定

粘聚性和保水性的测定是在测量坍落度后，在用目测观察判定粘聚性和保水性。

（1）粘聚性检验方法：

用捣棒在已坍落的混凝土锥体侧面轻轻敲打，此时，如锥体渐渐下沉，则表示粘聚性良好，如锥体崩塌或出现离析现象，则表示粘聚性不好。

（2）保水性检验

坍落筒提起后，如有较多的稀浆从底部析出，则表明混凝土拌合物保水性良好。

3. 和易性的调整

（1）当坍落度低于设计要求时，可在保持水灰比不变的前提下，适当增加水泥浆用量，其数量可各为原来计算用量的 5% 与 10%。

当坍落度高于设计要求时，可在保持砂率不变的条件下，增加集料用量。

（2）当出现含砂不足，粘聚性、保水性不良时，可适当增加砂率，反之减小砂率。

4. 维勃稠度试验

1）适用范围

本方法适用于集料最大料径不超过 40mm，维勃稠度在 5～30s 之间的混凝土拌合物稠度测定。

2）主要仪器设备

维勃稠度仪、捣棒、小铲、秒表等。

3）试验方法及步骤

（1）把维勃稠度仪放置在坚实水平的基面上，用湿布把容器、坍落筒、喂料斗内壁及其他用具擦湿。

（2）将喂料斗提到坍落筒上方扣紧，校正容器位置，使其中心与喂料斗中心重合，然后拧紧固定螺丝。

（3）把混凝土拌合物，用小铲分三层经喂料斗均匀地装入筒内，装料及插捣方式同坍落度法。

（4）将圆盘、喂料斗都转离坍落筒，小心并垂直地提起坍落筒，此时应注意不使混凝土试体产生横向扭动。

（5）把透明圆盘转到混凝土圆台体顶面，放松测杆螺丝，小心地降下圆盘，使它轻轻地接触到混凝土顶面。

（6）拧紧定位螺丝，并检查测杆螺丝是否完全放松，同时开启振动台和秒表，当振动到透明圆盘的底面被水泥浆布满的瞬间，停下秒表，并关闭振动台，记下秒表时间，精确到1s。

4）试验结果确定

有秒表读出时间，即为该混凝土拌合物的维勃稠度值，单位为秒（s）。维勃稠度值小于5s或大于30s，则此种混凝土所具有的稠度已超出本仪器的适用范围，不能用维勃稠度值表示。

三、普通混凝土立方体抗压强度试验

1．目的

学会混凝土抗压强度试件的制作及测试方法，用以检验混凝土强度，确定、校核混凝土配合比，并为控制混凝土施工质量提供依据。

2．一般技术规定

（1）本试验采用立方体试件，以同一龄期至少三个同时制作、同样养护的混凝土试件为一组。

（2）每一组试件所用的拌合物从同盘或同一车运送的混凝土拌合物中取样，或在实验室用人工或机械单独制作。

（3）检验工程和构建质量的混凝土试件成型方法应尽可能与实际施工采用的方法相同。

（4）试件尺寸按粗集料的最大粒径来确定。

3．主要仪器设备

压力试验机、上下承压板、振动台、试模、捣棒、小铁铲及钢尺等。

4．试件制作

（1）在制作试件前，首先要检查试模，拧紧螺栓，并清刷干净，同时在其内壁涂上一薄层矿物油脂。

（2）试件的成型方法应根据混凝土的坍落度来确定：

a．坍落度不大于70mm的混凝土拌合物应采用振动台成型。

其方法为将拌好的混凝土拌合物一次装入试模，装料时应用抹刀沿试模内壁略加插捣并使混凝土拌合物稍有富余，然后将试模放到振动台上，用固定装置予以固定，开始振动台并计时，当拌合物表面呈现水泥浆时，停止振动台并记录振动时间，用镘刀沿试模边缘刮去多余拌合物，并抹平。

b．坍落度大于70mm的混凝土拌合物采用人工捣实成型。

其方法为将混凝土拌合物分两层装入试模，每层装料厚度大致相同，插捣时用垂直的捣棒按螺旋方向由边缘向中心进行，插捣底层时捣棒应达到试模底面，插捣上层时，捣棒应贯穿下层深度2～3cm，并用抹刀沿试模内测插入数次，以防止麻面，每层插捣次数，按在

1000mm^2 截面积内不得少于 12 次。捣实后，刮除多余混凝土，并用抹刀抹平。

5. 试件的养护

(1) 试件成型后应立即用不透水的薄膜覆盖表面。

(2) 采用标准养护的试件，应在温度为（20±5）℃的环境中静置一昼夜至二昼夜，然后编号、拆膜。拆膜后应立即放入温度为（20±2）℃，相对湿度为 95℃ 以上的标准养护室中养护，或在温度为（20±2）℃的不流动的 Ca(OH)$_2$ 饱和溶液中养护。标准养护室内的试件应放在支架上，彼此间隔（10～20）mm，试件表面保持潮湿，并不得被水直接冲淋。

(3) 同条件养护试件的拆膜时间可与实际构件的拆膜时间相同，拆膜后，试件仍需保持同条件养护。

(4) 标准养护龄期为 28d（从搅拌加水开始计时）。

6. 抗压强度测定

(1) 试件从养护地点取出，随即擦干并量出其尺寸（精确到 1mm），并以此计算试件的受压面积 A（mm^2）。

(2) 将试件安放在压力试验机的下压板上，试件的承压面应与成型时的顶面垂直。试件的轴心应与压力机下压板中心对准，开动试验机，当上压板与试件接近时，调整球座，使接触均衡。

(3) 加压时，应连续而均匀的加荷。

当混凝土强度等级低于 C30 时，加荷速度取每秒中 0.3～0.5MPa。

当混凝土强度等级等于或大于 30 且小于 C60 时加荷速度取每秒钟 0.5～0.8MPa。

当混凝土强度等级大于或等于 C60 时加荷速度取每秒钟 0.8～1.0MPa。

当试件接近破坏而开始迅速变形时，应停止调整试验机油门，直至试件破坏，然后记录破坏荷载 F（N）。

7. 试验结果计算

(1) 试件的抗压强度 F_{cu} 按下式计算

$$F_{cu} = \frac{F}{A}$$

式中　F——试件破坏荷载，N；

　　　A——试件受压面积，mm^2。

(2) 以三个试件抗压强度的算术平均值作为该组件的抗压强度值，精确至 0.1MPa。如果三个测定值中的最大或最小值中有一个与中间值的差异超过中间值的 15%，则把最大及最小值舍去，取中间值作为该组试件的抗压强度值。

如果最大、最小值均与中间值相差 15%，则此组试件作废。

(3) 混凝土抗压强度是以 150mm×150mm×150mm 的立方体试件作为抗压强度的标准试件，其他尺寸试件的测定结果均应换算成 150mm 立方体试件的标准抗压强度值。

试验五　钢筋试验

本试验执行标准《金属材料弯曲试验方法》（GB/T 232—1999）

《金属材料室温拉伸试验方法》（GB/T 228—2010）

一、钢筋的验收及取样

（1）钢筋进场时，应及时检查其出厂质量证明书和试验报告单。每捆（盘）钢筋应有标牌。进场验收内容包括查对标牌和对钢筋的外观进行检查。并按有关规定抽取试样进行机械性能检验，即拉伸试验与冷弯试验。两个项目中有一个项目不合格，该批钢筋即为不合格。

（2）钢筋每检验批质量不大于 60t。每批应由同一牌号、同一炉罐号、同一规格、同一交货状态的钢筋组成。

（3）取样时，自每批同一截面尺寸的钢筋中任取四根，于每根钢筋距端部 500mm 处截取一定长度的钢筋作试样，两根作拉伸试验，两根作冷弯试验。拉伸试验和冷弯试验用钢筋试样不允许进行车削加工。

二、拉伸试验

1. 目的

通过试验得到钢筋在拉伸过程中应力与应变的关系曲线。测定出钢筋的屈服强度、抗拉强度和伸长率三个重要指标。从而检验钢筋的力学及工艺性能。

2. 主要仪器设备

万能试验机量程选择应以所测量值处于该试验机最大量程的 20%～80% 范围内，钢板尺、游标卡尺等。

3. 试样制备

（1）钢筋长度：$L \geqslant L_0 + 3a + 2h$

式中　L——原始标距，$L_0 = 5a$，其计算值应修约至最接近 5mm 的倍数，中间值向较大一方修约，mm；

　　　a——钢筋直径，mm；

　　　h——试验时，夹持长度，mm。

（2）若钢筋的自由长度比原始标距大许多，可在自由长度范围内做出 10mm、5mm 的等间距标记，以便在拉伸试验后根据钢筋的断裂位置选择合适的原始标记。

4. 试验步骤

（1）将试件固定在试验机夹具内，应使试件在加荷时受轴向拉力作用。

（2）调整试验机测力度盘指针，使其对准零点，拨动副指针使之与主指针重叠。

（3）开动试验机进行拉伸，应力增加速度应保持恒定在规定的范围内，直至钢筋断裂。

（4）实验时，应记录其拉伸图。

5. 计算结果

（1）从拉伸图或测力盘读取，屈服阶段的最小力或屈服平台的恒定力 F_{fl}，按下式计算屈服强度（R_{El}）

$$R_{El} = F_{eL} / S_0$$

（2）从拉伸图或测力盘读取，试验过程中的最大力 F_m，按下式计算抗拉强度（R_m）；

$$R_m = F_m / S_0$$

（3）强度数值修约至 1MPa（R 小于等于 200MPa），5MPa（200MPa 小于 R 小于 1000MPa）

拉伸率计算：

（1）选取拉伸前标记间距为 $5a$（a 为钢筋公称直径）的两个标记为原始表距（L_0）的标记。原则上只有断裂部位处在原始标距中间三分之一的范围内为有效。但伸长率大于或等于规定值，不管断裂位置处于何处，测量均为有效。

（2）将已拉断试件的两段，在断裂处对齐使其轴线处于同一直线上，并确保试件断裂部位适当接触后测量试件断裂后标距，准确到 ± 0.25mm。

（3）按下式计算伸长率 A（精确至 0.5%）

$$A = \left(L_\mathrm{u} - \frac{L_0}{L_0} \right) \times 100\%$$

式中　A——伸长率，（%）；

　　　L_u——断后标距，mm；

　　　L_0——原始标距，mm。

6. 复验与判定

在拉伸试验的两根试件中，如果其中一根试件的屈服强度、抗拉强度和伸长率三个指标中有一个指标达不到钢筋标准中的规定数值，应再抽取双倍（四根）钢筋，制取双倍（四根）试件重作试验，如仍有一根试件的任一指标达不到标准规定数值，则拉伸试验项目判为不合格。

三、结果评定

检查试件弯曲处外表面，无肉眼可见裂纹应评定为合格。

四、复验与评定

在冷弯实验组，两根试件中如有一根试件不符合标准要求，再应抽取双倍（四根）钢筋，制成双倍（四根）试件重新试验，如仍有一根试件不符合标准要求，则冷弯试验项目判为不合格。

参 考 文 献

[1] 杭美艳，张黎明．土木工程材料［M］．第 1 版．北京：化学工业出版社，2014.

[2] 刘祥顺．建筑材料［M］．第 4 版．北京：中国建筑工业出版社，2015.

[3] 张敏，江晨晖．建筑材料［M］．第 4 版．北京：中国建筑工业出版社，2014.

[4] 张健．建筑材料与检测［M］．第 2 版．北京：化学工业出版社，2015.

[5] 蔡丽明．建筑材料与检测［M］．第 1 版．北京：化学工业出版社，2014.

[6] 宋少民，孙凌．土木工程材料［M］．第 2 版．武汉：武汉理工大学出版社，2011.

[7] 肖力光，张学建．土木工程材料［M］．第 1 版．北京：化学工业出版社，2013.

[8] 吴科如，张雄．土木工程材料［M］．第 2 版．上海：同济大学出版社，2011.

[9] 张粉芹．土木工程材料［M］．第 1 版．北京：中国铁道出版社，2008.

[10] 陈宝璠．土木工程材料［M］．第 2 版．北京：中国建材工业出版社，2012.

[11] 苏达根．土木工程材料［M］．第 2 版．北京：高等教育出版社，2008.

[12] 白宪臣．土木工程材料［M］．北京：中国建材工业出版社，2011.

[13] 高琼英．土木工程材料［M］．第 4 版．武汉：武汉理工大学出版社，2012.

[14] 施惠生，郭晓璐．土木工程材料试验精编［M］．北京：中国建材工业出版社，2010.

[15] 王立久．建筑材料学［M］．北京：中国水利出版社，2013.

[16] 郑德明，钱红萍．土木工程材料［M］．北京：机械工业出版社，2009.

[17] 张君，阎培渝，覃维祖．建筑材料［M］．北京：清华大学出版社，2013.

[18] 钱晓倩．土木工程材料［M］．杭州：浙江大学出版社，2003.

[19] 中华人民共和国国家质量监督检验检疫总局等．GB 8076—2008 混凝土外加剂［S］．北京：中国标准出版社，2008.

[20] 中华人民共和国住房和城乡建设部．JGJ 55—2011 普通混凝土配合比设计规程［S］．北京：中国建筑工业出版社，2011.

[21] 中华人民共和国国家质量监督检验检疫总局等．GB 13544—2011 烧结多孔砖［S］．北京：中国标准出版社，2011.